表面、界面和膜的统计热力学

Samuel A. Safran 著 张海燕 译

ISBN: 978-7-04-034347-2

　　理解表面、界面和膜的结构与热力学性质，从基础研究和实际应用两方面看，都是很重要的，所涉及的重要应用包括了涂层、分散剂、封装剂以及生物材料。软物质材料不仅是很多生物系统的基础，而且在新材料的开发方面也起着重要作用，但是，由于其成分和参数繁多，不可能用试错法来设计这类材料。虽然某些时候可将这类材料作为微观混合物加以分析，但将其当做悬浮液并集中研究这些系统中的界面的性质，常常在概念上更为简单。这时，基本的物理集中在镶入三维空间的准二维体系的性质上，从而可展示出体材料中不存在的现象。本书的理论描述基于上述方法，采用这种方法可以处理软物质物理领域（既包括胶体科学、界面科学，也包括材料科学和生物物理学中的大分子研究）所探讨的种种丰富多彩的现象，比如界面张力、粗糙化相变、润湿、表面间相互作用、膜的弹性以及自组装等现象。本书以教学讲义的形式呈献给读者，每章后均附有一定数量的例题和习题，可供对作为表面、界面和膜的宏观热力学性质基础的统计力学感兴趣的物理学家、物理化学家、生物物理学家、化学工程师以及材料科学家参考。

范德瓦尔斯力
——一本给生物学家、化学家、工程师和物理学家的手册

V. Adrian Parsegian 著

ISBN: 即将出版

　　本书详细介绍了范德瓦尔斯力的现代理论，给出这些基本力的计算公式、算法，及其在不同条件下所产生的结果。由于范德瓦尔斯力理论的影响已经涉及全部基础科学和一些工程学科，为了满足各层次读者的需求和兴趣，本书内容按照深度分为三级。作者致力于写出一本量子电动力学的通俗教科书，所包含的内容既适合物理学家、化学家、生物学家和工程师了解相关知识，也能帮助他们在此基础上进行自学，从而理解更多的应用情况，得以一窥宇宙的奥秘。

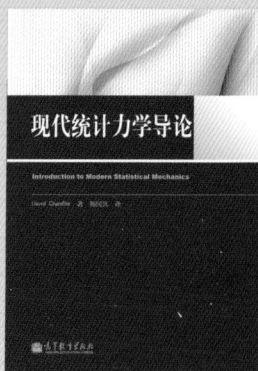

现代统计力学导论

David Chandler 著 鞠国兴 译

ISBN: 978-7-04-036608-2

统计力学的近期进展已经使该领域发生了革命性的变化，使其成为自然科学所有领域中必不可少的基础。这些重要的发现先前仅涵盖在高等教材中，本书为已经学习了三个学期微积分并具有热力学和量子理论基础知识的学生设计了一种自给的处理方法来呈现这些发现。

本书包含了统计力学基础的一些简明解释，例如测量与系综平均之间的关系、平衡涨落和稳定判据的讨论、勒让德变换的应用等，也探讨了统计力学的许多传统而初等的应用。更为重要的是，该书讨论了时间关联函数(包括涨落－耗散定理以及朗之万方程)、重正化群理论、蒙特卡罗模拟、液体结构等专题中的一些基本原理和基本方法。

全书有150多个练习题，也包含了几个计算机程序。书中的材料可以作为化学、生化、化学工程以及物理学等学科的高年级本科生以及研究生一学期的统计力学课程教学内容。

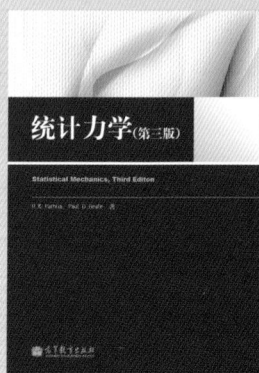

统计力学(第三版)

R. K. Pathria, Paul D. Beale 著

ISBN: 即将出版

本书系根据英国ELSEVIER出版社出版，由 R. K. Pathria 和 Paul D. Beale 合著的Statistical Mechanics一书2011年第三版译出.

全书共十六章。首先阐述了经典统计力学理论，包括热力学的统计基础和系综理论的基本原理，讨论了微正则系综、正则系综和巨正则系综。随后，将系综概念和量子力学概念相结合，详细讲述了量子统计力学，并将其表述形式具体应用于遵循玻色－爱因斯坦统计法和费米－狄拉克统计法等系统。同时，讨论了统计力学的若干其它重要课题：相互作用系统的统计力学主要方法（集团展开法、赝势法和量子化场方法）；相变理论（各种模型的严格解、重正化群方法）；早期宇宙的热力学；非平衡态统计力学和涨落理论，以及蒙特卡罗和分子动力学模拟方法等，还有若干相关附录和练习题。

本书可作为物理、化学和交叉科学（如复杂性科学、网络科学等）专业的研究生教材，亦可供相关专业的高年级本科生、科研人员和教师参考。

理论物理学教程-第五卷-统计物理学 I （第五版）

Л.Д.朗道 Е.М.栗弗席兹 著 束仁贵 束莼 译 郑伟谋 校

ISBN: 978-7-04-030572-2

本书是Л.Д.朗道和Е.М.栗弗席兹著的十卷本《理论物理学教程》的第五卷，根据俄文最新版翻译。本书以吉布斯方法为基础讲述统计物理学。全书论述热力学基础，理想气体，非理想气体理论，费米分布与玻色分布，固体统计理论，溶液理论，化学反应与表面现象，高密度下物质的性质，晶体的对称性，涨落理论，相平衡，二级相变和临界现象。本书可作为高等学校物理专业高年级本科生或研究生的教学参考书，也可供相关专业的研究生、科研人员和教师参考。

理论物理学教程-第九卷-统计物理学 II
（凝聚态理论）（第四版）

Е.М.栗弗席兹 Л.П.皮塔耶夫斯基 著 王锡绂 译

ISBN: 978-7-04-024160-0

本书是Л.Д.朗道和Е.М.栗弗席兹著的十卷本《理论物理学教程》的第九卷，根据俄文最新版翻译。本书讲述物质凝聚态的量子理论，详细论述（玻色型和费米型）量子液体理论，并着重于超流动性和超导电性的讨论，其中特别注意方法论问题（宏观物体格林函数理论）的研究，还包括晶格中的电子和物体磁性理论的一般课题，最后还讨论了实体介质中的电磁涨落理论以及流体力学涨落理论。本书可作为理论物理专业的研究生和高年级本科生教学参考书，也可供科研人员和教师参考。

理论物理学教程-第十卷-物理动理学（第二版）

Е.М.栗弗席兹 Л.П.皮塔耶夫斯基 著 徐锡申 徐春华 黄京民 译

ISBN: 978-7-04-023069-7

本书是Л.Д.朗道和Е.М.栗弗席兹著的十卷本《理论物理学教程》的第十卷，根据俄文最新版翻译。本书全面详细地论述了统计非平衡系统中过程的微观理论，特别着重于阐述基本物理概念和一般原理与方法。全书内容十分丰富，除了对简单的气体动理学理论给予足够重视外，还用了几章篇幅充分论述了等离体动理学理论，此外对介电体、金属、超导体、量子液体以及相变理论中的动理学基本现象及其研究方法的最普遍问题也进行了阐述。本书可作为高等学校物理类专业的本科生和研究生教学参考书，也可供教师及其他相关学科的科研人员参考。

ТЕОРЕТИЧЕСКАЯ ФИЗИКА ТОМ I
Л. Д. ЛАНДАУ
Е. М. ЛИФШИЦ
МЕХАНИКА
朗道
理论物理学教程 第一卷
力 学（第五版）
Л. Д. 朗道　Е. М. 栗弗席兹 著　李俊峰 鞠国兴 译校
高等教育出版社

ТЕОРЕТИЧЕСКАЯ ФИЗИКА ТОМ II
Л. Д. ЛАНДАУ
Е. М. ЛИФШИЦ
ТЕОРИЯ ПОЛЯ
朗道
理论物理学教程 第二卷
场 论（第八版）
Л. Д. 朗道　Е. М. 栗弗席兹 著　鲁欣 任朗 袁炳南 译 邹振隆 校
高等教育出版社

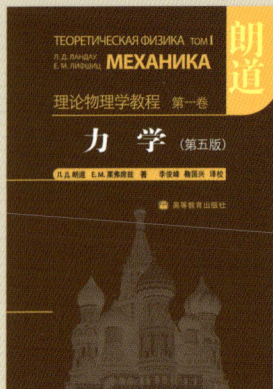

ISBN:978-7-04-020849-8　　　　　ISBN:978-7-04-035173-6

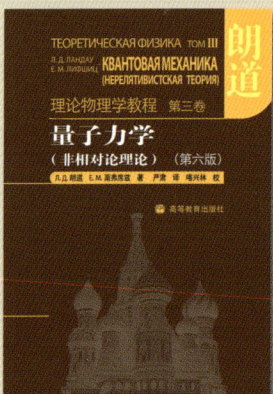

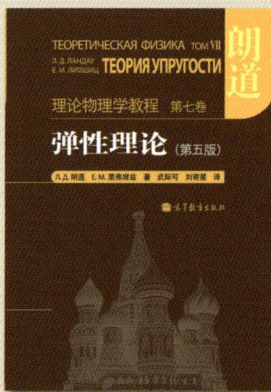

ТЕОРЕТИЧЕСКАЯ ФИЗИКА ТОМ III
Л. Д. ЛАНДАУ
Е. М. ЛИФШИЦ
КВАНТОВАЯ МЕХАНИКА
[НЕРЕЛЯТИВИСТСКАЯ ТЕОРИЯ]
朗道
理论物理学教程 第三卷
量子力学
（非相对论理论）（第六版）
Л. Д. 朗道　Е. М. 栗弗席兹 著　严肃 译　喀兴林 校
高等教育出版社

ТЕОРЕТИЧЕСКАЯ ФИЗИКА ТОМ IV
В. Б. БЕРЕСТЕЦКИЙ
Е. М. ЛИФШИЦ
Л. П. ПИТАЕВСКИЙ
КВАНТОВАЯ ЭЛЕКТРОДИНАМИКА
朗道
理论物理学教程 第四卷
量子电动力学（第四版）
В.Б. 别列斯捷茨基 Е.М. 栗弗席兹 Л.П. 皮塔耶夫斯基 著
高等教育出版社

ISBN:978-7-04-024306-2

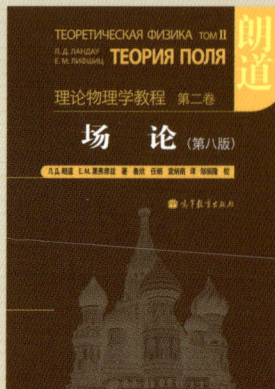

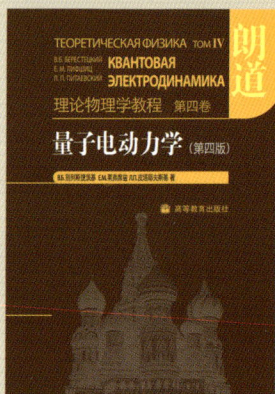

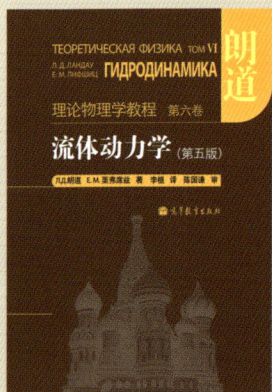

ТЕОРЕТИЧЕСКАЯ ФИЗИКА ТОМ VI
Л. Д. ЛАНДАУ
Е. М. ЛИФШИЦ
ГИДРОДИНАМИКА
朗道
理论物理学教程 第六卷
流体动力学（第五版）
Л. Д. 朗道　Е. М. 栗弗席兹 著　李植 译　陈国谦 审
高等教育出版社

ТЕОРЕТИЧЕСКАЯ ФИЗИКА ТОМ VII
Л. Д. ЛАНДАУ
Е. М. ЛИФШИЦ
ТЕОРИЯ УПРУГОСТИ
朗道
理论物理学教程 第七卷
弹性理论（第五版）
Л. Д. 朗道　Е. М. 栗弗席兹 著　武际可 刘寄星 译
高等教育出版社

ТЕОРЕТИЧЕСКАЯ ФИЗИКА ТОМ VIII
Л. Д. ЛАНДАУ
Е. М. ЛИФШИЦ
ЭЛЕКТРОДИНАМИКА СПЛОШНЫХ СРЕД
朗道
理论物理学教程 第八卷
连续介质电动力学（第四版）
Л. Д. 朗道　Е. М. 栗弗席兹 著
高等教育出版社

ISBN: 978-7-04-034659-6　　　ISBN: 978-7-04-031953-8

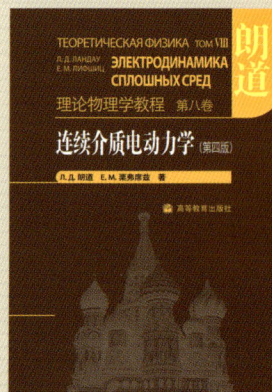

现代统计力学导论

Xiandai Tongji Lixue Daolun

David Chandler 著 鞠国兴 译

高等教育出版社·北京
HIGHER EDUCATION PRESS BEIJING

图字:01-2012-5086 号

图书在版编目(CIP)数据

现代统计力学导论 / (美) 钱德勒 (Chandler, D.) 著;鞠国兴译. -- 北京:高等教育出版社,2013.1
书名原文:Introduction to Modern Statistical Mechanics

ISBN 978-7-04-036608-2

Ⅰ.①现… Ⅱ.①钱… ②鞠… Ⅲ.①统计力学-高等学校-教材 Ⅳ.①O414.2

中国版本图书馆 CIP 数据核字(2012)第 308493 号

策划编辑	王 超	责任编辑	王 超	封面设计	张 志	版式设计	余 杨
责任校对	孟 玲	责任印制	刘思涵				

出版发行	高等教育出版社	咨询电话	400-810-0598
社 址	北京市西城区德外大街 4 号	网 址	http://www.hep.edu.cn
邮政编码	100120		http://www.hep.com.cn
印 刷	山东鸿杰印务集团有限公司	网上订购	http://www.landraco.com
开 本	787mm×1092mm 1/16		http://www.landraco.com.cn
印 张	17		
字 数	310 千字	版 次	2013 年 1 月第 1 版
插 页	2	印 次	2013 年 1 月第 1 次印刷
购书热线	010-58581118	定 价	49.00 元

本书如有缺页、倒页、脱页等质量问题,请到所购图书销售部门联系调换
版权所有 侵权必究
物 料 号 36608-00

目　录

译　者　序

　　统计力学是从系统微观组成的动力学行为来研究该系统宏观性质的一门学科，是近代自然科学的重要基础之一，在物理学、化学、生物、天体物理和宇宙学，甚至社会科学等领域中有广泛的应用。正因为如此，学习和掌握统计力学的基础知识对于物理学以及相关专业的师生或研究工作者是十分必要的。

　　关于统计力学已有许多优秀的著作，但是既简明扼要，又不失严密性和系统性，同时又兼顾统计力学现代理论的基础教材并不多见。钱德勒 (D. Chandler) 教授的《现代统计力学导论》正是具有这些特点的优秀基础教材。钱德勒教授现任教于加利福尼亚大学化学系，主要从事统计力学方面的研究工作。作者在多年教学实践基础之上，对教材内容作了精心的选择，在不大的篇幅中，不仅包括了统计力学的核心基础内容，而且更包括了在这种层次的教材中通常不涉及的一些重要专题，如重正化理论、蒙特卡罗方法等。这无疑有助于读者更好地理解和掌握统计力学的基本原理，更充分地认识其应用的广泛性。作者在讨论重要专题时均采用简单实例 (如一维伊辛模型) 作先导，避免引入复杂的工具，以突出处理问题的方法和基本的物理概念，这将加深读者对于统计力学基本原理和方法的理解。作者对于习题的设计也颇具匠心，按照训练的要求不同将习题分为三类，难度和深度循序渐进。一部分习题置于正文的讨论之中，直接检测读者学习过程中的理解情况或者为进一步的讨论提供出发点。在每章末，作者提供了一些参考文献并对此作了一些简短的评述，方便读者进一步深入地学习和了解有关内容。

　　该教材出版后广受好评，例如，"用非常实在的内容以活泼轻快并激发学习热情的方式引导读者。总之，这是一部杰出的作品"[1]，"该教材清新、

---

[1] J. K. Percus, Physics Today, 41(12)(1988)114.

简洁,以本科生很容易理解的方式介绍统计力学的新近进展"[1],"因为该书所包含的精妙讨论,值得高度推荐"[2]。该书历年以来被许多大学的统计物理或相关课程选为教学参考书。译者在统计物理课程的教学中也一直将其作为参考书之一。

鉴于上面简述的一些特点,译者不揣冒昧将本书译成中文。根据具体情况,在译文中添加了一些译注以对某些问题进行补充说明。限于译者水平,译文难免有不当和错误之处,敬请读者不吝指正。感谢高等教育出版社自然科学学术著作分社编辑王超先生的大力帮助。感谢南京大学匡亚明学院 2009 级部分学生提供的帮助。本书的翻译得到南京大学 985 工程三期经费的部分资助,特此表示感谢。

译 者

2012 年 5 月于南京大学物理学院

---

[1] L. Allen, New Scientist, 28 April(1988)70.

[2] J. P. Stork, American Scientist, 77(1)(1989)96.

前　言

　　我一直在伊利诺伊大学和宾夕法尼亚大学讲授为期一个学期的初等统计力学课程,本书呈现的是我讲授中所使用的材料。学习这一课程的学生通常已具有热力学、玻尔兹曼分布律、简单量子力学等一些基本知识,他们从与摩尔 (Moore) 的《物理化学》[1] 水平相当的本科物理化学或现代物理学等课程中获得这些知识。我讲授本课程的目的不仅是为了使学生更深入地理解热力学和平衡统计力学的原理,而且还向他们介绍蒙特卡罗抽样,重正化群理论和涨落 – 耗散定理等近代专题。围绕这些专题的基本思想已经彻底改变了统计力学学科。很大程度上正是由于这些思想,统计力学的研究者现今在众多领域的研究和发现中起着重要的作用,这些领域横跨分子生物学,材料科学与工程,化学结构和动力学,甚至高能粒子物理学。因此,我认为,如果没有对这些现代专题以及诸如"序参数"和"关联函数"等概念的一些理解,严格意义上的理科学生就称不上受到了适当的教育。我个人也认为并且经验也表明,这些专题和概念能够也应该涵盖在一个学期的导论课程中。

　　为了在导论层次上包含这些材料,我常常使用简化的模型。这样,我能保证数学上相对简单,但仍然可以描述本领域中许多复杂的思想。我避免讨论高等的理论技术 (例如,图解法和场论方法),尽管这些属于我最喜欢的研究专题之列。我也仅简短地讨论了理想气体和气相化学平衡等传统的统计热力学内容。在前一种情况下,本书应为有兴趣继续学习多体理论方面的高等课程或读物的学生提供必要的背景。在后一种情况下,因为已经有非常多的优秀教材专门讨论这些专题,这里再花很多时间于它们就显得多余和浪费时间。此外,对于在本科物理化学课程中选用的材料而言,这些内容现在已是相当标准的了。

---

[1] Walter J. Moore, Physical Chemistry, 5th ed, Prentice-Hall, 1972; 或者国内物理专业使用的热学教材,例如,秦允豪. 热学. 第三版. 北京: 高等教育出版社, 2011. ——译注

　　我已经采用了一个特殊的顺序组织专题,这需要作一些评析。前两章完全用来专门讨论宏观热力学,直到第三章才涉及微观统计原理。在第一章中,复习基础热力学并引进勒让德 (Legendre) 变换。在第二章,阐述相平衡和稳定性的概念。我使用这种策略,是因为这里介绍的技术和语言大大加快了理解和应用统计力学原理的速度。另一种方法是可以从第三章的前半部分开始,这里第二定律作为统计假设的直接结果而出现,该假设是,宏观平衡态是具有最大随机性的态。然后,第一、二章的热力学可以与第三章的后半部分以及第四和第五章的相关材料结合起来。不同的系综以及涨落的作用在第三章中处理。第四章和第五章分别讨论无相互作用理想系统的统计力学以及相变。

　　第五章中对相变的讨论集中于伊辛 (Ising) 模型。在该模型的背景下,我将讨论平均场近似和重正化群理论。在后一种情况,据我所知,没有其它导论性的教材以自足的形式介绍这个重要的课题。然而,如我从马里斯 (Humphrey Maris) 和卡丹诺夫 (Leo Kadanoff) 的教学文章[1]中所认识到的那样,是可以在初等程度上讲授这些内容,并且将学生引导到这样的地步,他们可以用重正化群方法计算习题集中的练习题。

　　第六章介绍另一个很重要的问题,它不在这一层次的其它教材中讨论,这就是蒙特卡罗方法。在这里,我再次使用伊辛模型作为具体讨论的基础。二维伊辛模型说明了一个系统中涨落的行为,它如果足够大的话,系统可以显现出真正的相平衡和界面现象。一维情况可用于说明量子蒙特卡罗方法的原理。本章也描述了米特罗波利斯 (Metropolis) 算法,提供了学生可以在微机上进行实验的程序,探讨了该方法的有效性和局限性。

　　在第七章,我们考虑了经典流体的平衡统计力学。在化学中,这是一个非常重要的专题,因为它是理解溶剂化的基础。如麦克斯韦－玻尔兹曼速度分布的某些专题是相当标准的,但另外一些专题并非如此。特别是,对简单和分子流体,给出了对关联函数的定义以及描述,导出了这些函数和 X 射线的散射截面之间的联系,讨论了它们与溶液中的化学平衡之间的关系。最后,对二维经典硬盘流体的蒙特卡罗处理方法给出了一个说明,学生可以在微机上运行相关程序。

　　最后一章涉及动力学,即接近或处于平衡态的宏观系统的弛豫和分子运动。特别是,我讨论了时间关联函数,涨落－耗散定理以及它对于理解化学动力学、自扩散、吸收和摩擦力等问题的一些结果。在现代科学的范围内,这些内容又是非常重要和基本的专题。但是,就非平衡统计力学的

---

[1]H. J. Maris and L. J. Kadanoff, Am. J. Phys. 46, 652 (1978).

原理的教学而言,这些专题往往也被视为高等的或特殊的。我不知道为什么情况是这样。看一下第八章就会表明,人们可以仅用很少几行的代数运算就可以导出涨落－耗散定理等主要结果,并不需要借助于复杂的数学方法(例如,传播子、投影算符以及复变量)。

在所有章节中,我假定读者已经掌握了典型的三学期本科生微积分课程中讨论的数学方法。有了这种训练,学生可以发现对于某些数学挑战是可以驾驭的。在这方面,本书最困难的部分是第三章和第四章,这里首次遇到概率统计的概念。但是,由于在这些章节中的材料是标准的,甚至对于背景知识比较薄弱,但能利用图书馆的学生也均能应付自如。选择基于本教材课程的学生已经是高年级本科生或开始读主修生物化学,化学,化学工程或者物理学的研究生。他们通常掌握的材料足以解答许多练习题中的大多数问题。这些练习形成本书的一个有机组成部分,它们加强了每一个主题并检测对主题的理解。在一些情况下,对某些专题的涵盖仅见诸于练习题。

在学习本书后,我确实希望相当数量的学生将继续学习比我在本书中所呈现的对那些专题更为高等的处理方法。出于这个原因,我故意将评述和问题分散地穿插于文中,以此激发学生的好奇心,促使他们到图书馆寻找更多的读物。每章末尾的参考文献可以作为学生进行这种阅读的出发点。在这个意义上,本书既可以作为一个导论,又可以作为指导书,以学习任何描述详细、内容广泛、处理方法更为有效的学科教材。

在编写这本书的过程中,我从很多人的帮助中受益。约翰·惠勒(John Wheeler)不计时间帮助消除逻辑错误以及含混之处。非常感谢阿提拉·萨博(Attila Szabo)的鼓励和建议。我也要感谢约翰·赖特(John Light)对本书早期版本的有益评述。几位学生以及我的妻子伊莱恩(Elaine)编写并测试了包含在书中的计算机程序。伊莱恩也对书的内容提供了许多建议。最后,我要分别感谢伊夫琳·卡里尔(Evelyn Carlier)和桑迪·史密斯(Sandy Smith),他们以专家的水准处理了本书的初稿和终稿。

戴维·钱德勒 (David Chandler)
1986 年 1 月于费城和伯克利

致 学 生

　　在正文的主体部分以及每一章的末尾有许多可做的练习。在大多数情况下,置于正文中的练习是简单的练习,意味着是立刻可以解出的。然而,不时地,我采用了这样的教学方法提问了一些问题,对于它们的解答,需要进一步阐述一种复杂的概念。这些练习用星号标出,并有三种处理办法。第一种,你可能现场就能想出答案 (在这种情况下,你很不错)。第二种,你可以 "作弊",在其它教科书中寻找所需的技术 (一种我所希望激励的 "作弊")。第三种,你可以继续思考问题,但是通过研究课本来进行思考。在最后一种情况下,你经常会发现,求解问题的技术在后面将逐渐出现。

　　牛津大学出版社已出版了本书一些习题的题解集[1],你会发现查看它也是非常有用的。(以下略)

---

[1]David Wu and David Chandler, Solutions Manual for Introduction to Modern Statistical Mechanics (Oxford U. Press, New York, 1988).

第一章

热力学基础

　　统计力学是用来分析自然或自发涨落行为的理论. 无处不在的涨落现象, 让观察变得有趣并且有价值. 确实, 如果缺少这样的随机过程, 液体将不会沸腾, 天空将不会散射光线, 生活中每个动态过程都将会停止. 同样真实的是, 这些涨落的真正本质是, 它们不断地驱使所有的事物朝着混乱度不断增加, 因而导致任何结构将最终消亡的方向发展. (幸运的是, 这些可能发展的事件的时间标度通常是非常长的, 所以担心我们周围的世界因为自然涨落而遭到毁灭是杞人忧天.) 统计力学和它的宏观对应——热力学, 形成一套数学理论, 使用它可以帮助我们更好地理解这些涨落的量级和时间标度, 理解与自发涨落不可避免地要破坏的那些结构所伴随的稳定性和不稳定性.

　　涨落的存在是我们所观察的系统具有复杂性的结果. 宏观系统由许多粒子组成——粒子如此之多让我们无法完全控制或详细说明这个系统达到这样的程度, 以致可用一个决定论的方式完美地描述系统的演化. 因此, 无知对多粒子系统是一条自然定律, 而且这种无知导致我们对各种观测要进行统计描述, 也使得我们承认涨落的客观存在.

　　甚至那些我们观察到的被认为是静态的宏观性质, 也与支配动态涨落的统计定律联系在一起. 例如, 考虑一稀薄气体, 它遵循理想气体的状态方程: $pV = nRT$ (p 是压强, V 是容器的体积, n 是分子的物质的量, T 是温度, R 是气体常数). 在第三章, 我们将会证明这个方程和气体中的方均密度涨落公式是等价的. 这个方程完全可以被认为是一类特殊统计 (在这种情况下, 不存在发生在空间不同点的密度涨落之间的相互关联) 的结果, 并不需要与系统中分子种类的任何细节相联系. 进一步讲, 如果这些 (没有关联的) 密度涨落不复存在, 压强也将消失.

正如将会在后面的第八章看到的, 我们也可以考虑在一个瞬时出现的涨落与其它时刻出现的涨落之间的关联或影响. 这些考虑将会告诉我们关于物质从非平衡态或不稳定态趋向于或弛豫到平衡态的过程. 但是, 在我们深入探讨表征涨落的这些主题之前, 先考虑平衡究竟意味着什么, 与将宏观系统移离平衡态相关联的能量关系又是什么, 这是非常有用的处理方法. 这些内容就是热力学的主题. 尽管本书的许多读者可能对这个主题有些熟悉, 但是由于热力学对统计力学是至关重要的, 我们仍以此作为出发点. 正如我们在第三章将会讨论的, 与自发涨落联系的可逆功或能量关系决定了涨落发生的相似性. 实际上, 著名的热力学第二定律可表述为, 在平衡态下, 与相同能量关系相一致的所有涨落是等可能出现的. 但是, 在讨论第二定律前, 我们也需要复习第一定律以及与其相关的一些定义.

§1.1　热力学第一定律与平衡

热力学第一定律是与内能 (internal energy) 相联系的. 我们将用符号 E 表示的量定义为系统的总能量. 假定它满足以下两个性质. 第一, 内能是广延量 (extensive quantity)[1], 也就是说内能是可加的. 举一个例子来说明这个问题, 考虑图 1.1 所示的复合系统. 所谓内能是广延的, 即有

$$E = E_1 + E_2.$$

由于存在这样的可加性, 广延性线性地依赖于系统的大小. 换言之, 假如在保持系统其它量不变的情况下将系统的大小增加一倍, 那么系统的能量也将加倍.

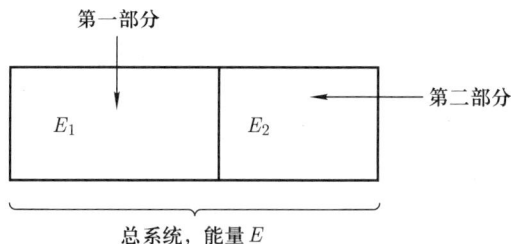

图 1.1　复合系统

---

[1]我们知道, 均匀系统的热力学量可分为两类: 一类与系统的质量或者说是物质的量成正比, 称为广延量. 例如, 质量 m, 体积 V 等都是广延量; 一类是与系统的质量或物质的量无关的, 称之为强度量. 例如, 压强 p, 温度 T 等都是强度量. 据此, 也就是说内能是与物质的量成正比的. ——译注

第二个性质是, 假定能量是守恒的. 也就是说, 如果系统的能量发生了改变, 必定是对系统做了某些事情所导致的——即允许某种形式的能量流进或流出系统. 我们能做的一件事情是对系统施加机械功. 除此之外还有什么? 经验上, 我们知道系统的能量可以通过对系统做功或者允许热量流入系统来改变. 因此作为热量 (heat) 的定义, 可以写出

$$\boxed{dE = \mathrm{d}Q + \mathrm{d}W}$$

该方程通常称为热力学第一定律 (first law of thermodynamics). 在该定律中, $\mathrm{d}W$ 是 (操控机械约束) 对系统所做功的微分, $\mathrm{d}Q$ 是流入系统热量的微分. 做功的项有一般的形式

$$\mathrm{d}W = \boldsymbol{f} \cdot \mathrm{d}\boldsymbol{X},$$

其中 $\boldsymbol{f}$ 是作用力, $\boldsymbol{X}$ 代表力学广延量. 一个熟悉的例子是

$$\mathrm{d}W = -p_{\text{ext}}\mathrm{d}V,$$

其中 V 是块系统的体积, p_{ext} 是外压强. 另一个例子是

$$\mathrm{d}W = f\mathrm{d}L,$$

其中 f 是作用于橡皮带的拉力, 而 L 是橡皮带的长度. 一般来说, 有许多力学广延量, 它们的变化与功有关. 我们用缩写的矢量记号 $\boldsymbol{f} \cdot \mathrm{d}\boldsymbol{X}$ 表示所有的相关功之和, $f_1\mathrm{d}X_1 + f_2\mathrm{d}X_2 + \cdots$.

然而, 这种对热量的定义实际上是不完整的, 除非我们假定了控制它的手段. 绝热壁 (adiabatic wall) 是阻止热量流入系统的约束. 只要系统的一个状态 (称为 A) 可以由另一状态 (称为 B) 经过某一力学过程所达到, 而同时保证系统被绝热壁所包围, 则可以通过确定绝热过程中在这两个状态之间所需要传递的功, 我们就可以测得能量差 $E_A - E_B$.

在关于能量可测性的这个评述中, 我们假定存在一个实验手段用以表征一个系统的状态.

另一个要记住的关键点是, 功和热量是能量转换的两种形式. 一旦能量 $\mathrm{d}W$ 或者 $\mathrm{d}Q$ 被转换, 它就不再能分辨出能量是通过这两种方式中哪一种方式传递的. 尽管有 $\mathrm{d}W + \mathrm{d}Q = \mathrm{d}E$, 且有量 E, 但是没有量 W 和 Q. 因此, $\mathrm{d}W$ 和 $\mathrm{d}Q$ 是不恰当微分 (inexact differential), 两个量 $\mathrm{d}W$ 和 $\mathrm{d}Q$ 加上一横, 就用以表示这个事实.

练习 1.1　列出一些两种能量流动形式的熟悉例子 (例如, 冰融化的两种方式——搅拌或者置于太阳下).

由实验可知, 孤立系统总是能自发地演变到一些简单的终态, 这些状态称为平衡态 (equilibrium state). 所谓 "简单", 是指从宏观上来讲, 系统可以由几个变量来描述. 特别是, 一个系统的平衡态可以完全由具体指定的 E 和 X 来宏观地表征. 对于相关力学广延量是体积和分子数的系统, 表征系统的变量是

$$E, V, n_1, \cdots, n_j, \cdots, n_r \quad r \text{ 个组元}$$

体积　　　　　第 j 组元物质的量

如果外加一个电场, 则系统的总偶极矩也必须加到相关变量列表中. (顺便指出, 在电磁场情况下, 在导出广延电能和磁能时需要小心. 你能想到困难的根源吗? [提示: 考虑偶极子之间相互作用的空间范围.])

需要注意的是, 在完全以演绎方式阐述宏观热力学理论时, 应当将化学复合变量 (composition variables) $n_1, n_2, \cdots, n_r$ 和如体积 V 之类的力学广延变量加以区分. 在本书中, 我们忽略两者的区别, 因为通过半透膜、电化学电池或相平衡, 我们可以设计 (实际的或是思想的) 实验使物质的转移和混合与功的消耗或产生同时发生. 这种观察可用于证实复合变量在数学上与标准的力学广延量有等价的作用. 见下文练习 1.5.

列出所有的相关变量有时候在实验上是一个困难的问题. 但是不管这些变量是怎样的, 宏观平衡态最重要的特征就是它可以由少数几个变量来描述, 少数是相对于数目绝对多的力学自由度来说的, 这些力学自由度通常是描述一个宏观多粒子系统的一个任意非平衡态所必需的.

事实上, 没有一个物理上感兴趣的系统是严格地处于平衡的. 但是, 很多系统都处于亚稳平衡态, 它们通常可以用平衡态热力学来处理. 一般来说, 在观察系统过程中, 如果系统独立于时间和之前所经历的过程, 而且没有能量或物质的流动, 那么这个系统可以看做达到平衡态的系统, 它的性质可以单独由 $E, V, n_1, \cdots, n_r$ 表征. 然而, 我们最终并不能确定这种平衡特征的描述是真正地正确的, 还要依赖平衡热力学的内部自洽性作为指导来判断这种描述的正确性. 内部不自洽是非平衡行为的标志或者是说我们需要增加另外的宏观变量, 而并非是说热力学不能描述.

关于这些平衡态热力学可以告诉我们什么呢? 考虑一个系统, 对其施加某些约束作用形成平衡态 I. 去除或改变其中一个 (或多个) 约束, 系统

将演变到一个新的终态 II. 确定状态 II 可以视为热力学的基本任务.

例如, 考虑示于图 1.2 中的系统, 设想以下可能的变化:

1. 让活塞来回移动.
2. 在活塞上打孔 (或许只能渗透一种粒子).
3. 移去绝热壁并令系统和环境有热量交换.

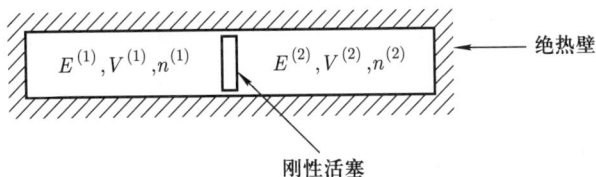

图 1.2　示例性系统

这些变化会导致系统产生什么样的终态呢? 要想回答这个问题, 需要一个原理. 这个原理就是热力学第二定律.

尽管考虑第二定律的这个动机完全是宏观的, 但是这个原理与微观问题, 或者更确切地说, 与涨落的本质有直接的关系. 可以论证如下: 假设用来形成初态 I 的约束刚被除去, 系统开始向状态 II 弛豫. 在除去约束后, 不可能确切地分辨出状态 I 的形成是约束 (现在已被去除) 的结果还是自发涨落的结果. 因此, 对上述关于基本任务的分析将告诉我们有关自发涨落的能量关系或热力学方面的一些信息. 我们将看到, 这种信息将告诉我们有关涨落的可能性和状态 II 的稳定性.

有了以上这些预备知识, 我们现在回到为这种分析提供运算规则的那个原理本身.

§1.2　第二定律

正如之前的评述所已经表明的, 第二定律与涉及平衡态性质的合理而又简洁的统计假设有着紧密的联系, 实际上就是它的一个直接结果. 在第三章我们将考虑这个观点. 但是现在, 我们将这个第二定律表述为下列假设:

存在一个广延态函数 $S(E, \boldsymbol{X})$, 它是 E 的单调递增函数, 并且如果状态 A 绝热变化到状态 B, 则有 $S_B \geqslant S_A$.

注意, 如果从态 A 到态 B 的过程是可逆的, 则过程 $B \to A$ 也可以绝热地进行. 在这种情况下, 上述假设亦意味着有 $S_A \geqslant S_B$. 因此, 如果两态 A, B

可以绝热并可逆地达到, 则有 $S_A = S_B$. 也就是说, 对可逆绝热过程有熵变 $\Delta S = S_B - S_A = 0$; 否则, 对任何自然的不可逆绝热过程, $\Delta S > 0$. 这就是

$$\boxed{(\Delta S)_{绝热} \geqslant 0,}$$

这里仅当过程可逆时等号成立.

　　这里对词汇 "可逆" 和 "不可逆" 做一些说明. 可逆过程是指由控制变量的一些无限小变化而可以精确返回的过程. 就此而言, 可逆过程是一个准静态热力学过程, 该过程进行得足够任意地缓慢, 在每一阶段整个系统处于平衡态. 换句话说, 一个可逆过程是在平衡态流形中进行的. 由于这些平衡态仅由少数几个变量表征, 任何这样的过程可以通过控制这些变量而逆向返回, 因此命名为 "可逆". 另一方面, 自然过程通过许多更为复杂的非平衡态超出那个平衡态流形. 通常, 对于这些非平衡态, 需要大量数目的变量 (可能是系统所有粒子的坐标) 表征它们. 如果不控制所有这些变量 (在一般情况下, 这是不可能做到的), 在试图逆转这一过程后将观测到系统会通过态空间中的相同点, 这是高度不可能的. 因此, 这个过程是 "不可逆" 的.

　　广延态函数 $S(E, \boldsymbol{X})$ 称作熵 (entropy). 如已经说明的, 可逆绝热过程的熵变为零. 还要注意到, 熵是一个态函数 (function of state). 这就意味着对由 E 和 $\boldsymbol{X}$ 所表征的那些态可以定义熵. 这样的态是热力学平衡态. 熵还具有一些其它重要的性质. 为了导出这些性质, 考虑熵的微分

$$\mathrm{d}S = \left(\frac{\partial S}{\partial E}\right)_{\boldsymbol{X}} \mathrm{d}E + \left(\frac{\partial S}{\partial \boldsymbol{X}}\right)_E \cdot \mathrm{d}\boldsymbol{X},$$

其中第二项是 $(\partial S/\partial X_1)\mathrm{d}X_1 + (\partial S/\partial X_2)\mathrm{d}X_2 + \cdots$ 的缩写. 对于可逆过程, 也有

$$\mathrm{d}E = (\text{d}Q)_{\mathrm{rev}} + \boldsymbol{f} \cdot \mathrm{d}\boldsymbol{X}.$$

因为可逆性, 这里的 "力" $\boldsymbol{f}$ 是系统的一个性质. 例如, 在平衡态, 外界施加的压强 p_{ext} 和系统的压强 p 相等.

　　综合上面的两个方程, 有

$$\mathrm{d}S = \left(\frac{\partial S}{\partial E}\right)_{\boldsymbol{X}} (\text{d}Q)_{\mathrm{rev}} + \left[\left(\frac{\partial S}{\partial \boldsymbol{X}}\right)_E + \left(\frac{\partial S}{\partial E}\right)_{\boldsymbol{X}} \boldsymbol{f}\right] \cdot \mathrm{d}\boldsymbol{X}.$$

对于可逆绝热过程, $\mathrm{d}S, (\text{d}Q)_{\mathrm{rev}}$ 均为零. 因为上述方程对于所有可逆过程 (即所有连接平衡态流形的位移) 必定成立, 则它对于可逆绝热过程必定成立. 为确保这种行为, 上述方程方括号中的项必恒等于零, 因此有

$$\left(\frac{\partial S}{\partial \boldsymbol{X}}\right)_E = -\left(\frac{\partial S}{\partial E}\right)_{\boldsymbol{X}} \boldsymbol{f}.$$

注意到该方程中涉及的所有量都是态函数. 因此, 对绝热和非绝热过程, 等式均成立.

我们假设 S 是关于 E 的单调递增函数, 即 $(\partial S/\partial E)_X > 0$ 或者 $(\partial E/\partial S)_X \geq 0$. 后者定义为温度 T, 即

$$T \equiv \left(\frac{\partial E}{\partial S}\right)_X \geq 0.$$

以后我们会看到, 这样的定义与温度的物理含义是一致的. 注意, 因为 E 和 S 都是广延量, 温度 T 是强度量 (intensive quantity). 也就是说, 温度 T 是与系统的大小无关的.

将上面两个方程合并, 有

$$\left(\frac{\partial S}{\partial \boldsymbol{X}}\right)_E = -\frac{\boldsymbol{f}}{T}.$$

又因为

$$dS = \left(\frac{\partial S}{\partial E}\right)_{\boldsymbol{X}} dE + \left(\frac{\partial S}{\partial \boldsymbol{X}}\right)_E d\boldsymbol{X},$$

因此有

$$\boxed{dS = \frac{1}{T}dE - \frac{\boldsymbol{f}}{T} \cdot d\boldsymbol{X},}$$

或者

$$\boxed{dE = TdS + \boldsymbol{f} \cdot d\boldsymbol{X}.}$$

根据这一方程, 平衡态的能量可以由 S 和 $\boldsymbol{X}$ 表征, 即

$$E = E(S, \boldsymbol{X}).$$

本节中带框的方程是热力学的基本关系, 它们构成了热力学第二定律的数学表述.

练习 1.2 一根橡皮带的状态方程是

$$S = L_0\gamma \left(\frac{\theta E}{L_0}\right)^{1/2} - L_0\gamma \left[\frac{1}{2}\left(\frac{L}{L_0}\right)^2 + \frac{L_0}{L} - \frac{3}{2}\right], \quad L_0 = nl_0,$$

或

$$S = L_0\gamma e^{\theta n E/L_0} - L_0\gamma \left[\frac{1}{2}\left(\frac{L}{L_0}\right)^2 + \frac{L_0}{L} - \frac{3}{2}\right], \quad L_0 = nl_0,$$

其中 γ, l_0, θ 都是常数, L 是橡皮带的长度, 其它符号均有通常的含义. 问上面的两个方程哪个更符合实际? 为什么? 对于所选的状态方程, 导出张力 f 对 T 和 L/n 的依赖关系, 即确定 $f(T, L/n)$.

§1.3 第二定律的变分表述

第二定律的一个有用形式,且是与涨落的能量关系最密切相关的形式可以通过考虑这样的一个过程推导出来,在该过程中 E 和 $\boldsymbol{X}$ 保持恒定,准静态地施加一个内约束 (internal constraint).

内约束是这样的约束,它与广延变量耦合,但不改变这些广延变量的总值. 例如,考虑示于图 1.3 的系统. 总值 $V = V^{(1)} + V^{(2)}$ 可以通过移动右边的活塞来改变,但这个过程并不相应于施加内约束. 相反地,可设想移动系统内部的活塞. 这需要做功,系统的能量将因此而改变,但是系统的总体积将不改变. 这第二个过程确实相应于施加内约束.

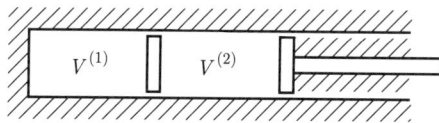

图 1.3 说明内约束含义的复合系统

记住内约束的这个定义,考虑示于图 1.4 中的这类过程. 系统最初处于平衡态,有熵 $S = S(E, \boldsymbol{X})$. 之后,施加一个内约束,这个系统被可逆地带入一个受约束的平衡态,它有相同的 E 和 $\boldsymbol{X}$,但熵为 $S' = S(E, \boldsymbol{X};$ 内约束$)$. 在 $E - \boldsymbol{X}$ 平面上的态是无内约束的平衡态流形. 施加内约束将使系统离开该流形. 当然,这需要做功,在过程中没有能量变化的要求也意味着必须有热量的流动.

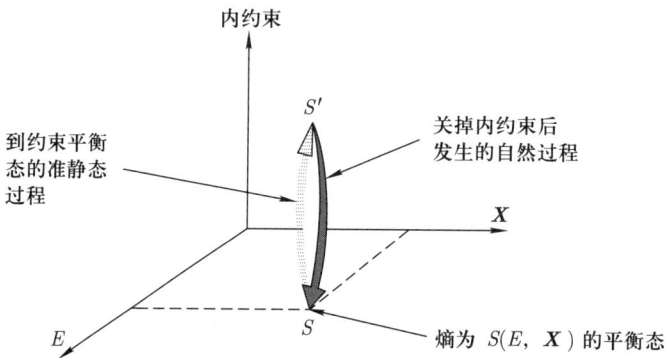

图 1.4 涉及内约束操作的过程中的熵变

在达到并继续保持这个约束状态后,我们将绝热地孤立该系统. 之后,让我们想象当突然去掉内约束将会发生什么. 这个系统在恒定的 E 和 $\boldsymbol{X}$

下自然地弛豫到具有熵 S 的初态, 如图 1.4 所示. 仅仅考虑该循环过程的最后一步, 由第二定律可知熵变是正的, 也就是,

$$S - S' > 0,$$

或

$$S(E, \boldsymbol{X}) > S(E, \boldsymbol{X}; 内约束).$$

换句话说, 平衡态是 $S(E, \boldsymbol{X}; 内约束)$ 有整体最大值的态.

这个变分原理提供了一个有力的方法, 由此可从热力学第二定律导出许多结果. 它显然提供了一种计算规则, 可以解决我们提出的作为热力学首要任务的问题. 为了看出缘由, 考虑图 1.5 的例子. 我们可以发问: 制备系统使其初始时能量 E 中有 $E_{初}^{(1)}$ 分配在子系统 1, 而 $E_{初}^{(2)}$ 分配子系统 2 中, 那么能量的最终分配如何? 也就是说, 当系统平衡时, $E^{(1)}$ 和 $E^{(2)}$ 的值各是多少? 答案就是: $E^{(1)}$ 和 $E^{(2)}$ 就是在受到约束 $E^{(1)} + E^{(2)} = E$ 时使 $S(E, \boldsymbol{X}; E^{(1)}, E^{(2)})$ 取最大值的那些值.

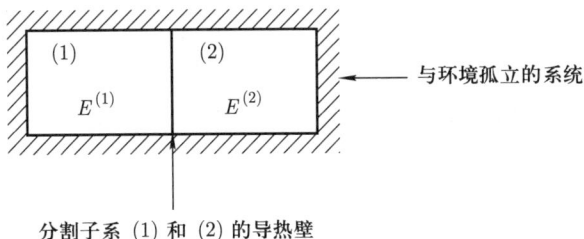

图 1.5   示例性的复合系统

熵最大原理有一个推论, 就是能量最小原理 (energy minimum principle). 为了导出这个推论, 我们考虑前面所画出的复合系统, 且令 $E^{(1)}$ 和 $E^{(2)}$ 表示平衡时能量的分配. 熵最大原理意味着

$$S(E^{(1)} - \Delta E, \boldsymbol{X}^{(1)}) + S(E^{(2)} + \Delta E, \boldsymbol{X}^{(2)}) < S(E^{(1)} + E^{(2)}, \boldsymbol{X}^{(1)} + \boldsymbol{X}^{(2)}).$$

这里, 量 ΔE 是从子系统 1 移出并放入子系统 2 的能量值. 如不等式所表示的, 这样的能量重新分配降低了熵. 注意, 在计算重新分配的系统的熵时, 我们使用了熵是广延量这个事实, 因此我们简单地将两个分离的子系统的熵相加.

现在回想 S 是 E 的单调递增函数 (即温度为正), 因此, 当 $\Delta E \neq 0$ 时, 有能量

$$E < E^{(1)} + E^{(2)}$$

使得

$$S(E^{(1)} - \Delta E, \boldsymbol{X}^{(1)}) + S(E^{(2)} + \Delta E, \boldsymbol{X}^{(2)}) = S(E, \boldsymbol{X}^{(1)} + \boldsymbol{X}^{(2)}).$$

换句话说, 我们可以想象在恒定的总 S 和 $\boldsymbol{X}$ 下施加内约束, 这样的过程必将提高该系统的总能量. 这就是说, $E(S, \boldsymbol{X})$ 是 $E(S, \boldsymbol{X};$ 内约束$)$ 的一个整体最小值. 这个表述就是我们已经提过的能量最小原理.

极值原理常常用偏离平衡态的数学变分表述. 对这样的变分, 我们用一个泰勒级数来写出 ΔE,

$$\Delta E = E(S, \boldsymbol{X}; \delta Y) - E(S, \boldsymbol{X}; 0) = (\delta E)_{S, \boldsymbol{X}} + (\delta^2 E)_{S, \boldsymbol{X}} + \cdots,$$

其中 δY 表示因为施加内约束而引起的内部广延变量的变分或者分配, 且

$$(\delta E)_{S, \boldsymbol{X}} = \text{一阶变分偏移} = \left[\left(\frac{\partial E}{\partial Y} \right)_{S, \boldsymbol{X}} \right]_{Y=0} \delta Y$$

$$(\delta^2 E)_{S, \boldsymbol{X}} = \text{二阶变分偏移} = \left[\frac{1}{2} \left(\frac{\partial^2 E}{\partial Y^2} \right)_{S, \boldsymbol{X}} \right]_{Y=0} (\delta Y)^2, \text{等}$$

对偏离 $\delta Y = 0$ 的平衡态流形的任意小变分, (采用这种记法) 上面所引的原理为

$$(\delta E)_{S, \boldsymbol{X}} \geqslant 0,$$

对于偏离稳定平衡态的任意小变分, 则有 $(\Delta E)_{S, \boldsymbol{X}} > 0$. 类似地, 有 $(\Delta S)_{E, \boldsymbol{X}} < 0$.

§1.4　应用: 热力学平衡与温度

热力学第二定律变分形式的有益使用不仅为热平衡建立了判据, 而且将积分因子 T 与我们实际上设想为温度的性质等同起来.

考虑图 1.6 所示的系统, 可以提这样一个问题: 在平衡时, $T^{(1)}$ 和 $T^{(2)}$ 之间有怎样的联系? 为了得到答案, 设想由于内约束在平衡附近产生小的位移. 熵表示的变分定理为

$$(\delta S)_{E, \boldsymbol{X}} \leqslant 0.$$

由于 $E = E^{(1)} + E^{(2)}$ 在位移时是一个常量, 则有

$$\delta E^{(1)} = -\delta E^{(2)}.$$

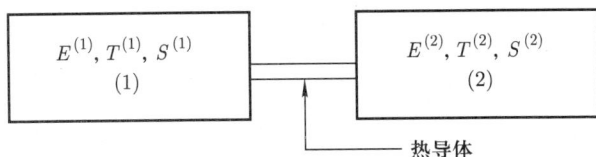

图 1.6 热导系统

另外, 由于 S 是一个广延量

$$S = S^{(1)} + S^{(2)},$$

于是

$$\begin{aligned}
\delta S =& \delta S^{(1)} + \delta S^{(2)} \\
=& \left(\frac{\partial S^{(1)}}{\partial E^{(1)}}\right)_{\boldsymbol{X}} \delta E^{(1)} + \left(\frac{\partial S^{(2)}}{\partial E^{(2)}}\right)_{\boldsymbol{X}} \delta E^{(2)} \\
=& \left(\frac{1}{T^{(1)}} - \frac{1}{T^{(2)}}\right) \delta E^{(1)},
\end{aligned}$$

其中在最后一个等式中我们注意到

$$\left(\frac{\partial S}{\partial E}\right)_{\boldsymbol{X}} = \frac{1}{T},$$

并应用了 $\delta E^{(1)} = -\delta E^{(2)}$ 这个条件. 因此, 对所有 (正的或者负的) 小的变分 $\delta E^{(1)}$, 有

$$\left(\frac{1}{T^{(1)}} - \frac{1}{T^{(2)}}\right) \delta E^{(1)} \leqslant 0.$$

这个条件能成立的唯一方式是, 在平衡时

$$\boxed{T^{(1)} = T^{(2)}.}$$

   注意我们在导出温度相等的平衡条件时所采用的观点: 假设系统处于平衡态, 通过施加内约束扰动系统来了解那个态. 接着分析系统对扰动的响应, 通过与热力学第二定律的比较得出关于开始所考虑的平衡态的结论. 这种类型的过程非常有效, 是我们将经常使用的. 从本质意义上讲, 它和实验观察的本质紧密联系在一起. 特别地, 如果我们设想一个真正的实验来探测平衡系统的行为, 这个实验一般都会包括观测系统对于所施加的扰动的响应.

   按照这样的步骤, 我们已经根据第二定律证明了热平衡判据是, 两个相互作用的子系统的温度相等. 在证明中我们使用了熵变分原理. 你可以根据能量变分原理来证明相同的结果.

练习 1.3 给出该证明过程.

下面我们改变观点, 当初始时系统并不处于热平衡, 即初始时 $T^{(1)} \neq T^{(2)}$, 考虑将会发生什么. 最终, 在达到热平衡时两者温度将变为相等. 要问的问题是: 这个平衡将是如何发生的?

为回答这个问题, 再应用第二定律, 这次注意到通向平衡的过程是自然过程, 因此熵变 ΔS 是正的 (即 $dS > T^{-1} dQ$, 且对于整个系统 dQ 为零). 于是

$$\Delta S^{(1)} + \Delta S^{(2)} = \Delta S > 0.$$

因而有 (假设差值是小量)

$$\left(\frac{\partial S^{(1)}}{\partial E^{(1)}}\right)_{\boldsymbol{X}} \Delta E^{(1)} + \left(\frac{\partial S^{(2)}}{\partial E^{(2)}}\right)_{\boldsymbol{X}} \Delta E^{(2)} > 0,$$

或者注意到 $\Delta E^{(1)} = -\Delta E^{(2)}$ 以及 $(\partial S / \partial E)_{\boldsymbol{X}} = 1/T$, 有

$$\left(\frac{1}{T^{(1)}} - \frac{1}{T^{(2)}}\right) \Delta E^{(1)} > 0.$$

现在假设 $T^{(1)} > T^{(2)}$, 那么为了满足该不等式, 有 $\Delta E^{(1)} < 0$. 类似地, 如果 $T^{(1)} < T^{(2)}$, 那么必有 $\Delta E^{(1)} > 0$. 于是我们恰恰证明了能量是从热的物体流向冷物体的.

因此, 总结起来, 热量是由于温度梯度引起的那种形式的能量流, 并且是从热处 (高的 T) 流向冷处 (低的 T) 的.

由于热流与温度变化是密切相关的, 所以引进热容量 (heat capacity) 来量化它们的关系是非常有用的. 对于准静态过程, 可以定义

$$C = \frac{dQ}{dT} = T \frac{dQ/T}{dT} = T \frac{dS}{dT}.$$

当然, 我们应该实际指明这些微分变化发生的方向. 习惯的可操作的定义是

$$C_{\boldsymbol{f}} = T \left(\frac{\partial S}{\partial T}\right)_{\boldsymbol{f}}$$

和

$$C_{\boldsymbol{X}} = T \left(\frac{\partial S}{\partial T}\right)_{\boldsymbol{X}}.$$

由于 S 是广延的, $C_{\boldsymbol{f}}$ 和 $C_{\boldsymbol{X}}$ 是广延的.

练习 1.4 假设你有两块像皮带, 每一块都满足练习 1.2 中所研究的状态方程. 第一块的温度, 摩尔长度和物质的量分别为 $T^{(1)}$, $l^{(1)}$ 和 $n^{(1)}$. 同样

的, 第二块相应的是 $T^{(2)}$, $l^{(2)}$ 和 $n^{(2)}$. 如果它们保持在恒定长度, 且彼此热接触, 试确定这两块橡皮带最后的能量和温度 (作为这些初始热力学性质的函数). 忽略与环境的热对流和质量流.

§1.5 辅助函数和勒让德变换

在前面几节中, 我们已经介绍了对任一系统的宏观热力学进行分析所必需的所有原理. 然而, 通过引入某些数学概念和方法, 在很大程度上可实现进行分析时的便捷性. 我们在这里和本章余下各节所要学的技巧也会很大程度地提高我们在进行统计力学计算时的计算灵巧性.

这些方法中的第一个是勒让德变换 (Legendre transform) 程序. 为看出为什么这个方法是非常有用的, 我们使用可逆功微分的特定形式, 它们适合于通常在生物学和化学中所研究的系统. 在这个实例中, 对于可逆位移, 有

$$\boldsymbol{f} \cdot \mathrm{d}\boldsymbol{X} = -p\mathrm{d}V + \sum_{i=1}^{r} \mu_i \mathrm{d}n_i,$$

式中 p 是系统的压强, V 是系统的体积, n_i 是物质 i (共有 r 种物质) 的物质的量, 而 μ_i 是物质 i 的化学势 (chemical potential). 化学势是通过上面的方程定义的. 它是指在保持所有其它物质的物质的量, S 和 V 不变的条件下, 改变物质 i 的物质的量 n_i 时所引起的内能的可逆变化率. 如同在第二章和第三章将要强调的, 正像温度控制着热平衡, 化学势是控制质量或粒子平衡的强度性质. 实际上, 我们可以发现化学势的梯度将诱发质量的流动或者原子和分子的重新排列, 而没有这样的梯度就可以确保质量的平衡. 不同相的物质和不同化学物质间的平衡的建立就是通过原子和分子的重新排列的方式实现的. 因此在贯穿本书的很多问题的讨论中, 化学势都将起着重要的作用.

练习 1.5 考虑如图 1.7 所示的系统, 子系统 I 和 II 之间的活塞可以使物质 1 透过, 而不能使物质 2 透过. 施加压强 p_A 把活塞置于适当位置. 施加压强 p_B 将另一个活塞置于适当位置, 该活塞可使物质 2 通过而不能使物质 1 通过. 注意到, 平衡时, $p_A = p_{II} - p_I$, $p_B = p_{II} - p_{III}$. 证明, 在适当的约束 (例如, 用绝热壁包围系统) 下, 通过控制压强 p_A, p_B 产生作用于系统的可逆机械功就是与改变子系统 II 的浓度变量相联系的可逆功. 你能不能想到其它的装置, 使可逆功可以与系统中物质的量的改变相联系?

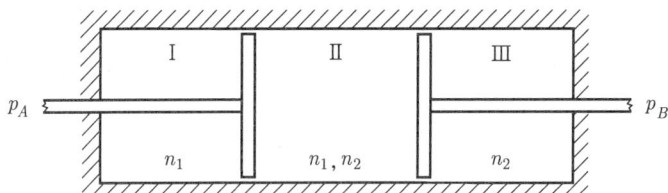

图 1.7　说明机械功如何与物质的量的变化相关联的复合系统

注意到 $\boldsymbol{f} \cdot \mathrm{d}\boldsymbol{X}$ 的形式, 我们有

$$\mathrm{d}E = T\mathrm{d}S - p\mathrm{d}V + \sum_{i=1}^{r} \mu_i \mathrm{d}n_i.$$

于是, $E = E(S, V, n_1, \cdots, n_r)$ 就是 S, V 和 n_i 的自然函数. 因此, 从变分原理 $(\Delta E)_{S,V,n} > 0$ 和 $(\delta E)_{S,V,n} \geqslant 0$, 我们可以得到用 S, V 和 n_i 所表征的平衡态的一些事实. 但是, 现在假设有一个实验者坚持用 T, V 和 n 来描述一个单元系统的平衡态. 问题是: 这种表征方法是否可行呢? 如果可行, 类似于 E, 但又是 T, V 和 n 的自然函数的那个热力学函数是什么?

通过考虑勒让德变换可以得到上述问题的答案. 现在就来讨论这个问题. 假设 $f = f(x_1, \cdots, x_n)$ 是 $x_1, \cdots, x_n$ 的一个自然函数, 那么就有

$$\mathrm{d}f = \sum_{i=1}^{n} u_i \mathrm{d}x_i, \quad u_i = \left(\frac{\partial f}{\partial x_i}\right)_{x_j}.$$

令

$$g = f - \sum_{i=r+1}^{n} u_i x_i,$$

显然,

$$\mathrm{d}g = \mathrm{d}f - \sum_{i=r+1}^{n} [u_i \mathrm{d}x_i + x_i \mathrm{d}u_i]$$
$$= \sum_{i=1}^{r} u_i \mathrm{d}x_i + \sum_{i=r+1}^{n} (-x_i) \mathrm{d}u_i.$$

因此, $g = g(x_1, \cdots, x_r, u_{r+1}, \cdots, u_n)$ 是 $x_1, \cdots, x_r$ 以及 $x_{r+1}, \cdots, x_n$ 的共轭变量即 $u_{r+1}, \cdots, u_n$ 的一个自然函数. 函数 g 称为函数 f 的勒让德变换. 此变换将对 $x_{r+1}, \cdots, x_n$ 的依赖关系变换为对 $u_{r+1}, \cdots, u_n$ 的依赖关系. 很明显, 这种类型的构造为引入 T, V 和 n 的自然函数提供了一个方案, 因为 T 不过是 S 的共轭变量. 但是为使方案对于前面提出的问题提供一个满意的解答, 勒让德变换 $g(x_1, \cdots, x_r, u_{r+1}, \cdots, u_n)$ 则必须比 $f(x_1, \cdots, x_n)$ 包含不

多也不少的信息. 只要注意到总可以回到原来的函数 $f(x_1, \cdots, x_n)$, 就容易地建立了这种等价性. 从几何观点看, 上述观察相应于这样的事实, 即在相差一个常数的范围内, 一个函数可以等价地表示为一族切线的包络, 或是满足 $f = f(x_1, \cdots, x_n)$ 的点的轨迹.

　　为了构造 T, V 和 n 的一个自然函数, 我们从 $E(S, V, n)$ 中减去量 $S \times (S$ 的共轭变量$) = ST$. 因此, 我们令

$$A = E - TS = A(T, V, n),$$

这称为亥姆霍兹自由能 (Helmholtz free energy). 显然,

$$\mathrm{d}A = -S\mathrm{d}T - p\mathrm{d}V + \sum_{i=1}^{r} \mu_i \mathrm{d}n_i.$$

　　勒让德变换允许我们交换一个热力学变量和与其共轭的量. 然而, 在该方案中非共轭变量对之间的交换是没有办法做到的. 例如, 因为 (S, V, n) 提供了足够的信息来表征一个平衡态, 所以 (T, V, n), (S, p, n) 和 (T, p, n) 也是如此. 但是, (p, V, n) 或者 (S, T, p) 是不能表征一个状态的变量集的例子. 在讨论热力学自由度及吉布斯相律时我们将再重新回到这一点上来.

　　其它可能的勒让德变换有

$$\begin{aligned} G &= E - TS - (-pV) \\ &= E - TS + pV = G(T, p, n), \end{aligned}$$

以及

$$\begin{aligned} H &= E - (-pV) = E + pV \\ &= H(S, p, n), \end{aligned}$$

它们分别称为吉布斯自由能 (Gibbs free energy) 和焓 (enthalpy). 它们的微分分别是

$$\mathrm{d}G = -S\mathrm{d}T + V\mathrm{d}p + \sum_{i=1}^{r} \mu_i \mathrm{d}n_i,$$

以及

$$\mathrm{d}H = T\mathrm{d}S + V\mathrm{d}p + \sum_{i=1}^{r} \mu_i \mathrm{d}n_i.$$

练习 1.6 构造熵的勒让德变换, 变换后的函数是 $(1/T, V, n)$ 以及 $(1/T, V, \mu/T)$ 的自然函数.

与辅助函数 H, A 和 G 相关联的变分原理是

$$(\Delta H)_{S,p,n} > 0, \quad (\delta H)_{S,p,n} \geqslant 0,$$
$$(\Delta A)_{T,V,n} > 0, \quad (\delta A)_{T,V,n} \geqslant 0,$$
$$(\Delta G)_{T,p,n} > 0, \quad (\delta G)_{T,p,n} \geqslant 0.$$

练习 1.7 试导出这些原理.

在第二章, 我们将利用这些第二定律的不同表述来导出表征稳定平衡态的条件.

§1.6 麦克斯韦关系

借助这些辅助函数, 许多不同类型的测量之间可以相互联系起来. 例如, 考虑

$$(\partial S / \partial V)_{T,n}$$
它意味着将 S 看作是 V, T, n 的函数

为了分析这个导数, 我们先来看关于 T, V 和 n 的自然函数的微分:

$$\mathrm{d}A = -S\mathrm{d}T - p\mathrm{d}V + \mu\mathrm{d}n.$$

注意到, 如果 $\mathrm{d}f = a\mathrm{d}x + b\mathrm{d}y$, 则有

$$\left(\frac{\partial a}{\partial y}\right)_x = \left(\frac{\partial b}{\partial x}\right)_y.$$

所以, A 的微分意味着

$$\left(\frac{\partial S}{\partial V}\right)_{T,n} = \left(\frac{\partial p}{\partial T}\right)_{V,n},$$

这就是麦克斯韦关系 (Maxwell relation).

作为另外一个例子, 考虑 $(\partial S / \partial p)_{T,n}$, 这要求将 S 看作关于 p, T, n 的函数. 因此分析 G 的微分,

$$\mathrm{d}G = -S\mathrm{d}T + V\mathrm{d}p + \mu\mathrm{d}n.$$

再一次注意到, 如果 $a\mathrm{d}x + b\mathrm{d}y$ 是恰当微分, 则有 $\left(\dfrac{\partial a}{\partial y}\right)_x = \left(\dfrac{\partial b}{\partial x}\right)_y$. 因此, 由 G 的微分可以得到另一个麦克斯韦关系,

$$\left(\frac{\partial S}{\partial p}\right)_{T,n} = -\left(\frac{\partial V}{\partial T}\right)_{p,n}.$$

下面的两个例子进一步说明这些方法, 并用以表明热学实验是如何与状态方程的测量密切联系在一起的.

例 1. 令

$$C_v = T\left(\frac{\partial S}{\partial T}\right)_{V,n},$$

则有

$$
\begin{aligned}
\left(\frac{\partial C_v}{\partial V}\right)_{T,n} &= T\left(\frac{\partial}{\partial V}\left(\frac{\partial S}{\partial T}\right)_{V,n}\right)_{T,n} \\
&= T\left(\frac{\partial}{\partial T}\left(\frac{\partial S}{\partial V}\right)_{T,n}\right)_{V,n} \\
&= T\left(\frac{\partial}{\partial T}\left(\frac{\partial p}{\partial T}\right)_{V,n}\right)_{V,n} \\
&= T\left(\frac{\partial^2 p}{\partial T^2}\right)_{V,n}.
\end{aligned}
$$

练习 1.8 对 $(\partial C_p/\partial p)_{T,n}$ 推导类似的公式.

例 2. 令

$$C_p = T\left(\frac{\partial S}{\partial T}\right)_{p,n}.$$

将 S 看作变量 T, V 和 n 的函数, 则有

$$(\mathrm{d}S)_n = \left(\frac{\partial S}{\partial T}\right)_{V,n}(\mathrm{d}T)_n + \left(\frac{\partial S}{\partial V}\right)_{T,n}(\mathrm{d}V)_n,$$

由此可得

$$\left(\frac{\partial S}{\partial T}\right)_{p,n} = \left(\frac{\partial S}{\partial T}\right)_{V,n} + \left(\frac{\partial S}{\partial V}\right)_{T,n}\left(\frac{\partial V}{\partial T}\right)_{n,p},$$

因而

$$\frac{1}{T}C_p = \frac{1}{T}C_v + \left(\frac{\partial p}{\partial T}\right)_{V,n}\left(\frac{\partial V}{\partial T}\right)_{n,p}.$$

其次, 注意到

$$\left(\frac{\partial x}{\partial y}\right)_z = -\left(\frac{\partial x}{\partial z}\right)_y\left(\frac{\partial z}{\partial y}\right)_x,$$

练习 1.9 证明上述公式.[提示: 将 z 看作关于 x 和 y 的函数, 即 $\mathrm{d}z = (\partial z/\partial x)_y \,\mathrm{d}x + (\partial z/\partial y)_x \,\mathrm{d}y$.]

可得

$$\left(\frac{\partial p}{\partial T}\right)_{V,n} = -\left(\frac{\partial p}{\partial V}\right)_{T,n}\left(\frac{\partial V}{\partial T}\right)_{p,n},$$

于是,

$$C_p - C_v = -T\left(\frac{\partial p}{\partial V}\right)_{T,n}\left[\left(\frac{\partial V}{\partial T}\right)_{p,n}\right]^2,$$

这就是将热容量和等温压缩率以及热胀系数相联系的著名结果[1].

§1.7 广延函数和吉布斯–杜恒方程

我们已经讨论了 "广延" 的涵义. 特别的, 如果一个宏观性质与系统的大小线性地相关, 那么它是广延的. 记住这个含义, 考虑广延函数内能 E 以及它是如何依赖于也是广延函数的 S 和 $\boldsymbol{X}$ 的. 显然, 对于任意的 λ,

$$E(\lambda S, \lambda \boldsymbol{X}) = \lambda E(S, \boldsymbol{X}).$$

由此, $E(S, \boldsymbol{X})$ 是 S 和 $\boldsymbol{X}$ 的一阶齐次函数 (first-order homogeneous function)[2]. 我们将导出关于这些函数的一个定理, 然后用这个定理导出吉布斯–杜恒方程 (Gibbs–Duhem equation).

首先, 假设 $f(x_1, \cdots, x_n)$ 是 $x_1, \cdots, x_n$ 的一阶齐次函数. 令 $u_i = \lambda x_i$, 则有

$$f(u_1, \cdots, u_n) = \lambda f(x_1, \cdots, x_n).$$

对该方程相对 λ 微分

$$\left(\frac{\partial f(u_1, \cdots, u_n)}{\partial \lambda}\right)_{x_i} = f(x_1, \cdots, x_n). \tag{a}$$

---

[1]注意, 等温压缩率 K_T 和热胀系数 α 分别定义为

$$\alpha = \frac{1}{V}\left(\frac{\partial V}{\partial T}\right)_{p,n}, \quad K_T = -\frac{1}{V}\left(\frac{\partial V}{\partial p}\right)_{T,n},$$

它们均是实验可测量. 用 α, K_T 表示时, 有

$$C_p - C_v = \frac{TV\alpha^2}{K_T}.$$

——译注

[2]一个 n 阶齐次函数是使得 $f(\lambda x) = \lambda^n f(x)$ 的函数.

但是我们也知道

$$\mathrm{d}f(u_1, \cdots, u_n) = \sum_{i=1}^{n} \left(\frac{\partial f}{\partial u_i} \right)_{u_j} \mathrm{d}u_i,$$

因而

$$\left(\frac{\partial f}{\partial \lambda} \right)_{x_i} = \sum_{i=1}^{n} \left(\frac{\partial f}{\partial u_i} \right)_{u_j} \left(\frac{\partial u_i}{\partial \lambda} \right)_{x_i} = \sum_{i=1}^{n} \left(\frac{\partial f}{\partial u_i} \right)_{u_j} x_i. \tag{b}$$

联立方程 (a) 和 (b), 对于所有的 λ, 我们可以得到

$$f(x_1, x_2, \cdots, x_n) = \sum_{i=1}^{n} \left(\frac{\partial f}{\partial u_i} \right)_{u_j} x_i.$$

取 $\lambda = 1$, 我们有

$$f(x_1, x_2, \cdots, x_n) = \sum_{i=1}^{n} \left(\frac{\partial f}{\partial x_i} \right)_{x_j} x_i.$$

这就是所称的一阶齐次函数的欧拉定理.

练习 1.10 导出 n 阶齐次函数的类似定理.

由于 $E = E(S, \boldsymbol{X})$ 是一阶齐次的函数, 由欧拉定理可得

$$E = \left(\frac{\partial E}{\partial S} \right)_{\boldsymbol{X}} S + \left(\frac{\partial E}{\partial \boldsymbol{X}} \right)_S \cdot \boldsymbol{X} = TS + \boldsymbol{f} \cdot \boldsymbol{X}.$$

像前面两节一样, 现在限定于下列特定形式

$$\boldsymbol{f} \cdot \mathrm{d}\boldsymbol{X} = -p\mathrm{d}V + \sum_{i=1}^{r} \mu_i \mathrm{d}n_i.$$

于是

$$\mathrm{d}E = T\mathrm{d}S - p\mathrm{d}V + \sum_{i=1}^{r} \mu_i \mathrm{d}n_i, \tag{c}$$

即有 $E = E(S, V, n_1, \cdots, n_r)$. 运用欧拉定理可得

$$E = TS - pV + \sum_{i=1}^{r} \mu_i n_i.$$

注意到此公式的全微分为

$$\mathrm{d}E = T\mathrm{d}S + S\mathrm{d}T - p\mathrm{d}V - V\mathrm{d}p + \sum_{i=1}^{r} [\mu_i \mathrm{d}n_i + n_i \mathrm{d}\mu_i]. \tag{d}$$

通过比较方程 (d) 和 (c), 我们得到

$$0 = S \mathrm{d}T - V \mathrm{d}p + \sum_{i=1}^{r} n_i \mathrm{d}\mu_i.$$

这就是吉布斯–杜恒方程.

现在对吉布斯自由能应用一阶齐次函数的欧拉定理,

$$\begin{aligned} G &= E - TS + pV \\ &= \left(TS - pV + \sum_{i=1}^{r} \mu_i n_i\right) - TS + pV \\ &= \sum_{i=1}^{r} \mu_i n_i. \end{aligned}$$

于是对一个单元系, μ 即为摩尔吉布斯自由能 G/n.

结果 $G = \sum_{i=1}^{r} \mu_i n_i$ 是下列一般结果的特例,

$$X(T, p, n_1, \cdots, n_r) = \sum_{i=1}^{r} x_i n_i,$$

其中的 X 当用 T, p 和 n_i 表征态时是广延函数, 并且 x_i 是偏摩尔 (partial molar) X, 即

$$x_i = \left(\frac{\partial X}{\partial n_i}\right)_{T, p, n_j} = x_i\left(T, p, n_1, \cdots, n_r\right).$$

结果 $X = \sum_i x_i n_i$ 可由欧拉定理直接予以证明, 因为在温度 T 和压强 p 固定时, $X(T, p, n_1, \cdots, n_r)$ 是物质的量的一阶齐次函数,

$$X(T, p, \lambda n_1, \cdots, \lambda n_r) = \lambda X(T, p, n_1, \cdots, n_r).$$

§1.8 强度函数

强度函数是广延变量的零次齐次函数. 例如,

$$p = p(S, V, n_i, \cdots, n_r) = p(\lambda S, \lambda V, \lambda n_i, \cdots, \lambda n_r).$$

练习 1.11 *如果 X 和 Y 是广延量, 试证明 X/Y 和 $\partial X/\partial Y$ 是强度量.*

这个方程对任意 λ 均成立. 令 $\lambda^{-1} = n_1 + n_2 + \cdots + n_r =$ 总物质的量 $= n$, 则有

$$p = p(S/n, V/n, x_1, x_2, \cdots, x_r),$$

其中 $x_i = n_i/n$ 是组元 i 的摩尔分数. 但是不同的 x_i 并不是完全独立的, 因为

$$1 = \sum_{i=1}^{r} x_i.$$

于是,

$$p = p(S/n, V/n, x_1, \cdots, x_{r-1}, 1 - x_1 - x_2 - \cdots - x_{r-1}),$$

上式证明了这样的结论: 当需要 $2+r$ 个广延变量确定平衡系统的一个广延性质的值时, 仅需要 $r+1$ 个强度变量来确定其它强度变量的值.

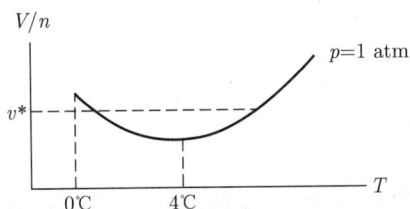

图 1.8　一个大气压下水的摩尔体积

自由度从 $r+2$ 减少到 $r+1$ 只不过说明强度性质与系统的大小无关. 因此, 一个表征系统大小的变量, 在确定系统的广延性质时是必要的, 但在表征强度性质时是不需要的.

在如此这般讨论后, 有一个小的疑惑, 它的解决提供了一个有益的说明: 如果一个单元平衡系统的一个强度性质可由另外两个强度性质所表征, 怎样解释示于图 1.8 中所出现的液态水的实验行为? 温度 T 不是由指定 $(V/n) = v^*$ 和 $p = 1\,\mathrm{atm}$ 而唯一确定的. 对这个表观的佯谬的解释是, p 和 V 是共轭变量, 因此, (p, V, n) 不能唯一地表征一个平衡态. 但是, (p, T, n) 确实表征一个态, (v, T, n) 也是如此. 这样, 我们应该可以由 p 和 T 唯一地确定 v, (v, T) 应该确定 p. 上述实验曲线与这个预期并不矛盾.

这个疑惑说明了使用非共轭变量表征平衡态的重要性.

附加练习

1.12. 考虑一条受到张力 f 的长为 L 的橡皮带. 对平衡态之间的位移, 有

$$dE = TdS + fdL + \mu dn,$$

其中 μ 是橡皮带的化学势, n 是橡皮带的质量或者物质的量. 导出橡皮带的类似于吉布斯–杜恒方程的方程.

1.13. 假设橡皮带的状态方程为 $E = \theta S^2 L / n^2$, 其中 θ 是常数, L 是橡皮带的长度, 其它符号有通常的含义. 确定化学势 $\mu(T, L/n)$, 并证明该状态方程满足一个类似于吉布斯–杜恒方程的方程.

1.14. 对于一个单元 $p - V - n$ 系统, 证明

$$\left(\frac{\partial \mu}{\partial v} \right)_T = v \left(\frac{\partial p}{\partial v} \right)_T,$$

其中 v 是摩尔体积. [提示: 证明 $d\mu = -sdT + vdp$, 其中 s 是摩尔熵.]

1.15. 对于一个 $p - V - n$ 系统, 构造熵的勒让德变换, 变换后的函数是 $(1/T, V, n)$ 和 $(1/T, V, \mu/T)$ 的自然函数. 对于单元系统, 试证明

$$\left(\frac{\partial E}{\partial \beta} \right)_{\beta\mu, V} = -\left(\frac{\partial E}{\partial n} \right)_{\beta, V} \left(\frac{\partial n}{\partial \beta\mu} \right)_{\beta, V} \left(\frac{\partial \beta\mu}{\partial \beta} \right)_{n, V} + \left(\frac{\partial E}{\partial \beta} \right)_{n, V},$$

其中 $\beta = 1/T$.

1.16. 假设一特定类型的橡皮带的状态方程为 $l = \theta f / T$, 其中 l 是橡皮带的单位质量长度, f 是张力, T 是温度, θ 是常数. 对于这种类型的橡皮带, 计算 $(\partial c_l / \partial l)_T$, 这里 c_l 是单位质量的定长热容量.

1.17. 假如将一条橡皮带置于温度为 T 的热浴中, 突然将拉力从 f 增加到 $f + \Delta f$. 达到平衡之后, 橡皮带的熵 $S(T, f + \Delta f, n)$ 将会与其初值 $S(T, f, n)$ 不同. 试计算该过程中单位质量的熵变, 假设橡皮带满足练习 1.16 中给出的状态方程.

1.18. 给定广义齐次函数

$$f(\lambda^{\theta_1} x_1, \lambda^{\theta_2} x_2, \cdots, \lambda^{\theta_n} x_n) = \lambda f(x_1, x_2, \cdots, x_n),$$

证明

$$\theta_1 x_1 \left(\frac{\partial f}{\partial x_1} \right)_{x_2, \cdots, x_n} + \cdots + \theta_n x_n \left(\frac{\partial f}{\partial x_n} \right)_{x_1, \cdots, x_{n-1}} = f(x_1, \cdots, x_n).$$

这个结果就是在正文中所讨论的欧拉定理的推广. 在相变理论中, 当推导临界点附近系统的所谓态的"标度"方程时, 该定理起着非常重要的作用.

参考文献

Herbert Callen 开创了通过一系列假设进行热力学教学之先河, 这些假设取决于学生们希望了解一些原理的统计微观基础. 我们在这一章中的讨论很大程度上受到了 Callen 的书的第一版的影响,

H.B.Callen, *Thermodynamics* (John Wiley, N. Y., 1960).

在热力学的传统处理中, 根本没有涉及分子, 而且温度的概念和第二定律完全是以宏观观测为基础的. 这里有两本体现这些传统方法的教材:

J.G.Kirkwood and I.Oppenheim, *Chemical Thermodynamics* (McGraw-Hill, N. Y., 1960),

以及

J.Beatte and I.Oppenheim, *Thermodynamics* (Elsevier Scientific, N. Y., 1979).

初等教材总是有用的, 下面是一本优秀的初等教材

K. Denbigh, *Principles of Chemical Equilibrium*, 3rd ed. (Cambridge University, Cambridge, 1971).

第二章

平衡条件和稳定性条件

在本章中, 我们将推导出表征宏观系统平衡和稳定的一般判据. 这个推导是基于第一章中已经介绍过的步骤. 特别地, 我们先假设所研究的系统是平衡和稳定的, 然后我们研究由于扰动系统离开平衡状态而产生的热力学变化或者响应. 扰动是施加所谓的 "内约束" 而产生的. 也就是说, 通过在系统内重新分配广延量使系统离开平衡状态. 根据热力学第二定律, 只要系统最初是在一个稳定的平衡点, 这个过程将导致更低的熵或者更高的 (自由) 能. 这样, 通过分析这个过程的热力学量变化的符号, 我们得到与平衡和稳定相一致的不等式组. 这些条件称为平衡和稳定性判据.

我们首先讨论平衡判据, 并证明例如在整个系统中 T, p 和 μ 为常数等价于保证熵或热力学能量相对于广延量的分配取极值. 为了区分最大值或最小值, 我们必须继续分析, 考虑在极值点曲率的符号. 在这种过程中的第二步将产生稳定性判据. 例如, 我们证明, 对任何稳定系统, $(\partial T/\partial S)_{V,n} \geqslant 0, (\partial p/\partial V)_{T,n} \leqslant 0$ 以及其它许多类似的结果. 特别地, 稳定性涉及强度量相对于其共轭的广延量的导数的符号, 或等价地, 自由能相对于广延量的二阶导数的符号. 当在第三章中论述统计力学理论时, 我们将发现这些判据 (常称为 "凸性" 性质) 可以视为统计原理, 它将热力学导数与动力学量的方均涨落值等同起来.

在研究了平衡和稳定性的几个热力学结果后, 我们将这些判据应用到相变和相平衡的现象中, 导出了克劳修斯－克拉珀龙方程和麦克斯韦等面积法则. 这些是热力学关系, 可以描述例如沸点温度是如何由与液气相变相关联的潜热和摩尔体积变化确定的. 虽然这种类型的结果是有深刻见解的, 但要知道, 对相变的全面理解需要统计力学的处理. 相变是微观涨落的结果, 在某些情况下, 微观涨落共同协作导致一个宏观变化. 这种合作性的解释是统计力学的巨大成功之一, 将在第五章中讨论.

§2.1　复相平衡

为开始宏观分析, 考虑一个非均匀的 (复相) 多元系统. 每一个相包括不同的子系. 可以通过改变广延量在不同相之间的份额实现广延量的重新分配. 比如, 由于能量 E 是广延量, 总能量为

$$E = \sum_{\alpha=1}^{\nu} E^{(\alpha)},$$

其中 α 代表相, ν 是这样的相的总数. 能量的重新分配就对应于保持总能量 E 不变而改变 $E^{(\alpha)}$.

这里读者可能注意到, 这个公式忽略了与表面 (即各相之间的界面和系统与边界之间的界面) 有关的能量. 这种对表面能的忽略实际上是一种近似. 然而, 当考虑大的 (即宏观的) 体相时它产生的误差是微不足道的. 这是因为一个体相的能量正比于该相中的分子数 N, 而表面能大约正比于 $N^{2/3}$. 这样, 表面能与体相能之比为 $N^{-1/3}$. 对于 $N \sim 10^{24}$ (1 mol 中所含分子数), 该比值可以忽略不计. 当然在有些情形下表面是很重要的, 在本章的最后我们将给出表面能的讨论. 但是现在, 我们关注的是体相.

也仅保留熵的体项, 可以写出

$$S = \sum_{\alpha=1}^{\nu} S^{(\alpha)},$$

类似地, 有

$$V = \sum_{\alpha=1}^{\nu} V^{(\alpha)},$$

以及

$$n_i = \sum_{\alpha=1}^{\nu} n_i^{(\alpha)},$$

其中 $n_i^{(\alpha)}$ 为在 α 相中物质 i 的物质的量. 然后, 从 δE 定义为能量 E 的一阶变分偏移, 有

$$\delta E = \sum_{\alpha=1}^{\nu} \left[T^{(\alpha)} \delta S^{(\alpha)} - p^{(\alpha)} \delta V^{(\alpha)} + \sum_{i=1}^{r} \mu_i^{(\alpha)} \delta n_i^{(\alpha)} \right].$$

平衡条件是

$$(\delta E)_{S,V,n_i} \geqslant 0.$$

下标表示我们必须考虑这种过程, 在对 $S^{(\alpha)}$, $V^{(\alpha)}$ 和 $n_i^{(\alpha)}$ 重新分配时保持总的 S, V, n_i 不变. S, V, n_i 不变就要求

$$\sum_{\alpha=1}^{\nu}\delta S^{(\alpha)} = 0, \quad \sum_{\alpha=1}^{\nu}\delta V^{(\alpha)} = 0,$$

以及

$$\sum_{\alpha=1}^{\nu}\delta n_i^{(\alpha)} = 0, \quad i = 1, 2, \cdots, r.$$

考虑示于图 2.1 中 $\nu = 2$ 的情形. S, V, n_i 的不变性对应于

$$\delta S^{(1)} = -\delta S^{(2)},$$

$$\delta V^{(1)} = -\delta V^{(2)},$$

以及

$$\delta n_j^{(1)} = -\delta n_j^{(2)}.$$

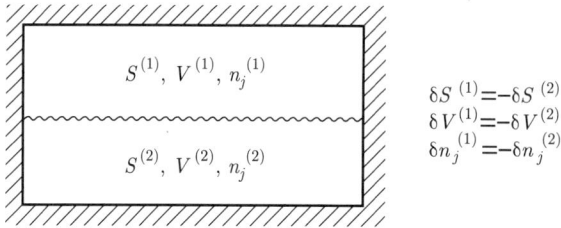

图 2.1   两相系统

在 S, V, n_i 恒定的条件下, E 的一阶偏移为

$$0 \leqslant (\delta E)_{S,V,n_i} = (T^{(1)} - T^{(2)})\delta S^{(1)} - (p^{(1)} - p^{(2)})\delta V^{(1)} + \sum_{i=1}^{r}(\mu_i^{(1)} - \mu_i^{(2)})\delta n_i^{(1)}$$

注意: 对所有可能的任意小变分 $\delta S^{(1)}$, $\delta V^{(1)}$, $\delta n_i^{(1)}$, $(\delta E)_{S,V,n_i} \geqslant 0$ 必须满足. 因为这些变分是独立的, 并且可正可负, 对 $(\delta E)_{S,V,n_i} \geqslant 0$ 唯一可接受的解就是

$$T^{(1)} = T^{(2)}, \quad p^{(1)} = p^{(2)},$$

以及

$$\mu_i^{(1)} = \mu_i^{(2)}, \quad i = 1, 2, \cdots, r.$$

这就保证了对平衡的小偏移均有

$$(\delta E)_{S,V,n_i} = 0.$$

注意, 如果涨落限定只能取一种符号, 那么平衡条件是不等式而不是等式. 比如, 如果 $\delta V^{(1)}$ 是非负的, 那么我们已概述的分析将导致要求 $p^{(1)} \leqslant p^{(2)}$.

对于不受约束的变分或涨落的论证很容易推广到任意多相情况. 这样, 例如, 如果所有相都处于热力学平衡, 则有

$$T^{(1)} = T^{(2)} = T^{(3)} = \cdots,$$

如果它们处于力学平衡, 则有

$$p^{(1)} = p^{(2)} = p^{(3)} = \cdots,$$

以及如果它们都处于质量平衡, 则有

$$\mu_i^{(1)} = \mu_i^{(2)} = \mu_i^{(3)} = \cdots.$$

练习 2.1 进行推广证明这些结果.

也可以推断, 在同一均匀相中 T, p 和 μ_i 是常数.

练习 2.2 导出这个事实.

最后, 我们已经证明由 $(\delta E)_{S,V,n_i} \geqslant 0$ 导出一组平衡判据. 我们也可以证明这些判据是平衡的充分必要条件.

练习 2.3 给出证明.

在这里, 我们暂且先对化学势的含义以及重要性再作一些讨论. 因为 $\mu^{(1)} = \mu^{(2)}$ 保证质量平衡, 故研究化学势 μ 的梯度将产生何种作用是非常有趣的. 为此, 考虑图 2.2 所示的复合系统, 假设制备系统使初始时有 $\mu^{(1)} > \mu^{(2)}$. 质量流动将使系统达到 $\mu_{\text{final}}^{(1)} = \mu_{\text{final}}^{(2)}$ 的平衡态. 如果该过程中对总系统不做功, 且没有热量流入系统, 则对趋于平衡的过程, 有

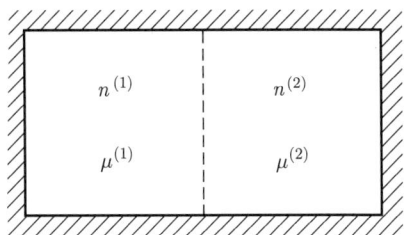

图 2.2 复合系统

$$\Delta S > 0.$$

假定对平衡的偏移很小, 那么

$$\Delta S = -\frac{\mu^{(1)}}{T}\Delta n^{(1)} - \frac{\mu^{(2)}}{T}\Delta n^{(2)} = -\left(\frac{\mu^{(1)}}{T} - \frac{\mu^{(2)}}{T}\right)\Delta n^{(1)},$$

其中 $\Delta n^{(1)} = -\Delta n^{(2)}$ 表示在该过程中子系 (1) 的物质的量的改变. 于是, 如果给定 $\mu^{(1)} > \mu^{(2)}$ 则 $\Delta S > 0$ 意味着 $\Delta n^{(1)} < 0$, 即物质将由化学势 μ 高的地方流向化学势 μ 低的地方.

可见化学势梯度 (或更精确地说, μ/T 的梯度) 将产生质量流动. 从那种意义上说, $-\nabla(\mu/T)$ 是一种广义力. 类似地, $-\nabla(1/T)$ 是导致热量流动的广义力 (参见第 1.4 节). 这种其梯度引起它的共轭变量流动的强度性质通常称为热力学场 (thermodynamic field) 或 热力学亲和势 (thermodynamic affinity).

作为有关化学势的最后一个评注, 注意我们仅设想物质在系统的空间区域或不同的相中进行重新分配. 另外的可能性是通过化学反应实现的重排. 对这些过程的分析将得到化学平衡的判据. 现在, 我们将此分析留给读者作为练习. 然而, 在第四章中当用统计力学讨论气相化学平衡时, 在正文中我们将完成这样的分析.

§2.2 稳定性

对偏离平衡态流形的所有小偏移, 达到稳定平衡的条件是 $(\Delta E)_{S,V,n} > 0$. 由此, 对于足够小的偏移, 有 $(\delta E)_{S,V,n} \geqslant 0$. 然而, 在前一节中我们发现, 对于无约束的系统 (内部广延变量可以在正负方向涨落), $(\delta E)_{S,V,n} = 0$. 于是, 处于以及接近平衡时

$$(\Delta E)_{S,V,n} = (\delta^2 E)_{S,V,n} + (\delta^3 E)_{S,V,n} + \cdots.$$

对于足够小的偏移, 因为二次项 (即二阶项) 将起主要作用, 则有

$$(\delta^2 E)_{S,V,n} \geqslant 0.$$

从该关系中得到的条件就叫做稳定判据 (stability criteria).

若满足不等式

$$(\delta^2 E)_{S,V,n} > 0,$$

则系统对偏离平衡的小涨落是稳定的. 也就是说, 在小涨落发生后系统将回到平衡态. 若下列等式成立,

$$(\delta^2 E)_{S,V,n} = 0,$$

则稳定性是未定的, 我们必须考察高阶的变化. 如果

$$(\delta^2 E)_{S,V,n} < 0,$$

则系统是不稳定的, 轻微的涨落或扰动将会引起系统宏观的变化. (为直观起见, 读者可以按照与包含最大值和最小值的势能函数的类比来考虑这些评注.)

举一个例子, 考虑如图 2.3 所示的有两个部分的复合系统, 其涨落为

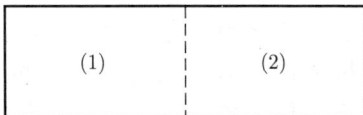

图 2.3 有两个部分的任意复合系统

$$\delta S = 0 = \delta S^{(1)} + \delta S^{(2)},$$

以及

$$\delta V^{(1)} = \delta V^{(2)} = \delta n^{(1)} = \delta n^{(2)} = 0.$$

于是

$$\delta^2 E = (\delta^2 E)^{(1)} + (\delta^2 E)^{(2)} = \frac{1}{2}\left(\frac{\partial^2 E}{\partial S^2}\right)_{V,n}^{(1)} (\delta S^{(1)})^2 + \frac{1}{2}\left(\frac{\partial^2 E}{\partial S^2}\right)_{V,n}^{(2)} (\delta S^{(2)})^2,$$

式中导数的上标 (1) 和 (2) 分别表示在平衡态对子系统 (1) 和 (2) 所求的导数值. 由于 $\delta S^{(1)} = -\delta S^{(2)}$, 且

$$\left(\frac{\partial^2 E}{\partial S^2}\right)_{V,n} = \left(\frac{\partial T}{\partial S}\right)_{V,n} = \frac{T}{C_v},$$

我们有

$$\begin{aligned}(\delta^2 E)_{S,V,n} &= \frac{1}{2}(\delta S^{(1)})^2 \left[\frac{T^{(1)}}{C_v^{(1)}} + \frac{T^{(2)}}{C_v^{(2)}}\right] \\ &= \frac{1}{2}(\delta S^{(1)})^2 T \left[\frac{1}{C_v^{(1)}} + \frac{1}{C_v^{(2)}}\right],\end{aligned}$$

其中第二个等式是由于平衡时 $T^{(1)} = T^{(2)} = T$. 应用 $(\delta^2 E)_{S,V,n} \geqslant 0$, 因此我们得到

$$T\left[\frac{1}{C_v^{(1)}} + \frac{1}{C_v^{(2)}}\right] \geqslant 0,$$

或者因为子系统的分割是任意的, 结果意味着

$$\frac{T}{C_v} \geqslant 0, \quad 或者 \quad C_v \geqslant 0.$$

练习 2.4   对于 C_p, 导出类似的结果. 这里考虑焓 $H = U + pV$ 可能是非常有用的.

因此, 一个稳定的系统将有正的 C_v. 如果不是这样, 设想一下结果: 假设两个子系统 (1) 和 (2) 有热接触但并不处于平衡状态, $T^{(1)} \neq T^{(2)}$. 温度的梯度将会导致热量流动, 流动方向是从高温 T 到低温 T. 但是, 如果 $C_v < 0$, 热量流动的方向会导致温度的梯度增加, 系统将不会达到平衡. 这说明了稳定判据的物理内涵. 如果满足稳定判据, 偏离平衡所诱导的自发过程将是沿着恢复平衡的方向进行.

作为另一个例子, 看看亥姆霍兹自由能

$$(\Delta A)_{T,V,n} > 0, \quad (\delta A)_{T,V,n} = 0, \quad (\delta^2 A)_{T,V,n} \geqslant 0.$$

应该注意到, 不允许考虑温度 T 的涨落, 因为这些变分定理涉及这样的实验, 其中内约束改变内部广延变量而保持系统总的广延量不变. 然而, 温度 T 是强度量, 考虑强度量的重新分配是没有意义的.

定理可用于变分

$$\delta V = 0 = \delta V^{(1)} + \delta V^{(2)},$$

以及

$$\delta n^{(1)} = \delta n^{(2)} = 0,$$

其中我们再次考虑有两个子系统的复合系统. A 的二阶变分是

$$(\delta^2 A)_{T,V,n} = \frac{1}{2}(\delta V^{(1)})^2 \left[\left(\frac{\partial^2 A}{\partial V^2} \right)_{T,n}^{(1)} + \left(\frac{\partial^2 A}{\partial V^2} \right)_{T,n}^{(2)} \right].$$

因为

$$\left(\frac{\partial^2 A}{\partial V^2} \right)_{T,n} = - \left(\frac{\partial p}{\partial V} \right)_{T,n},$$

$(\delta^2 A)_{T,V,n}$ 是正的意味着

$$- \left[\left(\frac{\partial p}{\partial V} \right)_{T,n}^{(1)} + \left(\frac{\partial p}{\partial V} \right)_{T,n}^{(2)} \right] \geqslant 0,$$

同时因为子系统的分割是任意的, 则有

$$- \left(\frac{\partial p}{\partial V} \right)_{T,n} \geqslant 0,$$

或者

$$K_T \geqslant 0,$$

其中

$$K_T = -\frac{1}{V}\left(\frac{\partial V}{\partial p}\right)_{T,n}$$

是等温压缩率. 因此, 如果稳定系统的压强是等温增加的, 它的体积将减少.

练习 2.5 对于绝热压缩率

$$K_S = -\frac{1}{V}\left(\frac{\partial V}{\partial p}\right)_{S,n},$$

证明类似的定理.

练习 2.6 因为 $K_T > 0$, 证明稳定性意味着 $C_p > C_v$.

作为我们从分析稳定性还能得到什么结论的进一步说明, 现在假设 $\left(\delta^2 A\right)_{T,V,n} = 0$, 也就是考虑当 $-\delta V^{(1)} = \delta V^{(2)}$, 但是 $\delta n^{(1)} = \delta n^{(2)} = 0$ 时, $\left(\frac{\partial p}{\partial V}\right)_{T,n} = \left(\frac{\partial p}{\partial v}\right)_T = 0$ 的情况, 这里 $v = \frac{V}{n}$, 于是,

$$0 < (\Delta A)_{T,V,n} = \left(\delta^3 A\right)_{T,V,n} + \left(\delta^4 A\right)_{T,V,n} + \cdots,$$

因而, 如果考虑任意小的偏移, 可以看出 $\left(\frac{\partial p}{\partial v}\right)_T = 0$ 将意味着

$$\left(\delta^3 A\right)_{T,V,n} \geqslant 0.$$

由此可得

$$0 \leqslant (\delta V^{(1)})^3 \left[\left(\frac{\partial^3 A}{\partial V^3}\right)^{(1)}_{T,n} - \left(\frac{\partial^3 A}{\partial V^3}\right)^{(2)}_{T,n} \right].$$

因为该方程对于可正可负的所有小的 $\delta V^{(1)}$ 均必须成立, 方括号中的项必须为零. 进一步, 由于

$$\left(\frac{\partial^3 A}{\partial V^3}\right)^{(1)}_{T,n} = -\left(\frac{\partial^2 p}{\partial V^2}\right)^{(1)}_{T,n} = -\left(\frac{\partial^2 p}{\partial v^2}\right)^{(1)}_T \left(\frac{1}{n^{(1)}}\right)^2,$$

代入到方括号中的式子, 有

$$\left(\frac{\partial^2 p}{\partial v^2}\right)^{(1)}_T \left(\frac{1}{n^{(1)}}\right)^2 - \left(\frac{\partial^2 p}{\partial v^2}\right)^{(2)}_T \left(\frac{1}{n^{(2)}}\right)^2 = 0,$$

并且由于子系统的分割可以是任意的, 那么我们证明了结论: 如果 $\left(\dfrac{\partial p}{\partial v}\right)_T = 0$, 则有 $\left(\dfrac{\partial^2 p}{\partial v^2}\right)_T = 0$.

练习 2.7 对于热力学稳定系统, 如果 $\left(\dfrac{\partial p}{\partial v}\right)_T = 0$, 确定 $\left(\dfrac{\partial^3 p}{\partial v^3}\right)_T$ 的符号. 如果 $\left(\dfrac{\partial^3 p}{\partial v^3}\right)_T = 0$, 确定能知道的关于 $\left(\dfrac{\partial^4 p}{\partial v^4}\right)_T$ 的信息.

稳定判据的一般规则现在应该是显然的. 如果令 Φ 表示内能或者它的勒让德变换, 它是广延变量 $X_1, X_2, \cdots, X_r$ 和强度变量 $I_{r+1}, \cdots, I_n$ 的自然函数, 那么有

$$\mathrm{d}\Phi = \sum_{i=1}^{r} I_i \mathrm{d}X_i - \sum_{j=r+1}^{n} X_j \mathrm{d}I_j,$$

相应的稳定判据是

$$0 \leqslant \left(\frac{\partial I_i}{\partial X_i}\right)_{X_1, \cdots, X_{i-1}, X_{i+1}, \cdots, X_r, I_{r+1}, \cdots, I_n}.$$

练习 2.8 证明以上结论.

于是, 例如, 导数

$$-\left(\frac{\partial p}{\partial v}\right)_s, \quad \left(\frac{\partial \mu_i}{\partial n_i}\right)_{T,V,n_j}, \quad \text{以及} \ \ C_p$$

必须全是正的 (或者零). 但是, 第二定律 (即稳定性) 并没有告知下列量的符号是什么

$$\left(\frac{\partial p}{\partial T}\right)_v \ \text{和} \ \left(\frac{\partial \mu_j}{\partial n_l}\right)_{T,V,n_{i(\neq l)}},$$

因为这些量并不是强度性质对它们相应的共轭变量的偏导数.

练习 2.9 一位实验学家宣称发现了满足以下条件的特殊气体材料

(i) $\left(\dfrac{\partial p}{\partial v}\right)_T < 0$

(ii) $\left(\dfrac{\partial p}{\partial T}\right)_v > 0$

(iii) $\left(\dfrac{\partial \mu}{\partial v}\right)_T < 0$

(iv) $\left(\dfrac{\partial T}{\partial v}\right)_s > 0$

(a) 判断这些不等式中那个满足稳定性条件.

(b) 判断哪一对不等式是自相矛盾的, 并且说明它们为什么矛盾?

§2.3　在相平衡中的应用

假设平衡时有 ν 个相共存. 在温度 T 和压强 p 都为常数的情况下, 平衡条件为:

$$\mu_i^{(\alpha)}(T, p, x_1^{(\alpha)}, \cdots, x_{r-1}^{(\alpha)}) = \mu_i^{(\gamma)}(T, p, x_1^{(\gamma)}, \cdots, x_{r-1}^{(\gamma)}),$$

其中 $1 \leqslant \alpha < \gamma \leqslant \nu$, $1 \leqslant i \leqslant r$. 这里 $x_i^{(\alpha)}$ 是物质 i 在 α 相的摩尔分数. 上述关系是 $r(\nu - 1)$ 个独立方程的简写形式, 它们将 $2 + \nu(r - 1)$ 个不同的强度量 (即 T, p 以及各个相的摩尔分数) 耦合在一起. 因此, 系统的热力学自由度 (独立的热力学强度变量的数目) 为

$$f = 2 + \nu(r - 1) - r(\nu - 1) = 2 + r - \nu.$$

上述公式称为吉布斯相律 (Gibbs phase rule).

作为一个说明, 考虑一个单元系. 没有共存相时, 有两个自由度, p 和 T 是一组方便的变量. p–T 平面上的任何点均是系统可能存在的状态. 在单元系中, 三相在一个点共存, 不可能有多于三相的共存. 图 2.4 示出了一个可能的相图 (phase diagram).

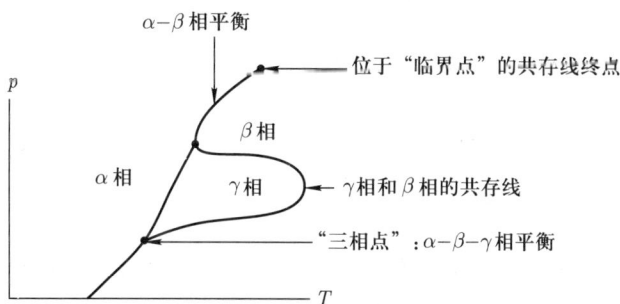

图 2.4　假想的相图

决定图中线的方程是

$$\mu^{(\alpha)}(p, T) = \mu^{(\beta)}(p, T),$$

$$\mu^{(\alpha)}(p, T) = \mu^{(\gamma)}(p, T),$$

以及

$$\mu^{(\beta)}(p, T) = \mu^{(\gamma)}(p, T).$$

例如, 方程组中第一个方程的内容在图 2.5 中有所说明.

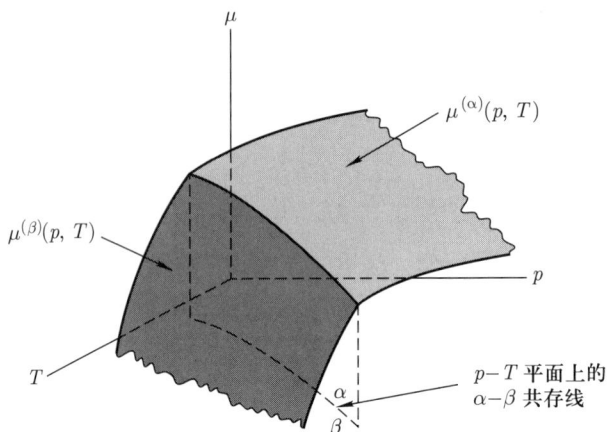

图 2.5　两相的化学势面

　　热力学第二定律告诉我们, 在 T, p 和 n 均为常数的情况下, 稳定平衡态是吉布斯自由能 (对单元系它等于 $n\mu$) 最低的态. 这个条件可以用来判定在 $\alpha - \beta$ 两相共存曲线的特定一侧, 两个曲面中哪一个对应于稳定相.

　　根据上述图像, 相变 (phase transition) 与吉布斯曲面之间的相交联系起来. 从一个曲面等温地移动到另一曲面时体积变化由下列量的变化给出,

$$\left(\frac{\partial \mu}{\partial p}\right)_T = v.$$

而与相变相联系的熵变则由

$$\left(\frac{\partial \mu}{\partial T}\right)_p = -s$$

的变化给出. 若两个曲面之间恰巧光滑地连接, 则在相变过程中 v 与 s 均是连续的. 这种类型的相变称作二级相变 (second-order phase transition) 或高级相变 (higher-order phase transition). 一级相变 (first-order phase transition) 是这样的相变, 其中, 例如 $v(T, p)$ 是不连续的. 对于一个单元系来说, 二级相变只可能在一个点即临界点 (critical point) 发生. 而在二元系中, 可以发现一些二级相变线, 称为临界线 (critical line).

　　$p - T$ 图上的两相共存曲线满足一个微分方程, 它可以容易地由以下平衡条件导出,

$$\mu^{(\alpha)}(p, T) = \mu^{(\beta)}(p, T).$$

因为 $\mathrm{d}\mu = -s\mathrm{d}T + v\mathrm{d}p$, 则有

$$-s^{(\alpha)}\mathrm{d}T + v^{(\alpha)}\mathrm{d}p = -s^{(\beta)}\mathrm{d}T + v^{(\beta)}\mathrm{d}p,$$

或

$$\frac{\mathrm{d}p}{\mathrm{d}T} = \frac{\Delta s(T)}{\Delta v(T)},$$

其中 $\Delta s(T) = s^{(\alpha)}(T,p) - s^{(\beta)}(T,p)$, $\Delta v(T) = v^{(\alpha)}(T,p) - v^{(\beta)}(T,p)$ 分别是在两相 α 和 β 平衡时的某一 T, p 值的熵变和体积变化. 这个方程称作克劳修斯–克拉珀龙方程 (Clausius–Clapeyron equation). 注意到在二级相变时该方程的右边是不定的.

练习 2.10 导出 $\mu - T$ 平面上描述 $\alpha - \beta$ 共存线的类似的微分方程.

练习 2.11 利用克劳修斯–克拉珀龙方程确定水–冰 I 平衡时的斜率 $\mathrm{d}p/\mathrm{d}T$, 并且解释为什么能在冰上滑冰而不能在固态的氩上滑冰.

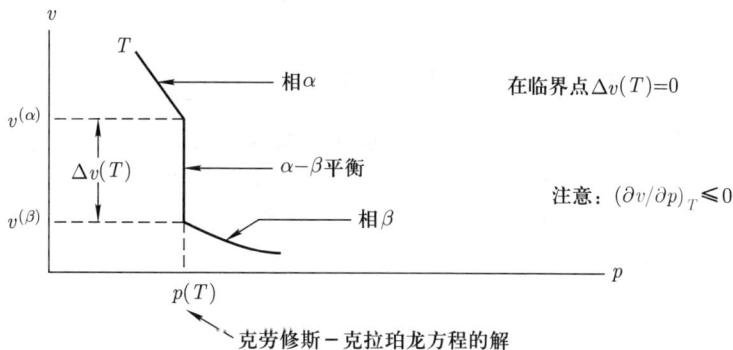

图 2.6 $p - v$ 平面上的等温线

另外一种描述相平衡的方式是, 研究由一个强度场和与该场共轭的变量作为坐标轴构成的一个热力学平面. 例如, 对单元系, 考虑 $p - v$ 平面. 在图 2.6 中, $v^{(\alpha)}$ 是纯 α 相在温度 T 下与 β 相平衡时的摩尔体积, $v^{(\beta)}$ 的定义类似. 注意当压强从刚低于 $p(T)$ 等温地变到刚高于 $p(T)$ 时, $v(T,p)$ 是如何不连续变化的 (即系统经历一级相变). 确定 $v^{(\alpha)}(T)$ 与 $v^{(\beta)}(T)$ 的方程为

$$p(T) = p^{(\alpha)}(T, v^{(\alpha)}) = p^{(\beta)}(T, v^{(\beta)}),$$

以及

$$\mu(T) = \mu^{(\alpha)}(T, v^{(\alpha)}) = \mu^{(\beta)}(T, v^{(\beta)}),$$

其中 $\mu^{(\alpha)}(T,v)$ 和 $p^{(\alpha)}(T,v)$ 分别是 α 相的化学势和压强, 它们是 T, V 的函数.

这里有一个需要思考的疑问: 对于水来说, 当压强接近一个大气压, 温度为 0°C 时, 固相冰 I 的摩尔体积比液相要大. 这是否意味着 0°C 的等温线像图 2.7a 的那样? 这种行为是否不会破坏稳定性吗? 图 2.7b 或许才是正确的.

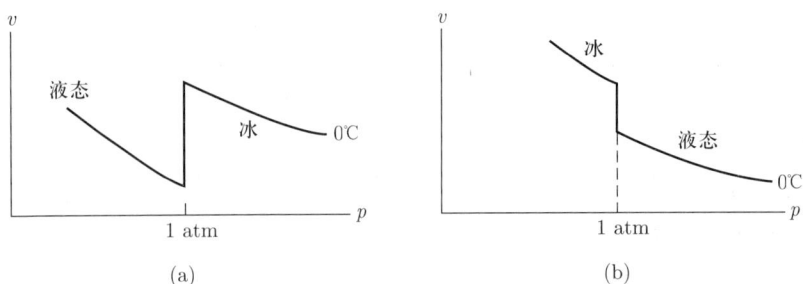

图 2.7 (a) 和 (b) 中哪一条曲线可能是水的等温线?

练习 2.12 这个疑问的正确答案是什么?

我们也可以来研究 $v - T$ 平面. 对很多系统来说, 这个图看上去就和图 2.8 所示的那样. 这种表示方法常常蕴含了非常多的关于系统的信息, 但有时却很难利用, 因为 v 和 T 并不是一对共轭变量, 因此 $v(T, p)$ 并不一定是关于 T 的单调函数.

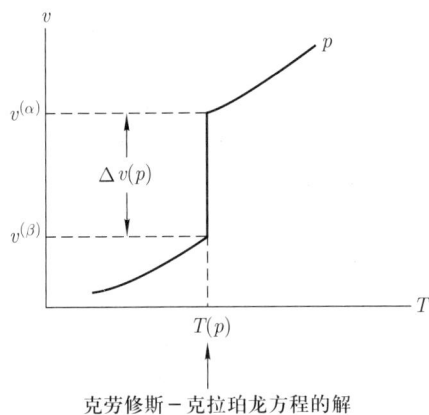

图 2.8 $v - T$ 平面上的等压线

练习 2.13* 对接近 1°C 和 1 atm 的水和冰 I, 画出一族与图 2.8 类似的 $v - T$ 平面上的曲线图.

关于上面给出的 $v^{(\alpha)}(T)$ 和 $v^{(\beta)}(T)$ 的两个耦合方程的解有一个几何解

释, 通常称作麦克斯韦等面积法则 (Maxwell construction)[1]. 令 $a = A/n$, 考虑 T 不变时, a 与 v 的关系曲线. 如果发生相变, 则在图中将有一个与 $a = a^{(\alpha)}$ 的 α 相对应的区域, 与 $a = a^{(\beta)}$ 的 β 相对应的区域以及介于两者之间的区域. a 与 v 的等温线如图 2.9 所示. 为证明二重切线将分别在体积 $v^{(\alpha)}$ 的 $a^{(\alpha)}$ 和在 $v^{(\beta)}$ 处的 $a^{(\beta)}$ 连接起来, 注意到

$$\left(\frac{\partial a}{\partial v}\right)_T = -p.$$

因此, 平衡条件

$$p(T) = p^{(\alpha)}(T, v^{(\alpha)}) = p^{(\beta)}(T, v^{(\beta)})$$

表明曲线在 $v = v^{(\alpha)}$ 和 $v = v^{(\beta)}$ 处的斜率相同. 于是, 公切线构造给出关系

$$a(T, v^{(\alpha)}) - a(T, v^{(\beta)}) = -p(T)[v^{(\alpha)}(T) - v^{(\beta)}(T)],$$

或者

$$(a + pv)^{(\alpha)} = (a + pv)^{(\beta)},$$

此即平衡条件 $\mu^{(\alpha)} = \mu^{(\beta)}$.

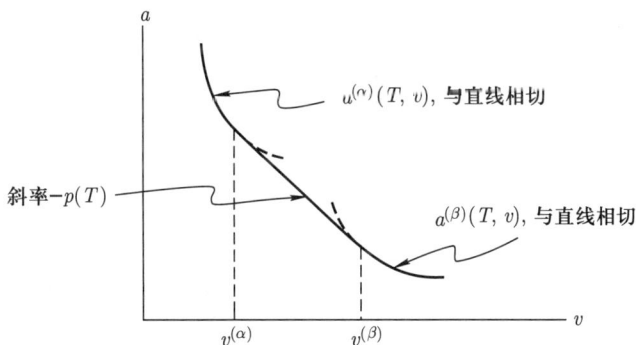

图 2.9　等温线上的摩尔亥姆霍兹自由能

最后, 由于当两相平衡时 p 由 T 决定, $v^{(\alpha)}$ 与 $v^{(\beta)}$ 之间画出的二重切线便是两相共存区域 ($v^{(\alpha)} < v < v^{(\beta)}$) 的摩尔自由能, 因此有

$$\left(\frac{A}{n}\right)_{\text{两相区}} = a^{(\alpha)} + \frac{v - v^{(\alpha)}}{v^{(\beta)} - v^{(\alpha)}}[a^{(\beta)} - a^{(\alpha)}]$$

$$= a^{(\alpha)}\left(\frac{v^{(\beta)} - v}{v^{(\beta)} - v^{(\alpha)}}\right) + a^{(\beta)}\left(\frac{v - v^{(\alpha)}}{v^{(\beta)} - v^{(\alpha)}}\right),$$

---

[1]这里按中文物理文献的习惯译为此名. ——译注

其中

$$a^{(\alpha)} = a(T, v^{(\alpha)}(T)),$$

以及

$$a^{(\beta)} = a(T, v^{(\beta)}(T)),$$

分别是两纯相相互平衡时各自的摩尔自由能.

练习 2.14 类似地画出发生相变时等温线的 $(A/V) - v^{-1}$ 图.

在一些近似的热力学理论中, 有如图 2.10 所示形式的自由能, 这不可能是正确的, 因为在 $v_1 < v < v_2$ 区域中稳定性条件被破坏, 即对介于 v_1 和 v_2 之间的 v, 有

$$\left(\frac{\partial^2 a}{\partial v^2}\right)_T = -\left(\frac{\partial p}{\partial v}\right)_T < 0.$$

对于这些理论, 假定由麦克斯韦等面积法则定出的相变 (图中虚线) 跨接不稳定的区域.

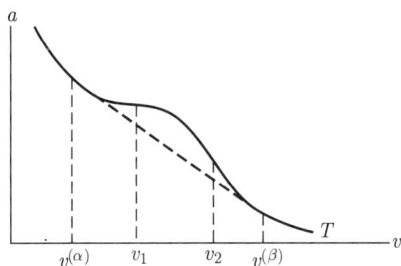

图 2.10 等温线上存在问题的摩尔亥姆霍兹自由能

练习 2.15 范德瓦尔斯 (van der Waals) 状态方程是

$$\frac{p}{RT} = \frac{\rho}{1 - b\rho} - \frac{a\rho^2}{RT},$$

其中 R, a, b 都是正常数, 并且 $\rho = n/V$. 试证明在低于某个温度时范德瓦尔斯状态方程意味着, 对某些密度, 自由能是不稳定的. (限定分析 $\rho < b^{-1}$ 的情况.)

不同温度下, 由 $v^{(\alpha)}$ 和 $v^{(\beta)}$ 形成的点的轨迹给出共存曲线. 举例来说, 在如氩这样的单元简单流体中, 相图有如图 2.11 所示的那种图形.

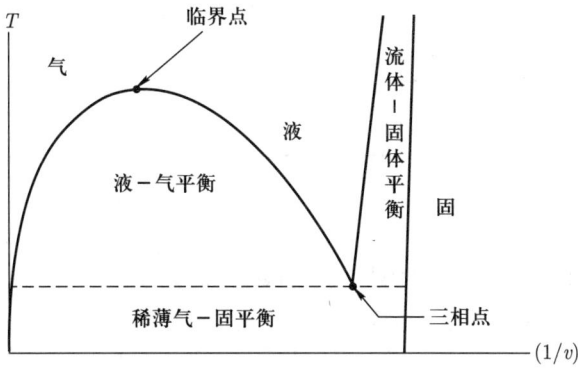

图 2.11   一种简单材料的相图

练习 2.16*   类似地画出水的相图.

如果使用一个近似的理论, 其中不稳定性与相变相关联, 则包围不稳定区域那些点的轨迹称为**旋节线** (spinodal). 共存曲线必定是旋节线的包络. 例如, 范德瓦尔斯方程产生示于图 2.12 中的那种相图.

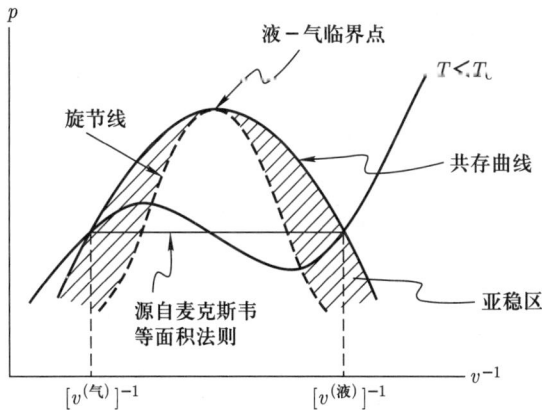

图 2.12   共存曲线与旋节线

§2.4   平面界面

如果两相处于平衡, 则在它们之间就会有一物质面或界面. 现在, 让我们特别关注这个界面 (参见图 2.13).

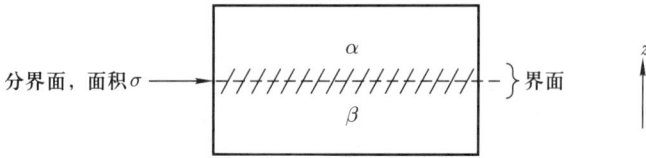

图 2.13   两相 α 和 β 之间假想的界面

近界面处的密度分布如图 2.14 所示. 在该图中, $\rho(z)$ 是一特定物质单位体积的物质的量 (或分子数), z_d 是分界面的 (任意) 位置, w 是界面的宽度 (典型宽度为几个分子直径).

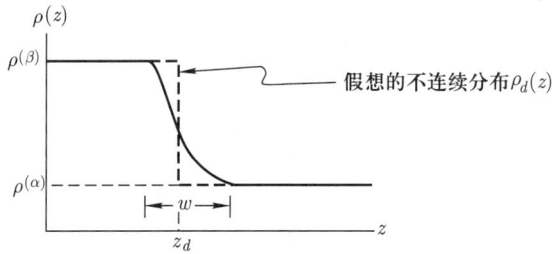

图 2.14   密度分布图

由于 E 是广延量, 则有

$$E = E^{(\alpha)} + E^{(\beta)} + E^{(s)},$$

其中 $E^{(s)}$ 是界面的能量. 这个表面能应该与表面面积 σ 有关. 令

$$\gamma = \left(\frac{\partial E}{\partial \sigma} \right)_{S,V,n} \geqslant 0,$$

于是

$$\mathrm{d}E = T\mathrm{d}S - p\mathrm{d}V + \mu\mathrm{d}n + \gamma\mathrm{d}\sigma.$$

性质 γ 称为表面张力 (surface tension). 它的定义决定了它是强度量. 它也应该是正的. 如果不是这样的话, 通过使相的边界更加不规则将可以获得更低的能量状态, 因为不规则化将增加表面面积. 因此, 负的表面张力将驱使系统达到一个界面伸展到整个系统的终态. 两相的边界将因此而不复存在, 也就没有所谓的 "表面" 了.

既然在两相平衡时存在界面, 吉布斯相律告诉我们 γ 由 r 个强度量决定, 这里 r 是组元的数目. 对于单元系, T 就足够了. 显然, E 是 S, V, n 和

σ 的一阶齐次函数, 因此,

$$E = TS - pV + \mu n + \gamma \sigma.$$

注意, E 的量级是 $N=$ 总分子数, $\gamma \sigma$ 是 $N^{2/3}$ 的量级. 因此, 在正常情况下, 表面能对于系统整体性质的影响是可以忽略的.

练习 2.17* 你可能会关心这样的问题, 如果我们将 S, V, n 加倍的同时将 σ 也加倍, 我们必须保持系统的几何形状不变, 如同它是一块有固定厚度的 "板". 这意味着将有与器壁的表面相互作用能, 它们也与 σ 成正比. 那么, 我们如何将这些能量与 $\gamma \sigma$ 分离呢? 你能想到实施这种分离的步骤吗? 考虑下面两类情况: (i) 对于充满纯气体, 纯液体以及气液混合的容器进行测量. (ii) 使用一个有周期性边界条件的容器. 后者可能比较难进行实际操作, 不过在用计算机进行模拟的领域中是易于实现的 (见第六章).

设想一个假想的相, 如果在直到数学意义上的分界面时相 α 均保持其整体性质, 这个假想的相就形成. 对于这样一个相

$$\mathrm{d}E^{(\alpha)} = T\mathrm{d}S^{(\alpha)} - p\mathrm{d}V^{(\alpha)} + \mu\mathrm{d}n^{(\alpha)},$$
$$E^{(\alpha)} = TS^{(\alpha)} - pV^{(\alpha)} + \mu n^{(\alpha)}.$$

类似地,

$$\mathrm{d}E^{(\beta)} = T\mathrm{d}S^{(\beta)} - p\mathrm{d}V^{(\beta)} + \mu\mathrm{d}n^{(\beta)},$$
$$E^{(\beta)} = TS^{(\beta)} - pV^{(\beta)} + \mu n^{(\beta)}.$$

当然, 有 $V^{(\alpha)} + V^{(\beta)} = V$ (系统的总体积). 对任意广延性质 X, 我们可以用下式定义表面剩余广延性质 (excess extensive property)$X^{(s)}$:

$$X^{(s)} = X - X^{(\alpha)} - X^{(\beta)},$$

这是因为 X 是很好定义的, 而一旦指定分界面的位置, $X^{(\alpha)}$ 和 $X^{(\beta)}$ 可由整体性质确定. 显然, $V^{(s)} = 0$. 那么 $n^{(s)}$ 呢? 易知:

$$n^{(\beta)} = \int_{-\infty}^{z_d} \mathrm{d}z \rho_d(z), \quad n^{(\alpha)} = \int_{z_d}^{\infty} \mathrm{d}z \rho_d(z),$$

其中 $\rho_d(z)$ 是示于图 2.14 中的假想不连续密度分布. 因此,

$$n^{(s)} = \int_{-\infty}^{\infty} \mathrm{d}z [\rho(z) - \rho_d(z)].$$

通过观察图中显示的 $\rho(z)$ 和 $\rho_d(z)$ 可以看出, 存在对 z_d 的选择使得 $n^{(s)} = 0$. 这个特定选择相应的界面称为吉布斯分界面 (Gibbs dividing surface), 即方程

$$n^{(s)}(z_d) = 0$$

的解 z_d 是吉布斯分界面的位置.

能量 $E^{(s)}$ 的微分为:

$$\mathrm{d}E^{(s)} = \mathrm{d}E - \mathrm{d}E^{(\alpha)} - \mathrm{d}E^{(\beta)} = T\mathrm{d}S^{(s)} + \gamma\mathrm{d}\sigma + \mu\mathrm{d}n^{(s)},$$

其中我们已经注意到 $\mathrm{d}V = \mathrm{d}V^{(\alpha)} + \mathrm{d}V^{(\beta)}$. 如果吉布斯分界面选为 z_d 所在位置, 则有

$$\mathrm{d}E^{(s)} = T\mathrm{d}S^{(s)} + \gamma\mathrm{d}\sigma.$$

对于这个选择,

$$E^{(s)} = TS^{(s)} + \gamma\sigma,$$

因此

$$\gamma = \frac{1}{\sigma}(E^{(s)} - TS^{(s)}).$$

换句话说, 表面张力是单位面积的表面亥姆霍兹自由能. 根据定义, γ 也起着恢复力中力常数的作用, 该恢复力抑制界面面积的增长 [即回忆起 $(\mathrm{d}W)_{\text{表面}} = \gamma\mathrm{d}\sigma$].

在先前讨论的吉布斯分界面的选择中, 我们去掉了 $E^{(s)}$ 中依赖于物质的量的项. 界面的能量关系是体相重新分配的结果, 这种分配在界面改变时就发生. 然而, 任何依赖于物质的量的项的缺失仅对一种物质可以实现. 为了导出混合物的表面能表达式, 我们可以从吉布斯分界面选定之前的 $\mathrm{d}E^{(s)}$ 的表达式开始, 也即

$$\mathrm{d}E^{(s)} = T\mathrm{d}S^{(s)} + \gamma\mathrm{d}\sigma + \sum_{i=1}^{r} \mu_i\mathrm{d}n_i^{(s)}.$$

令组元 1 为溶剂, 其余为溶质, 并且选定 z_d 使 $n_1^{(s)} = 0$. 那么, 对吉布斯分界面的这种选择, 有

$$\mathrm{d}E^{(s)} = T\mathrm{d}S^{(s)} + \gamma\mathrm{d}\sigma + \sum_{i=2}^{r} \mu_i\mathrm{d}n_i^{(s)}.$$

对于 $r = 2$,

$$\mathrm{d}E^{(s)} = T\mathrm{d}S^{(s)} + \gamma\mathrm{d}\sigma + \mu_2\mathrm{d}n_2^{(s)},$$

这表示

$$E^{(s)} = TS + \gamma\sigma + \mu_2 n_2^{(s)}.$$

因此, 我们得到一个类似吉布斯 – 杜恒方程的关系

$$\sigma\mathrm{d}\gamma = -S^{(s)}\mathrm{d}T - n_2^{(s)}\mathrm{d}\mu_2.$$

在 T 恒定时, 上述方程给出

$$\sigma\mathrm{d}\gamma = -n_2^{(s)}\mathrm{d}\mu_2.$$

这个方程的解称为吉布斯等温吸附线 (Gibbs adsorption isotherm). 整理该方程, 可得:

$$\frac{n_2^{(s)}}{\sigma} = -\left(\frac{\partial\gamma}{\partial\mu_2}\right)_T = -\left(\frac{\partial\gamma}{\partial\rho_2}\right)_T\left(\frac{\partial\rho_2}{\partial\mu_2}\right)_T.$$

由稳定性条件得 $(\partial\mu_2/\partial\rho_2)_T > 0$, 该方程表示当溶质在界面上累积时, 表面张力降低.

练习 2.18 在一个碗中放入一些水, 在水面上撒一些胡椒粉. 用一块肥皂接触碗中央的表面, 会发生什么现象? 反复地用肥皂接触表面, 又会发生何种现象, 为什么? [提示: 考虑吉布斯等温吸附公式.]

在结束本节关于界面和表面张力的讨论之前, 还有几点定性的评述. 首先, 让我们考虑两种互不相溶的液体, 比如油和水的平衡. 在重力场中, 较重的相将会沉到容器底部, 两种液体之间会形成一个平面界面. 在无重力条件下, 我们可以设想其中一种液体形成球状液滴而被另一种液体所包围. 我们猜测液滴将成球形, 因为这种形状将使界面的面积取最小值, 从而使来自表面张力对自由能的贡献最小. 表面发生变形, 将产生更大的曲率, 更大的表面积, 因而更高的表面自由能. 反抗这种变形的回复力与表面张力成正比. 当这种张力消失时, 变形将不再受到阻碍, 分界面将剧烈涨落, 液滴将变得不定形并最终碎裂. 换句话说, 这两种液体将会发生混合. 通过向一油水混合物中加入第三种组元 (可能是表面活化剂[1]), 它将降低油和水相之间的表面张力, 由此可以观察到上述类型的行为.

在某些情况下, 不同相的混合与小的聚集体 (例如胶体微粒) 的形成有关. 一个典型的胶体微粒是包含大约 100 个表面活化剂分子的聚集物. 这里我们设想带电的或极性的首基位于包围疏水尾和油滴的表面上, 因而阻

---

[1]表面活化剂分子是两亲物, 即它们有一个亲水的 (带电的或极性的) 首基以及一个疏水的 (类油的) 尾.

止水和油之间的相互接触. 然而, 表面张力相对较低, 以致这些聚集体的形状毫无疑问地会显著涨落. 进一步, 如果在真正的分子水平上考虑足够小的系统, 涨落几乎总是显著的. 统计力学就是描述这些涨落性质的学科, 这是本书的下一个主题.

在第六章中, 我们将通过数值蒙特卡罗 (Monte Carlo) 模拟来研究小系统的相平衡问题. 大致看一下那些模拟的结果就足以证明界面中涨落的重要性. 在分界面现象的任何微观形式体系中, 必须仔细考虑涨落的重要性. 确实, 读者现在可能会问, 本节开始所绘出的具有内禀宽度的界面是否在微观层次上实际被很好地定义了. 这是一个值得思考的重要而又令人困惑的问题.

附加练习

2.19. 证明:

$$\frac{K_s}{K_T} = \frac{C_v}{C_p},$$

其中 K_s 和 K_T 分别为绝热压缩率和等温压缩率, C_v 和 C_p 为定容热容量与定压热容量. 对任一稳定系统, 证明

$$K_s < K_T.$$

2.20. (a) 很容易证明当一条橡皮带被绝热拉伸时温度会升高. 已知该事实, 试确定当橡皮带在恒定的张力下降温时将会收缩还是拉伸.

(b) 相同量的热量流入两条完全相同的橡皮带, 但是其中一条保持恒定的张力, 另一条则有恒定的长度. 哪条橡皮带的温度增加最大?

2.21. (a) 对于许多系统, 与磁场强度 H 相关的功微分是 MdH 或 HdM, 其中 M 是在磁场方向的净磁化强度. 上述表示式哪个是正确的? 对于一个稳定系统, 试确定下列等温磁化率和绝热磁化率的符号

$$\chi_T = \left(\frac{\partial M}{\partial H}\right)_{T,n,V},$$

$$\chi_S = \left(\frac{\partial M}{\partial H}\right)_{S,n,V}.$$

确定 $\chi_T - \chi_S$ 的符号.

(b) 对于大多数顺磁性物质, 在 H 恒定时磁化强度是温度 T 的递减函数. 已知这个事实, 试确定当绝热去磁时顺磁物质的温度将发生怎么的变化, 也即确定 $\left(\frac{\partial T}{\partial H}\right)_{S,V,n}$ 的符号.

2.22. 考虑一个两相 α 和 β 处于平衡的单元系统. 证明在 $\mu - T$ 平面上两相达到平衡的点的轨迹由下列微分方程的解给出,

$$\frac{\mathrm{d}\mu}{\mathrm{d}T} = \frac{s^{(\beta)}v^{(\alpha)} - s^{(\alpha)}v^{(\beta)}}{v^{(\beta)} - v^{(\alpha)}},$$

其中 $s^{(\alpha)}$ 和 $v^{(\alpha)}$ 分别是与 β 相平衡时 α 相的摩尔熵和摩尔体积. 为什么 $\dfrac{\mathrm{d}\mu}{\mathrm{d}T}$ 是全微分而不是偏微分? 假设系统含有两种物质, 试导出上述方程更为合适的推广形式, 也即是确定在两相平衡时 $\left(\dfrac{\partial \mu_1}{\partial T}\right)_{x_1}$ 的表示式, 其中 x_1 是组元 1 的摩尔分数.

2.23. 人们发现, 当一根特定的弹簧被拉伸到某个长度时, 就将断裂. 在弹簧断裂前 (即在较小的长度时), 弹簧的自由能由下式给出

$$\frac{A}{M} = \frac{1}{2}kx^2,$$

其中 $A = E - TS$, M 是弹簧的质量, x 是其单位质量的长度. 在弹簧断裂后 (即在较大的长度时)

$$\frac{A}{M} = \frac{1}{2}h(x - x_0)^2 + c.$$

在这些方程中, k, h, x_0 和 c 都与 x 无关, 但都依赖于温度 T. 此外, 对所有 T, 有 $k > h, c > 0$ 以及 $x_0 > 0$.

(a) 对较小和较长长度的弹簧, 确定状态方程

$$f = 张力 = f(T, x).$$

(b) 类似地, 确定弹簧的化学势

$$\mu = \left(\frac{\partial A}{\partial M}\right)_{T,L},$$

其中 L 为弹簧的总长度.

(c) 证明

$$\mu = \frac{A}{M} - fx.$$

(d) 求出在给定温度时使弹簧断裂时力的大小.

(e) 确定弹簧断裂时 x 的不连续变化.

2.24. 一位假想的实验物理学家测定了在液-固相变附近一种物质的假想的状态方程. 他发现, 在温度和密度的有限范围内, 液相的单位体积亥姆霍兹自由能可由下列公式所表征,

$$\frac{A^{(l)}}{V} = \frac{1}{2}a(T)\rho^2,$$

其中, 上标 "l" 表示 "液体", $\rho = n/V$ 是摩尔密度, $a(T)$ 是温度的函数,

$$a(T) = \frac{\alpha}{T}, \quad \alpha = 常数.$$

类似地, 在固相他发现有

$$\frac{A^{(s)}}{V} = \frac{1}{3}b(T)\rho^3,$$

且

$$b(T) = \frac{\beta}{T}, \quad \beta = 常数.$$

在一给定的温度, 液体的压强可以调整到一个特定的压强 p_s, 在这点液体冻结. 在冻结前后, 密度分别为 $\rho^{(l)}$ 和 $\rho^{(s)}$.

(a) 确定 $\rho^{(l)}, \rho^{(s)}$ 作为温度的函数关系.

(b) 确定 p_s 作为温度的函数关系.

(c) 确定在凝固过程中的摩尔熵变.

(d) 使用克劳修斯–克拉珀龙方程以及 (a) 和 (c) 中的结果, 确定在凝固点的斜率 $\mathrm{d}p/\mathrm{d}T$. 你所得的结果与从对 (b) 的求解中所预测的结果一致吗?

2.25. 范德瓦尔斯方程为

$$\frac{p}{RT} = \frac{\rho}{1 - b\rho} - \frac{a\rho^2}{RT},$$

其中 $\rho = \dfrac{n}{V}$, a 和 b 均为常数. 证明在 $T - \rho$ 平面上存在某区域该方程破坏了稳定性条件. 确定该区域的边界, 也即找出旋节线. 证明麦克斯韦等面积法则将产生一条气液共存曲线, 它是该不稳定区域的包络线.

2.26. 当一个特定的单元物质处于 α 相时, 它服从下述状态方程

$$\beta p = a + b\beta\mu,$$

其中 $\beta = \dfrac{1}{T}$, a, b 是 β 的正值函数. 当该物质处于 γ 相时,

$$\beta p = c + d(\beta\mu)^2,$$

其中 c 和 d 均是 β 的正值函数, 且有 $d > b$ 以及 $c < a$. 当该物质经历从 α 相到 γ 相的相变时, 确定密度的变化. 相变发生时的压强是多少?

参考文献

与本章中给出的处理平衡以及稳定性判据比较接近的方法可参考下列文献

J. G. Kirkwood and I. Oppenheim, *Chemical Thermodynamics* (McGraw-Hill, N. Y., 1960),

J. Beatte and I. Oppenheim, *Thermodynamics* (Elsevier Scientific, N. Y., 1979).

相平衡, 界面以及表面张力的热力学处理方法在许多教科书中可以找到. 讨论有用而又比较简明的两本教科书是

T. L. Hill, *Thermodynamics for Chemists and Biologists* (Addison-Wesley, Reading, Mass., 1968),

E. M. Lifshitz and L. P. Pitaevskii, *Statistical Physics*, 3rd ed., Part 1 (Pergamon, N. Y., 1980)[1].

后一本是 L. D. Landau 和 E. M. Lifshitz 的经典著作 *Statistical Physics* (Pergamon, N. Y., 1958)[2]的修订本. 专门讨论流体界面现象的专著是

J. S. Rowlinson and B. Widom, *Molecular Theory of Capillarity* (Oxford University Press, Oxford, 1982).

表面张力可用以解释许多引人注目的现象. 下列文章中描述了利用油和水不能混合 (疏水效应 (hydrophobic effect)) 的事实演示多彩但又非常简单的一些现象

J. Walker, Scientific American 249, 164 (1982); 以及 F. Sebba, in *Colloidal Dispersions and Micellar Behavior* (ACS Symposium Series No. 9, 1975).

---

[1]中译本, Л. Д. 朗道, Е. М. 栗弗席兹, 统计物理学 I, 束仁贵, 束莼译, 高等教育出版社, 2011.

[2]中译本, Л. Д. 朗道, Е. М. 栗弗席兹, 统计物理学, 杨训恺等译, 人民教育出版社, 1964.

第三章

统计力学

现在我们将注意力转向热力学的分子基础, 或者更一般而言, 就是下面这个问题的答案: 对指定的粒子间相互作用, 如果粒子 (原子, 分子, 或电子和核子, ……) 遵循某些微观定律, 含有大量这种粒子的系统又有什么可观测的性质呢? 也就是说, 我们想要讨论的是 (如由薛定谔方程或者牛顿运动定律所决定的) 微观动力学或涨落与一个大的系统的可观测性质 (比如热容量或者状态方程) 之间的关系.

求解多体系统 (比如说 $N = $ 粒子数 $\sim 10^{23}$) 的运动方程的任务是如此复杂, 甚至于现代的计算机都难以驾驭. (尽管科学家们的确使用计算机来跟踪数千粒子的足够长时间的运动, 时间之长足可以模拟在 10^{-10} 或 10^{-9} 秒量级时间的凝聚相.) 起初, 你可能会认为随着粒子数的增加, 一个力学系统的性质的复杂性和难理解性将会急剧增加, 因此不可能在宏观物体的行为中找到任何规则性. 但是如在热力学中所知的, 大的系统在某种意义上是十分有序的. 一个例子是, 在热力学平衡时, 我们仅用几个变量就能够表征宏观系统的观测结果. 我们将采取的态度是, 这些显著的规则性源自于统计规律, 它们支配了具有很多粒子组成的系统的行为. 因此, 我们将避免直接求解精确的 N 粒子系统的动力学的必要, 而是假定概率统计对我们在宏观测量过程中所看到的东西提供了正确的描述.

在以上这些评述中, "测量" 一词是非常重要的. 如果我们设想, 比如说, 观察一个多体系统中一个特定的粒子随时间的演化, 它的能量, 它的动量以及它的位置均会有很大的涨落, 而只要施加哪怕最轻微的扰动, 这些性质中的任何一个的精确行为都将会有很大的改变. 我们也不能想象出一个对于这些混沌性质的可再现的测量, 因为甚至观测行为本身就包含一个扰动. 更进一步, 要重现多体系统的精确时间演化, 我们必须指定某一初始时刻宏观数目 ($\sim 10^{23}$) 个变量的值. 如果粒子是经典的, 这些变量是所有粒子的初始坐标和动量; 而如果粒子是量子的, 则是一个同等麻烦的一组数. 如果我们仅仅没能列出这些 10^{23} 个变量中的一个, 整个系统的时间演化将不再是确定的, 而依靠于精确时间演化的观测也将不再是可重复的. 我们无法去控制 10^{23} 个变量. 因此, 我们将注意力局限于那些更为简单的性质, 那些仅仅由几个变量所控制的性质. 在物理学和生物学的某些领域, 找出这些变量可能并不是容易的事情. 但是, 作为一种哲学观点, 科学家们着眼于去发现那些少量数目的变量以确保现象的可重复性, 他们以此去研究大多数的观测.

对可重复现象应用统计学方法并不意味着我们的描述将完全是不确定的或模糊不清的. 相反, 我们将能够预测很多物理量的观测值实际上保持为常数, 并且等于它们的平均值, 只是偶尔会显示任何可检测的偏差. (例如, 如果我们孤立出很小体积的气体, 比如仅包含 0.01 摩尔的气体, 那么这个量气体的能量对于其平均值的平均相对偏差为 $\sim 10^{-11}$. 在单一测量中找到相对偏差为 10^{-6} 的概率仅仅为 $\sim 10^{-3 \times 10^{15}}$.) 作为一个比较粗略的规则: 如果一个多体系统的一次观测能被少数几个其它的宏观性质所刻画, 我们就假定该观测能够用统计力学所描述. 因此, 常常将统计力学应用于平衡热力学量来对它进行说明.

§3.1 统计方法和系综

虽然在实际上是不可能, 不过让我们想象一下我们可以观测一个处于特殊微观态的多体系统. 表征这样的系统将会需要非常多的变量. 例如, 假设系统是量子的, 遵循薛定谔方程

$$i\hbar \frac{\partial}{\partial t} |\psi\rangle = \mathscr{H} |\psi\rangle .$$

这里, 与通常一样, $2\pi\hbar$ 是普朗克常量, $\mathscr{H}$ 是作用于态矢量 $|\psi\rangle$ 上的哈密顿量, t 是时间. 要确定在某一特定时刻的态 $|\psi\rangle$, 我们需要有系统中的粒子数 N 这个量级数目的变量.

例如, 考虑下列方程的定态解

$$\mathscr{H} |\psi_\nu\rangle = E_\nu |\psi_\nu\rangle ,$$

以及一些简单而熟知的量子力学系统, 例如氢原子, 或者箱子中的无相互作用的粒子. 此时, 指标 ν 是 $D \cdot N$ 个量子数的集合, 这里 D 是系统的维度.

如果一旦能够确定初始态, 那么未来任一时刻的状态均能由对薛定谔方程的时间积分所确定. 对于经典系统, 类似的表述是考虑相空间中的点

$$\left(r^N, p^N\right) \equiv \left(\boldsymbol{r}_1, \boldsymbol{r}_2, \cdots, \boldsymbol{r}_N; \boldsymbol{p}_1, \boldsymbol{p}_2, \cdots, \boldsymbol{p}_N\right),$$

其中 $\boldsymbol{r}_i$ 和 $\boldsymbol{p}_i$ 分别是质点 i 的坐标以及共轭动量. 相空间中的点完全表征了经典系统的力学态 (即微观态), 在这个空间中的流由对牛顿运动方程 $\boldsymbol{F} = m\boldsymbol{a}$ 的时间积分决定, 初始的相空间点给出了初始条件.

练习 3.1　当总势能是函数 $U(\boldsymbol{r}_1, \boldsymbol{r}_2, \cdots, \boldsymbol{r}_N)$ 时, 写出相应于牛顿定律的微分方程.

现在我们试图考虑多体系统的这种时间演化——轨迹. 如图 3.1 所示, 我们可以把演化过程画作 "态空间" (在经典情况下是相空间, 或者在量子情况下是所有态矢量 $|\psi\rangle$ 张成的希尔伯特空间) 中的一条线. 在制备有这个轨迹的系统时, 我们需要控制数目较少的某些变量. 例如, 可以固定总能量 E, 总粒子数 N 和体积 V. 这些约束造成轨迹在态空间的一个 "曲面" 上运动——尽管这个曲面的维度仍然相当高.

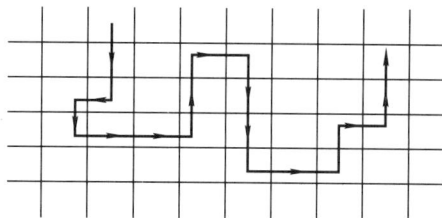

图 3.1　态空间的轨迹, 其中每一个小格代表不同的状态

统计力学的一个基本概念是, 如果我们等的时间足够长, 这个系统最终将流经 (或者任意地接近) 所有的与我们为了控制这个系统而施加的约束相一致的微观状态. 假设情况就是如此, 并设想当我们对这个系统进行 $\mathcal{N}$ 次独立的测量时, 系统持续地流经态空间. 对于某一性质 G, 这些测量所确定的观测值是

$$G_{\text{观测}} = \frac{1}{\mathcal{N}} \sum_{a=1}^{\mathcal{N}} G_a,$$

这里 G_a 是第 a 次测量的值, 每次测量持续的时间非常短——事实上如此之短, 使得在第 a 次测量的过程中可以认为系统仅处在一个微观态上. 于

是我们可以将这个和式分拆为

$$G_{观测} = \sum_\nu \left[\frac{1}{\mathcal{N}} \left(\text{在 } \mathcal{N} \text{ 次观测中观测到态 } \nu \text{ 的次数} \right) \right] G_\nu,$$

其中 $G_\nu = \langle \nu | G | \nu \rangle$ 是系统处于态 ν 时 G 的期望值. 方括号中的项是在测量过程中发现系统处于态 ν 的概率或权重. 记住, 我们认为在经过足够长的时间之后, 所有的态均被历经过了. 我们把处于态 ν 的概率或所花的时间占总时间的比率记为 P_ν, 因而有

$$G_{观测} = \sum_\nu P_\nu G_\nu \equiv \langle G \rangle .$$

尖括号 $\langle G \rangle$ 表示的取平均运算 (即对 G_ν 的加权之和) 称为系综平均 (ensemble average). "系综"指的是所有可能的微观态的集合, 这些微观态是与我们宏观地表征系统的约束相一致的所有态. 例如, 微正则系综 (microcanonical ensemble) 是有固定的总能量 E 和固定大小 (这通常由分子数 N 和体积 V 所指定) 的所有态的集合. 另一个例子是, 正则系综 (canonical ensemble) 考虑有固定大小但能量可以涨落的所有态. 前者适用于封闭的孤立系统, 后者适用于与热浴接触的封闭系统. 后文还将更多地讨论这些系综.

我们观测系综平均 $\langle G \rangle$ 的思想来自于这样的观点, 测量要经过很长的时间, 并且由于系统流经态空间, 则时间平均与系综平均等同. 时间平均与系综平均的等价性听起来很合理, 但根本并不平凡. 遵循这种等价性的动力学系统称为是各态遍历 (ergodic) 的. 一般而言, 难以建立各态遍历性原理, 尽管我们认为对于自然界中遇到的所有多体系统它均是成立的. (对于非常小的系统, 例如多原子分子, 这常常也是正确的. 确实, 单分子动力学标准理论的基础就是建立在分子内动力学具有各态遍历性质的假设之上的.)

练习 3.2　给出一些非各态遍历的系统的例子. 也就是描述一些这样的系统, 即使在很长的时间之后它们也不会历经所有可能的态.

顺便说说, 假设你想用薛定谔方程的定态解来指定微观态. 如果在某一时刻系统确实处在一个定态, 那么它将会一直保持在那个态, 因而它的行为将不是各态遍历的. 但是在一个多体系统中, 能级之间的间隔如此之小以至于几乎形成连续谱, 总会存在微扰源或随机源 (例如, 容器壁), 这使得系统最终稳定在一个定态的可能性无法确定.

因此, 统计力学的基本假设——某个性质的观测值与该性质的系综平均相对应——看起来是合理的, 如果观测是在很长时间内进行的或者如果观测实际是对非常多次的独立观测的平均. 如果 "很长时间" 指的是比系统的任一弛豫时间 (relaxation time) 长得多的持续时间, 则两种情形实际上就是相同的. 系统在分子水平上是混沌的这一思想引出了这样的概念, 在经过一段时间——弛豫时间 $\tau_{弛豫}$——之后, 系统将会失去对初始条件的所有记忆 (即关联). 因此, 如果测量是在一段时间 $\tau_{测量}$ 即 $\mathcal{N}\tau_{弛豫}$ 内进行的, 则测量实际上相应于 $\mathcal{N}$ 次独立的观测.

实际上, 我们通常考虑的对宏观系统的测量是在非常短的一段时间内进行的, 系综平均的概念对这些情况也是适用的. 我们可以这样理解, 想象把所观测的宏观系统分割成许多微观子系统的集合. 如果子系统足够大, 我们期望一个子系统中分子的精确行为与相邻任一子系统中的分子的行为没有关联. 于是可以说横跨这些子系统中的任何一个的距离均比关联长度 (correlation length) 或关联范围 (range of correlations) 要大得多. 当子系统这样大时, 它们就表现得如同宏观系统一样. 在这些条件下, 对整个宏观系统的瞬时测量与对宏观子系统的多次独立测量是等价的. 多次的独立测量应该相应于系综平均.

§3.2 微正则系综和热力学的理性基础

因此, 统计力学的基本思想就是: 在测量过程中, 每个可能的微观态或涨落事实上确实出现, 因此观测到的性质其实是对所有微观态的平均. 为了定量表述这个思想, 我们需要知道各种微观态的分布或概率的一些信息. 这些信息可由关于多体系统行为的一个假设得到:

> 对于一个具有固定总能量 E 和固定大小 (可能是由体积 V 和粒子数 $N_1, N_2, \cdots$ 所确定) 的孤立系统, 在热力学平衡时, 所有微观态是等概率的.

换句话说, 宏观平衡态相应于最随机的情况, 即具有相同能量和相同系统大小的微观态的分布是完全均匀的.

练习 3.3 列举几个日常的例子来支持宏观系统的终态的这种统计特征 (例如, 一滴墨水在一杯水中的行为).

为了考察这个合理的假设的含义, 我们定义

$\Omega(N, V, E) =$ 有 N 和 V 且能量在 E 和 $E - \delta E$ 之间的微观态的数目.

为了符号以及或许概念上的简单性, 我们通常省略角标, 简单地写为 N 代表粒子数目, 并用体积 V 来指定系统的空间范围. 然而, 我们的评述并不局限于单元三维系统. 宽度 δE 是某一能量间隔, 表征在绝对精确地指定宏观系统的能量时我们能力方面的局限性. 如果 δE 为 0, 量 $\Omega(N, V, E)$ 将是杂乱变化的不连续函数. 当它不为零时, 它的值将是能量的简并度. 对于有限的 δE, $\Omega(N, V, E)$ 是一个相对连续的函数, 可以进行标准的数学分析. 结果将表明, 热力学结果对 δE 的大小十分不敏感. 我们将会看到, 这种不敏感性的原因是, $\Omega(N, V, E)$ 是如此典型地关于 E 的快速递增函数, 以至于对下文将考察的热力学结果, $\delta E \leqslant E$ 的任何选择通常将得出相同的答案. 由于这种不敏感性, 我们将采用不把符号 δE 包含在公式中的缩写形式.

对于宏观系统, 能级之间常常如此之接近以至于趋近于连续分布. 在连续极限下, 可以方便地采用记号

$$\overline{\Omega}(N, V, E)\mathrm{d}E = 能量在 E 和 E + \mathrm{d}E 之间的态的数目,$$

其中由该方程定义的 $\overline{\Omega}(N, V, E)$ 称作态密度 (density of states). 然而, 在我们将继续进行的应用中, 我们几乎没有必要使用这种记号.

练习 3.4 对于一个具有离散能级的系统, 给出态密度 $\overline{\Omega}(N, V, E)$ 的表达式 [提示: 你将需要使用狄拉克 (Dirac) δ 函数].

按照统计假设, 对于平衡系统, 处于系综所有态中的宏观态 ν 的概率是,

$$P_\nu = \frac{1}{\Omega(N, V, E)}.$$

对于系综之外的态, 例如那些 $E_\nu \neq E$ 的态, P_ν 为 0. 这个系综适合于具有固定能量, 体积及粒子数的系统, 它是具有这些约束的所有微观态的集合, 称作微正则系综.

我们也考虑作为熵的一种定义的下列量

$$S = k_{\mathrm{B}} \ln \Omega(N, V, E),$$

这里 k_{B} 是一个任意常量. (它叫做玻尔兹曼 (Boltzmann) 常量, 通过与实验比较我们将发现它的值为

$$k_{\mathrm{B}} = 1.380 \times 10^{-16}\text{尔格/度}.)$$

注意, 由这种方式定义的 S 是广延量, 因为如果整个系统是由两个独立的子系统 A 和 B 组成的, 它们分别具有状态数 Ω_A 和 Ω_B, 则总的态数为 $\Omega_A\Omega_B$. 那么, $S_{A+B} = k_B \ln(\Omega_A\Omega_B) = S_A + S_B$.

熵的这个定义也与热力学第二定律的变分表述相自洽. 为看出其中的原因, 可以想象将有固定的总 N, V 和 E 的系统分为两个子系统, 并限定将 N, V 和 E 分别分拆为 $N^{(1)}, N^{(2)}; V^{(1)}, V^{(2)}$ 以及 $E^{(1)}, E^{(2)}$. 任意一个特定的分拆均是所有允许的态的子集, 因此这种分拆的态数 Ω $(N, V, E;$内约束$)$ 小于总数 $\Omega(N, V, E)$. 由此

$$S(N, V, E) > S(N, V, E; \text{内约束}).$$

这个不等式就是第二定律, 现在我们明白了它的统计意义: 与达到平衡等同的熵最大化对应于无序性或者分子随机性达到最大. 微观的无序性越大, 则熵越大.

温度 T 由导数 $(\partial S/\partial E)_{N,V} = 1/T$ 确定, 所以

$$\beta = \frac{1}{k_B T} = \left(\frac{\partial \ln \Omega}{\partial E}\right)_{N,V}.$$

温度为正的热力学条件要求 $\Omega(N, V, E)$ 是 E 的单调递增函数. 对于自然界中遇到的宏观系统, 这个条件总是满足的.

然而, 在将这个事实作为显而易见的事情接受之前, 考虑下面这个疑问: 假设处于磁场 H 中由 N 个无相互作用自旋构成的一个系统具有能量

$$-\sum_{j=1}^{N} \mu_j H, \quad \mu_j = \pm\mu.$$

在基态, 所有自旋的指向与场方向一致, $\Omega = 1$. 在第一激发态, 一个自旋反转, $\Omega = N$. 下一激发态有两个自旋反转, $\Omega = N(N-1)/2$. 各方面看来都不错, 直到我们认识到最高激发态的简并度也是 1. 那么, 在某一点, $\Omega(N, V, E)$ 变为 E 的递减函数, 这意味着负温度. 这是怎么回事?

练习 3.5[*]　回答这个问题.

假设 $(\partial\Omega/\partial E)_{N,V}$ 是正的, 对于固定的 N, V 和 E 所有微观态是等概率的, 这个统计假设为热力学理论提供了分子学基础. 从对 (涉及稳定性、相平衡、麦克斯韦关系, 等等) 那个专题的讨论中得出的许多结果全部是这条单一的基本自然定律的推论.

§3.3 正则系综

当应用微正则系综时, 表征系统宏观态的自然变量是 E, V 与 N. 如我们已经在热力学中所见到过的, 通常很方便地是选用其它变量, 并且通过使用勒让德变换可以得到热力学的各种表示. 在统计力学中, 这些操作与改变系综相关联. 作为一个重要的例子, 我们现在考虑正则系综——固定 N 和 V 的所有微观态的集合. 然而, 系统的能量可以涨落, 通过与温度为 T (或温度倒数 β) 的热浴相接触系统保持在平衡态.

在图 3.2 中我们示意性地画出这个系综. 这里所指的用 ν 标记的那些态是有确定能量的态——薛定谔方程 $\mathscr{H}\psi_\nu = E_\nu\psi_\nu$ 的本征函数.

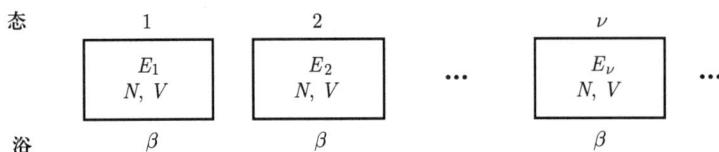

图 3.2 热浴中封闭系统的态的集合

一个正则系综适用的系统可以视为一个微正则系综适用的系统的子系统, 参见图 3.3. 这个观察使得我们能够推导出正则系综中态的分布律.

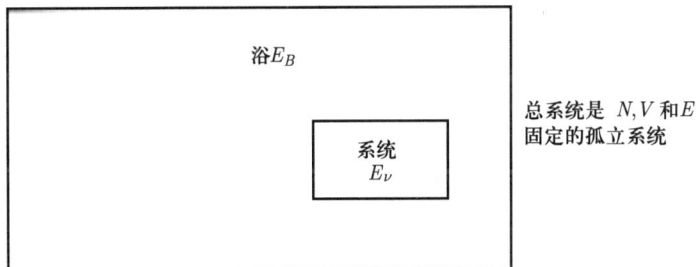

图 3.3 一个正则系综的系统, 它作为微正则子系统的一个子系统

首先, 考虑这种情况, 浴是这样的大, 它的能量 E_B 与系统的能量 E_ν 相比远远地大. 更进一步, 浴是这样的大, 它的能级是连续分布的, 并且 $\mathrm{d}\Omega/\mathrm{d}E$ 可很好地定义. 系统的能量有涨落, 因为它与浴相接触, 但是总能量 $E = E_B + E_\nu$ 是一个常数. 若系统处于某特定的态 ν, 系统加浴的可涉状态数是 $\Omega(E_B) = \Omega(E - E_\nu)$. 因此, 根据统计假设——等权原理——平衡时观察到系统处于态 ν 的概率遵循下列关系

$$P_\nu \propto \Omega(E - E_\nu) = \exp[\ln \Omega(E - E_\nu)].$$

由于 $E_\nu \ll E$, 可将 $\ln \Omega(E - E_\nu)$ 展为泰勒 (Taylor) 级数

$$\ln \Omega(E - E_\nu) = \ln \Omega(E) - E_\nu \left(\frac{\mathrm{d}\ln \Omega}{\mathrm{d}E}\right) + \cdots.$$

我们选择对 $\ln \Omega(E)$ 而不是 $\Omega(E)$ 本身进行展开, 是因为与前者相比后者是 E 的更为快速变化的函数. 我们之所以这样认为是因为公式 $S = k_\mathrm{B} \ln \Omega$ 已经表示 $\ln \Omega$ 有相对比较好的行为.

只保留展开式中明显写出的项 (这是合理的, 因为浴被视为无限大的热库), 并注意到 $(\partial \ln \Omega / \partial E)_{N,V} = \beta$, 则得到

$$P_\nu \propto \exp(-\beta E_\nu),$$

这正是正则 (或玻尔兹曼) 分布律. 比例常数与系统的特定态无关, 而由下列归一化条件确定

$$\sum_\nu P_\nu = 1.$$

因此,

$$P_\nu = Q^{-1} \exp(-\beta E_\nu),$$

其中

$$Q(\beta, N, V) = \sum_\nu \mathrm{e}^{-\beta E_\nu}.$$

函数 $Q(\beta, N, V)$ 称为正则配分函数 (canonical partition function), 它通过 E_ν 作为变量 N, V 的函数而依赖于这些变量.

作为应用正则配分函数的一个有启发性的例子, 考虑内能 $E(\beta, N, V)$ 的计算. 在正则分布中, 内能是 $\langle E \rangle$

$$\langle E \rangle = \langle E_\nu \rangle = \sum_\nu P_\nu E_\nu = \frac{\sum\limits_\nu E_\nu \mathrm{e}^{-\beta E_\nu}}{\sum\limits_{\nu'} \mathrm{e}^{-\beta E_{\nu'}}}$$

$$= -\frac{1}{Q}\left(\frac{\partial Q}{\partial \beta}\right)_{N,V} = -\left(\frac{\partial \ln Q}{\partial \beta}\right)_{N,V},$$

这表示 $\ln Q$ 是一个熟知的热力学函数. 事实上, 我们将证明 $-\beta^{-1} \ln Q$ 正是亥姆霍兹自由能. 然而, 在以下几页中, 我们将此作为已知的事实.

练习 3.6 证明 $(\partial \beta A / \partial \beta)_{N,V} = E$, 其中 $A = E - TS$ 是亥姆霍兹自由能.

对于所感兴趣的系统, 能量 E_ν 指的是薛定谔方程的本征值. 一般而言, 这些能量是难于获得的, 如果不是不可能的话. 因此, 非常重要的是, 正

则系综的计算可以不依赖于薛定谔方程的精确解而能够进行. 这个事实可以理解如下:

$$Q = \sum_{\nu} \mathrm{e}^{-\beta E_\nu} = \sum_{\nu} \langle \nu | \mathrm{e}^{-\beta \mathscr{H}} | \nu \rangle$$

$$= \mathrm{Tr}\, \mathrm{e}^{-\beta \mathscr{H}},$$

其中 "Tr" 用来表示矩阵的迹 (在这种情况下, 指的是玻尔兹曼算符矩阵的迹). 迹具有一个重要的性质就是它们与矩阵的表示无关. (证明: $\mathrm{Tr}A = \mathrm{Tr}SS^{-1}A = \mathrm{Tr}S^{-1}AS$.) 因此, 一旦我们知道了 $\mathscr{H}$, 我们就能运用任何波函数的完备集来计算 Q. 换言之, 我们可以计算 $Q = \exp(-\beta A)$ 而不需要实际地求解哈密顿量为 $\mathscr{H}$ 的薛定谔方程.

练习 3.7 内能是 E_ν 的平均值, 证明内能可以表示为 $\mathrm{Tr}(\mathscr{H}\mathrm{e}^{-\beta \mathscr{H}})/\mathrm{Tr}(\mathrm{e}^{-\beta \mathscr{H}})$.

当由正则系综计算系统的比如内能这样的性质时, 我们希望这样得到的结果与运用微正则系综所得的结果相同. 确实, 如以上给出的推导已经表明的, 当系统很大时, 两种系综将是等价的. 这一点可以用两种方式加以说明. 首先, 设想将 Q 中对状态的求和拆成相同能级的不同态的组合, 即

$$Q = \sum_{\nu(\text{态})} \mathrm{e}^{-\beta E_\nu}$$

$$= \sum_{l(\text{能级})} \Omega(E_l)\mathrm{e}^{-\beta E_l},$$

其中我们已经注意到状态数 $\Omega(E_l)$ 正是第 l 个能级的简并度. 对于非常大的系统, 能级之间的间距很小, 过渡到连续极限看来是很自然的

$$Q \to \int_0^{+\infty} \mathrm{d}E \overline{\Omega}(E)\mathrm{e}^{-\beta E},$$

其中 $\overline{\Omega}(E)$ 是态密度. 换言之, 对于大系统, 正则配分函数是微正则配分函数 $\overline{\Omega}(E)$ 的拉普拉斯变换 (Laplace transform). 一个重要的数学定理是, 拉普拉斯变换是唯一的. 由于这种唯一性, 两个函数包含着全同的信息.

然而, 微正则系综中的能量是固定的, 而正则系综中的能量具有涨落. 但是, 两者之间的内在差别与系综的等价性并不矛盾, 因为涨落的相对大小在大系统的极限下变为趋于零地小. 为看出其中的原因, 我们计算正则

系综中的方均涨落:

$$\begin{aligned}
\langle(\delta E)^2\rangle &= \langle(E - \langle E\rangle)^2\rangle = \langle E^2\rangle - \langle E\rangle^2 \\
&= \sum_\nu P_\nu E_\nu^2 - \left(\sum_\nu P_\nu E_\nu\right)^2 \\
&= Q^{-1}\left(\frac{\partial^2 Q}{\partial\beta^2}\right)_{N,V} - Q^{-2}\left[\left(\frac{\partial Q}{\partial\beta}\right)_{N,V}\right]^2 \\
&= \left(\frac{\partial^2 \ln Q}{\partial\beta^2}\right)_{N,V} = -\left(\frac{\partial\langle E\rangle}{\partial\beta}\right)_{N,V}.
\end{aligned}$$

注意到热容量的定义 $C_v = (\partial E/\partial T)_{N,V}$, 则有

$$\langle(\delta E)^2\rangle = k_B T^2 C_v,$$

这本身就是一个重要的结果, 因为它将自发涨落的大小 $\langle(\delta E)^2\rangle$ 与因温度变化引起的能量变化率联系了起来. (此结论已预示着线性响应理论和涨落–耗散定理这个专题, 将在第八章中讨论.) 在当前上下文中, 我们应用涨落公式去估算涨落的相对方均根的值. 由于热容量是广延量, 有 N 的量级 (这里 N 是系统中的粒子数). 此外, $\langle E\rangle$ 也与 N 同量级. 因此能量对平均值的偏离之比是 $N^{-\frac{1}{2}}$ 的量级, 即

$$\frac{\sqrt{\langle[E - \langle E\rangle]^2\rangle}}{\langle E\rangle} = \frac{\sqrt{k_B T^2 C_v}}{\langle E\rangle} \sim O\left(\frac{1}{\sqrt{N}}\right).$$

对于大的系统 ($N \sim 10^{23}$) 而言, 这是一个很小的数, 故而我们可以把平均值 $\langle E\rangle$ 作为实验上测量的内能的一个有意义的预测值. (对没有内部结构粒子的理想气体, $C_v = \frac{3}{2}N k_B$, $\langle E\rangle = \frac{3}{2}N k_B T$. 假设 $N \sim 10^{22}$, 则上述之比数值上 $\sim 10^{-11}$.) 此外, 通过反解 $(\partial\ln\Omega/\partial E)_{N,V} = \beta(E, N, V)$ 可将微正则系综中的能量 E 写成 β, N, V 的函数, 只要系统足够大, 这样的能量与正则系综中的内能 $\langle E\rangle$ 将是不可区分的.

练习 3.8 注意到, 观察到某个热平衡闭系处于给定能量 E 的概率为

$$P(E) \propto \Omega(E)\mathrm{e}^{-\beta E} = \exp[\ln\Omega(E) - \beta E].$$

$\ln\Omega(E)$ 和 $-\beta E$ 均为 N 量级, 这意味着 $P(E)$ 的分布范围很窄, 中心位于 E 的最概然值处. 通过对 $P(E)$ 进行最陡下降法 (method of steepest descent)[1] 计

---

[1]关于这个方法的讨论可参见有关文献, 例如 J. Mathews and R. L. Walker, Mathematical Methods of Physics, 2nd ed., The Benjamin/Cummings Pub. Com., 1970, pp.82–90. ——译注

算证明这个结论. 也就是将 $\ln P(E)$ 展开为 $\delta E = E - \langle E \rangle$ 的幂级数, 并在二次项以后截断. 利用此展开式, 对 0.001 摩尔气体估算观察 E 的大小为 $10^{-6}\langle E \rangle$ 的自发涨落的概率.

§3.4　一个简单的例子

为了阐明我们刚刚所描述的理论, 考虑一个由 N 个可分辨的独立粒子组成的系统, 每一个这样的粒子都可以存在于被能量 ε 所分开的两个状态之一中. 我们可以通过列出

$$\nu(n_1, n_2, \cdots, n_j, \cdots, n_N), \quad n_j = 0 \text{ 或 } 1$$

来指定一个系统的状态 ν, 其中 n_j 给定粒子 j 的态. 对一个给定状态的系统, 其能量为

$$E_\nu = \sum_{j=1}^{N} n_j \varepsilon,$$

其中我们已将基态能量取为零.

为了计算这个模型的热力学性质, 我们先使用微正则系综. 第 m 个能级的简并度就是从总数 N 中挑选出 m 个对象的方式数, 即

$$\Omega(E, N) = \frac{N!}{(N-m)! \, m!},$$

其中

$$m = \frac{E}{\varepsilon}.$$

熵和温度分别由下列式子给出

$$\frac{S}{k_B} = \ln \Omega(E, N),$$

以及

$$\beta = \frac{1}{k_B T} = \left(\frac{\partial \ln \Omega}{\partial E}\right)_N = \varepsilon^{-1} \left(\frac{\partial \ln \Omega}{\partial m}\right)_N.$$

为了使最后一个等式有意义, N 必须要足够大使得 $\Omega(E, N)$ 将以连续的方式依赖于 m. 阶乘的连续极限是斯特林近似 (Stirling's approximation): $\ln M! \approx M \ln M - M$, 在 M 很大的极限下它变为精确的. 利用这个近似, 有

$$\frac{\partial}{\partial m} \ln \frac{N!}{(N-m)! \, m!} = -\frac{\partial}{\partial m} \left[(N-m)\ln(N-m) - (N-m) + m\ln m - m\right]$$

$$= \ln\left(\frac{N}{m} - 1\right).$$

综合这个结果和关于 β 的公式, 可得

$$\beta\varepsilon = \ln\left(\frac{N}{m} - 1\right),$$

或者

$$\frac{m}{N} = \frac{1}{1 + e^{\beta\varepsilon}}.$$

于是, 作为温度的函数能量 $E = m\varepsilon$ 为

$$E = N\varepsilon\frac{1}{1 + e^{\beta\varepsilon}}.$$

在 $T = 0$ 时 $E = 0$ (即只有基态被占据). 随着 $T \to \infty$, 能量为 $N\varepsilon/2$ (即此时所有态有相同的可能性被占据).

练习 3.9 利用斯特林近似以及关于 m/N 的公式导出 $S(\beta, N)$ 的表示式. 证明当 $\beta \to \infty$ (即 $T \to 0$) 时, S 趋近于零. 求出 $S(E, N)$ 并检验 $1/T$ 作为 E/N 的函数的行为. 证明, 对于 E/N 的某些值, $1/T$ 可能是负的.

当然, 我们也可以用正则系综来研究这个模型系统. 在这种情况下, 与热力学的联系是

$$-\beta A = \ln Q = \ln\sum_\nu e^{-\beta E_\nu}.$$

利用关于 E_ν 的公式给出

$$Q(\beta, N) = \sum_{n_1, n_2, \cdots, n_N = 0, 1} \exp\left[-\beta\sum_{j=1}^{N} \varepsilon n_j\right].$$

因为指数因子化为一个没有耦合的乘积, 则有

$$Q(\beta, N) = \prod_{j=1}^{N} \sum_{n_j = 0, 1} e^{-\beta\varepsilon n_j} = (1 + e^{-\beta\varepsilon})^N.$$

因此,

$$-\beta A = N\ln(1 + e^{-\beta\varepsilon}).$$

内能为

$$\langle E\rangle = \left(\frac{\partial(-\beta A)}{\partial(-\beta)}\right)_N = N\frac{\varepsilon e^{-\beta\varepsilon}}{1 + e^{-\beta\varepsilon}} = \frac{N\varepsilon}{1 + e^{\beta\varepsilon}},$$

这个结果与从微正则系综得到的结果精确地一致.

练习 3.10 利用

$$-\beta(A - \langle E\rangle) = \frac{S}{k_B}$$

确定熵, 并证明这个结果和从微正则系综对 N 很大时所得到的结果相同.

§3.5 广义系综与吉布斯熵公式

现在让我们用一种更一般的方式来考虑问题, 为什么系综的变化相应于热力学中对熵进行勒让德变换. 首先考虑一个系统, 其力学广延变量用 X 表示. 也就是, $S = k_B \ln \Omega(E, X)$, 且

$$k_B^{-1} dS = \beta dE + \xi dX.$$

例如, 若 $X = N$, 那么 $\xi = -\beta\mu$. 或者如果 X 是变量集合 $V, N_1, N_2, \cdots$, 那么 ξ 就分别对应于共轭变量集合 $\beta p, -\beta\mu_1, -\beta\mu_2, \cdots$. 因此量 $-\xi/\beta$ 对应于第一和第二章中的 f.

设想某个处于平衡的系统, 其中 E 和 X 发生涨落. 它可以被看作一个孤立复合系统的一部分, 其中另一部分是 E 和 X 的巨大的源. 一个例子可以是与浴接触的一个开放系统, 粒子和能量可以在系统和浴两者之间流动. 该例子如图 3.4 所示.

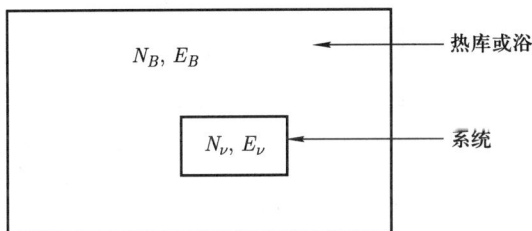

图 3.4 浸在热浴中的系统

系统中微观态的概率可以按我们建立正则分布律的相同方式推导出来, 其结果如下

$$P_\nu = \frac{1}{\Xi} \exp(-\beta E_\nu - \xi X_\nu),$$

其中

$$\Xi = \sum_\nu \exp(-\beta E_\nu - \xi X_\nu).$$

练习 3.11 证明该结论.

热力学函数 E 和 X 的平均值分别为

$$\langle E \rangle = \sum_\nu P_\nu E_\nu = \left[\frac{\partial \ln \Xi}{\partial(-\beta)} \right]_{\xi, Y},$$

和

$$\langle X \rangle = \sum_\nu P_\nu X_\nu = \left[\frac{\partial \ln \Xi}{\partial(-\xi)} \right]_{\beta, Y},$$

其中 Y 是指在系统中不发生涨落的所有广延变量. 考虑到微分关系, 有

$$\mathrm{d} \ln \Xi = -\langle E \rangle \mathrm{d}\beta - \langle X \rangle \mathrm{d}\xi.$$

现在考虑量

$$\mathscr{S} = -k_\mathrm{B} \sum_\nu P_\nu \ln P_\nu,$$

则有

$$\mathscr{S} = -k_\mathrm{B} \sum_\nu P_\nu \left[-\ln \Xi - \beta E_\nu - \xi X_\nu \right]$$
$$= k_\mathrm{B} \left\{ \ln \Xi + \beta \langle E \rangle + \xi \langle X \rangle \right\}.$$

因此, $\mathscr{S}/k_\mathrm{B}$ 是将 $\ln \Xi$ 变换为 $\langle E \rangle$ 和 $\langle X \rangle$ 的函数的勒让德变换, 即

$$\mathrm{d}\mathscr{S} = \beta k_\mathrm{B} \mathrm{d} \langle E \rangle + \xi k_\mathrm{B} \mathrm{d} \langle X \rangle,$$

这意味着 $\mathscr{S}$ 事实上就是熵 S. 因此, 一般地有

$$\boxed{S = -k_\mathrm{B} \sum_\nu P_\nu \ln P_\nu.}$$

这个关于熵的结果是一个著名的结果. 这个公式称为吉布斯熵公式.

练习 3.12 证明微正则系综中的熵公式 $S = k_\mathrm{B} \ln \Omega(N, V, E)$ 与吉布斯公式是一致的.

应用这些公式的最重要例子是巨正则系综 (grand canonical ensemble). 该系综是体积为 V 的开放系统的所有态的集合. 能量和粒子数均随态的不同有涨落, 而且控制这些涨落大小的共轭场分别是 β 和 $-\beta\mu$. 于是, 用符号 ν 表示有 N_ν 个粒子和能量 E_ν 的态, 则有

$$P_\nu = \frac{1}{\Xi} \exp(-\beta E_\nu + \beta\mu N_\nu),$$

且吉布斯熵公式给出

$$S = -k_\mathrm{B} \sum_\nu P_\nu \left[-\ln \Xi - \beta E_\nu + \beta\mu N_\nu \right]$$
$$= -k_\mathrm{B} \left[-\ln \Xi - \beta \langle E \rangle + \beta\mu \langle N \rangle \right],$$

或者, 重新排列各项, 有

$$\ln \Xi = \beta p V,$$

式中 p 是热力学压强. 注意到[1]

$$\Xi = \sum_{\nu} \exp(-\beta E_\nu + \beta \mu N_\nu)$$

是 $\beta, \beta\mu$ 和体积的函数. (它依赖于体积是因为能量 E_ν 依赖于系统的大小). 因此, 开放系统的 "自由能" $\beta p V$ 是 $\beta, \beta\mu$ 和 V 的自然函数.

与正则系综中相同的方式可以分析巨正则系综中的涨落公式. 例如,

$$\begin{aligned}
\left\langle (\delta N)^2 \right\rangle &= \left\langle (N - \langle N \rangle)^2 \right\rangle = \langle N^2 \rangle - \langle N \rangle^2 \\
&= \sum_{\nu} N_\nu^2 P_\nu - \sum_{\nu} \sum_{\nu'} N_\nu N_{\nu'} P_\nu P_{\nu'} \\
&= \left[\frac{\partial^2 \ln \Xi}{\partial (\beta\mu)^2} \right]_{\beta, V},
\end{aligned}$$

或者,

$$\left\langle (\delta N)^2 \right\rangle = \left(\frac{\partial \langle N \rangle}{\partial \beta\mu} \right)_{\beta, V}.$$

推广到多组元系统也可以按相同的方式计算出来, 这部分留作练习.

回忆起在我们对热力学稳定性 (即自由能的凸性) 的研究中, 我们发现 $(\partial n / \partial \mu) \geqslant 0$. 现在我们在一个不同的背景中得到同样的结果. 特别是, 注意到 $\langle N \rangle = n N_0$, 其中 N_0 是阿伏伽德罗常量, 并且因为 $\delta N = N - \langle N \rangle$ 是实数, 它的平方是正的. 因此, $\partial \langle N \rangle / \partial \beta\mu = \left\langle (\delta N)^2 \right\rangle \geqslant 0$. 类似地, 在第二章中我们从热力学稳定性发现 $C_v \geqslant 0$. 在这一章中, 我们得到 $k_B T^2 C_v = \left\langle (\delta E)^2 \right\rangle \geqslant 0$. 一般地, 统计力学将总是给出关系

$$-\left(\frac{\partial \langle X \rangle}{\partial \xi} \right) = \left\langle (\delta X)^2 \right\rangle.$$

等式右边显然是正的, 左边确定热力学自由能的曲率或凸性.

§3.6 无关联粒子系统的涨落

在本节中, 我们将说明自发微观涨落的性质是如何支配一个系统的宏观可观察行为的. 在说明中, 我们考虑无关联粒子系统的浓度涨落或密度涨落, 并证明理想气体定律 (即 $pV = nRT$) 是根据没有粒子间的关联这个假设所导出的. 在第四章我们将回到理想气体, 在那里将从对其能级的详细讨论导出它的热力学性质. 然而, 下文的分析是非常有意义的, 这是由于它的普遍性, 甚至可用于溶剂中低浓度的大聚合物.

---

[1]这里的 Ξ 通常称为巨正则配分函数. ——译注

首先, 我们设想将系统的体积分割成为一些元胞, 如图 3.5 所示. 我们所关心区域中的涨落将遵从第 3.5 节所描述的巨正则分布律. 我们将假设所构造的每个元胞足够小以至于同一元胞内在同一时刻有超过一个粒子的可能性是可以忽略不计的. 因此, 我们通过列出一系列数 $(n_1, n_2, \cdots, n_m)$ 来表征任何统计上可能的位形, 这些数满足

$$n_i = 1, \text{如果一个粒子在第 } i \text{ 个元胞内}$$
$$= 0, \text{其它情况}$$

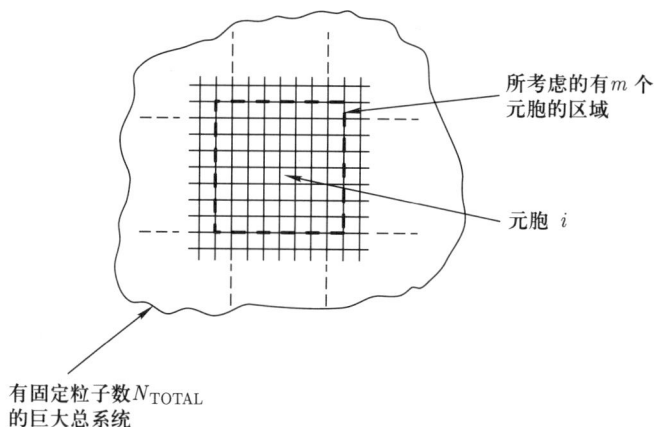

图 3.5　分割为元胞

利用这些数, 在所关心的区域中的瞬时总粒子数为

$$N = \sum_{i=1}^{m} n_i,$$

且该数的方均涨落为

$$
\begin{aligned}
\left\langle (\delta N)^2 \right\rangle &= \left\langle [N - \langle N \rangle]^2 \right\rangle = \langle N^2 \rangle - \langle N \rangle^2 \\
&= \sum_{i,j=1}^{m} [\langle n_i n_j \rangle - \langle n_i \rangle \langle n_j \rangle].
\end{aligned}
\tag{a}
$$

这些关系完全是普遍的. 当考虑不同粒子之间互相是无关联的, 且这种无关联性是因为粒子的低浓度导致的, 对于这样的情况, 可以找到一种简化. 这两个物理条件分别意味着

$$\langle n_i n_j \rangle = \langle n_i \rangle \langle n_j \rangle, \quad \text{当 } i \neq j \text{ 时} \tag{b}$$

(参见练习 3.17) 以及

$$\langle n_i \rangle \ll 1. \tag{c}$$

此外, 因为 n_i 要么是 0 要么是 1, 则 $n_i^2 = n_i$, 因而

$$\langle n_i^2 \rangle = \langle n_i \rangle = \langle n_1 \rangle, \tag{d}$$

其中最后一个等式是基于每个元胞有相同大小或相同类型这个假设的. 因此, 平均而言, 每个元胞与其它元胞有完全相同的行为.

将 (b) 代入 (a), 得到

$$\langle (\delta N)^2 \rangle = \sum_{i=1}^{m} \left[\langle n_i^2 \rangle - \langle n_i \rangle^2 \right],$$

应用 (d) 则给出

$$\langle (\delta N)^2 \rangle = m \langle n_1 \rangle (1 - \langle n_1 \rangle).$$

最后, 由 (c) 我们得到

$$\langle (\delta N)^2 \rangle \approx m \langle n_1 \rangle = \langle N \rangle.$$

仅就其本身而言, 这个关系就已经是一个非凡的结果. 但其热力学结果却更令人印象深刻.

特别地, 因为感兴趣的区域由巨正则系综所描述, 我们知道 (参见第 3.5 节和练习 3.15)

$$\langle (\delta N)^2 \rangle = \left(\frac{\partial \langle N \rangle}{\partial \beta \mu} \right)_{\beta, V}.$$

这样, 对于一个无关联粒子的系统, 我们有

$$\left(\frac{\partial \langle N \rangle}{\partial \beta \mu} \right)_{\beta, V} = \langle N \rangle,$$

或者除以 V 并取倒数, 则有

$$\left(\frac{\partial \beta \mu}{\partial \rho} \right)_{\beta} = \frac{1}{\rho},$$

其中 $\rho = \langle N \rangle / V$. 这样, 通过积分, 可得

$$\beta \mu = 常数 + \ln \rho.$$

此外, 由标准化的处理 (参见练习 1.14)

$$\left(\frac{\partial \beta p}{\partial \rho} \right)_{\beta} = \rho \left(\frac{\partial \beta \mu}{\partial \rho} \right)_{\beta} = 1,$$

其中第一个等式是一般的热力学关系, 而第二个等式适用于我们对无关联
粒子所得到的结果. 积分可得

$$\beta p = \rho,$$

其中我们已将积分常数取为 0, 因为当密度 ρ 趋于 0 时压强应该为零. 这
个方程就是著名的理想气体定律 $pV = nRT$, 其中我们已确认气体常数 R
为玻尔兹曼常量乘以阿伏伽德罗常量 N_0,

$$R = k_B N_0.$$

总之, 我们已经证明, 无关联统计行为的假设意味着, 对于单元系, 有

$$\rho \propto e^{\beta \mu},$$

并且

$$\frac{\beta p}{\rho} = 1.$$

到多元系的推广是直截了当的事, 留作练习.

§3.7　平衡分布函数的另一种导出方法

至此, 我们所用的方法是从对平衡态进行统计描述开始的, 然后得到
不等式和分布律, 我们将它们作为热力学的基础. 换一种方式, 我们也可以
从第二定律和吉布斯熵公式开始, 而不是从等权原理演绎出它们. 在接下
来的几页中, 我们将循着这另一种途径进行讨论.

§3.7.1　熵的广延性

因为吉布斯熵公式是我们的出发点, 我们检验它满足可加性 (广延性),
这个性质是与熵相联系的. 考虑包含于两个盒子 A 和 B 中的一个系统 (见
图 3.6). 系统的总熵记为 S_{AB}. 如果熵是广延量, 则 $S_{AB} = S_A + S_B$. 从吉布
斯公式

$$S_{AB} = -k_B \sum_{\nu_A} \sum_{\nu_B} P_{AB}(\nu_A, \nu_B) \ln P_{AB}(\nu_A, \nu_B),$$

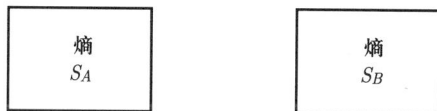

图 3.6　两个独立的子系统 A 和 B

其中 ν_A 和 ν_B 分别表示子系统 A 和 B 的态. 因为子系统之间是无耦合的, 有

$$P_{AB}(\nu_A, \nu_B) = P_A(\nu_A)P_B(\nu_B).$$

因此有

$$
\begin{aligned}
S_{AB} &= -k_{\mathrm{B}} \sum_{\nu_A} \sum_{\nu_B} P_{AB}(\nu_A, \nu_B)\left[\ln P_{AB}(\nu_A, \nu_B)\right] \\
&= -k_{\mathrm{B}} \sum_{\nu_B} P_B(\nu_B) \sum_{\nu_A} P_A(\nu_A) \ln P_A(\nu_A) \\
&\quad - k_{\mathrm{B}} \sum_{\nu_A} P_A(\nu_A) \sum_{\nu_B} P_B(\nu_B) \ln P_B(\nu_B) \\
&= -k_{\mathrm{B}} \sum_{\nu_A} P_A(\nu_A) \ln P_A(\nu_A) - k_{\mathrm{B}} \sum_{\nu_B} P_B(\nu_B) \ln P_B(\nu_B) \\
&= S_A + S_B,
\end{aligned}
$$

其中倒数第二个等式是由归一化条件得到的. 这个简单的计算表明吉布斯熵显示了热力学性质 $S_{AB} = S_A + S_B$.

练习 3.13 *如果假定函数形式*

$$S = \sum_{\nu} P_{\nu} f(P_{\nu}),$$

其中 $f(x)$ 是 x 的某一函数, 试证明如要求 S 是广延的则意味着 $f(x) = c \ln x$, 其中 c 是一个任意常数.

§3.7.2 微正则系综

对于一个孤立系统, 能量 E, 粒子数 N 和体积 V 是固定的. 适合这样系统的系综是微正则系综: E, N 和 V 固定的所有态的集合.

为了导出态 j 的平衡概率 P_j, 我们要求满足热力学平衡条件. 根据第二定律,

$$(\delta S)_{E,V,N} = 0.$$

换句话说, 平衡时微观态的分布是使熵取最大值的分布. 我们利用这个原理, 并在下列约束条件下进行求最大值的过程,

$$\langle E \rangle = \sum_j E_j P_j, \tag{a}$$

$$\langle N \rangle = \sum_j N_j P_j, \tag{b}$$

以及

$$1 = \sum_j P_j. \tag{c}$$

在微正则系综中, $E_j = E =$ 常数, $N_j = N =$ 常数, 因而条件 (a), (b), (c) 是完全相同的.

使用拉格朗日乘子 γ, 我们寻找一个 P_j, 使得

$$\delta(S + \gamma 1) = 0,$$

或者, 插入方程 (c) 以及吉布斯熵公式,

$$
\begin{aligned}
0 =& \delta \left\{ -k_{\mathrm{B}} \sum_j P_j \ln P_j + \gamma \sum_j P_j \right\} \\
=& \sum_j \delta P_j \left[-k_{\mathrm{B}} \ln P_j - k_{\mathrm{B}} + \gamma \right].
\end{aligned}
$$

因为这个方程对所有 δP_j 都成立, 方括号 [ ] 内的量必须等于 0. 于是

$$\ln P_j = \frac{\gamma - k_{\mathrm{B}}}{k_{\mathrm{B}}} = 常数.$$

这个常数可以由归一化条件确定,

$$1 = \sum_j P_j = \sum_j \mathrm{e}^{常数} \equiv \sum_j \frac{1}{\Omega} = \frac{1}{\Omega} \left(\sum_j 1 \right).$$

于是,

$$\Omega = 具有能量 \ E \ 的态数$$

总之, 对于微正则系综,

$$
\begin{aligned}
P_j =& \frac{1}{\Omega}, \quad 如果 \ E_j = E, \\
=& 0, \quad 如果 \ E_j \neq E
\end{aligned}
$$

其熵为

$$S = +k_{\mathrm{B}} \sum_j \frac{1}{\Omega} \ln \Omega = k_{\mathrm{B}} \ln \Omega \sum_j \frac{1}{\Omega} = k_{\mathrm{B}} \ln \Omega.$$

§3.7.3 正则系综

这个系综适用于热浴中的封闭系统. N, V 和 T 是固定的, 但能量却不固定. 热力学平衡现在给出

$$\delta(S + \alpha\langle E\rangle + \gamma 1) = 0,$$

这里 α 和 γ 是拉格朗日乘子. 将方程 (a), (c) 以及吉布斯熵公式与以上方程联立, 我们得到

$$\sum_j [-k_B \ln P_j - k_B + \alpha E_j + \gamma]\delta P_j = 0.$$

这个表达式对任意 δP_j 均成立, 则有

$$[-k_B \ln P_j - k_B + \alpha E_j + \gamma] = 0,$$

即

$$\ln P_j = \frac{\alpha E_j - k_B + \gamma}{k_B}. \tag{d}$$

为了确定 α 和 γ, 我们使用热力学恒等式

$$\left[\frac{\delta\langle E\rangle}{\delta S}\right]_{V,N} = T = 温度.$$

由方程 (a), 得到

$$(\delta\langle E\rangle)_{V,N} = \sum_j E_j \delta P_j,$$

再由吉布斯熵公式和式 (d), 可得

$$(\delta S)_{V,N} = -k_B \sum_j \delta P_j \left[\frac{\alpha E_j - k_B + \gamma}{k_B}\right]$$

$$= -k_B \sum_j \delta P_j \frac{E_j \alpha}{k_B},$$

其中最后一个等式由事实 $\sum_j \delta P_j = \delta 1 = 0$ 推出. 注意, 在 $\langle E\rangle$ 的变分中, 我们并不改变 E_j, 因为变分是指态的能量固定, 而 P_j (即态的分布) 变化. 用 $(\delta\langle E\rangle)_{V,N}$ 除以 $(\delta S)_{V,N}$ 得到

$$T = \left[\frac{\delta\langle E\rangle}{\delta S}\right]_{V,N} = -\frac{1}{\alpha}.$$

将该结果与式 (d) 以及吉布斯熵公式联立, 得到

$$S = \sum_j P_j \left[\frac{E_j + k_B T - \gamma T}{T} \right] = \frac{\langle E \rangle + k_B T - \gamma T}{T}.$$

于是

$$\gamma T = A + k_B T,$$

其中

$$A = \langle E \rangle - TS = 亥姆霍兹自由能.$$

总的来说, 对正则系综有

$$P_j = e^{-\beta [E_j - A]},$$

其中

$$\beta = \frac{1}{k_B T}.$$

因为 P_j 是归一化的,

$$\sum_j P_j = 1 = e^{\beta A} \sum_j e^{-\beta E_j}.$$

于是, 配分函数 (partition function) Q

$$Q = \sum_j e^{-\beta E_j}$$

也可以由下式给出

$$Q = e^{-\beta A}.$$

单从热力学角度考虑, 很明显有关 Q 的知识可以告诉我们关于这个系统的所有热力学信息. 例如,

$$\left[\frac{\partial \ln Q}{\partial V} \right]_{T,N} = \left[\frac{\partial (-\beta A)}{\partial V} \right]_{T,N} = \beta p,$$

其中 p 是压强, 且

$$\left[\frac{\partial \ln Q}{\partial \beta} \right]_{V,N} = \left[\frac{\partial (-\beta A)}{\partial \beta} \right]_{V,N} = -\langle E \rangle,$$

其中 $\langle E \rangle$ 是内能.

类似的分析也可以用于其它系综. 因此, 一般而言, 等权原理与吉布斯熵公式以及热力学第二定律的变分表述是等价的.

附加练习

3.14. 利用吉布斯熵公式以及平衡条件

$$(\delta S)_{\langle E\rangle, V, \langle N\rangle} = 0,$$

导出巨正则系综的概率分布. 巨正则系综是 N 和 E 均可以变化的系综. 所得结果应是

$$P_\nu = \Xi^{-1}\exp\left[-\beta E_\nu + \beta\mu N_\nu\right],$$

其中 ν 标志系统的态 (包括粒子数), 且

$$\Xi = \exp(\beta pV).$$

3.15. 对于一个多元开放系统, 试证明

$$\langle \delta N_i \delta N_j \rangle = \left(\frac{\partial \langle N_i\rangle}{\partial \beta\mu_j}\right)_{\beta, \beta\mu_l, V},$$

其中 $\delta N_i = N_i - \langle N_i\rangle$ 是第 i 类粒子数偏离平均值的涨落, μ_i 是该类粒子的化学势. 类似地, 将 $\langle\delta N_i\delta N_l\delta N_j\rangle$ 与某一热力学导数联系起来. 最后, 对于巨正则系综中的一单元系统, 试计算 $\langle(\delta E)^2\rangle$, 并将该量与定容热容量和压缩率联系起来. 前者确定了密度无涨落情况下正则系综中能量方均涨落的大小, 而后者确定了密度方均涨落的大小.

3.16. 对热平衡开放系统中的 0.01 摩尔的理想气体, 进行数值计算求能量相对于平均值的相对方均根偏差以及密度相对于平均值的相对方均根偏差.

3.17. (a) 考虑一个随机变量 x, 它可在区间 $a \leqslant x \leqslant b$ 内任意取值. 令 $g(x), f(x)$ 为 x 的任意函数, $\langle\cdots\rangle$ 表示对 x 的分布 $p(x)$ 的平均值, 即

$$\langle g\rangle = \int_a^b \mathrm{d}x g(x)p(x).$$

证明对于任意的 $g(x)$ 和 $f(x)$,

$$\langle gf\rangle = \langle g\rangle\langle f\rangle,$$

当且仅当

$$p(x) = \delta(x - x_0),$$

其中 x_0 是介于 a 和 b 之间的一个点, $\delta(x - x_0)$ 是狄拉克 δ 函数

$$\delta(y) = 0, \quad y \neq 0,$$

且有

$$\int_{-\varepsilon}^{\varepsilon} \mathrm{d}y \delta(y) = 1.$$

注意, 根据这个定义, $\delta(x - x_0)$ 是位于 $x = x_0$ 的零 (或无穷小) 宽度的归一化分布.

(b) 考虑具有联合概率分布 $p(x, y)$ 的两个随机变量 x 和 y. 证明对所有函数 $g(x)$ 和 $f(x)$

$$\langle f(x) g(x) \rangle = \langle f \rangle \langle g \rangle,$$

当且仅当

$$p(x, y) = p_1(x) p_2(y),$$

其中 $p_1(x)$ 和 $p_2(y)$ 分别为 x 和 y 的分布.

3.18. 考虑磁场强度为 H 的磁场中, N 个可分辨的无相互作用的自旋构成的系统. 每个自旋有大小为 μ 的磁矩, 其自旋方向与磁场方向相同或相反. 因此, 一特定状态的能量为

$$\sum_{i=1}^{N} -n_i \mu H, \quad n_i = \pm 1,$$

其中 $n_i \mu$ 是沿磁场方向的磁矩.

(a) 通过使用由变量 β, H 和 N 所表征的系综, 确定该系统的作为这些变量函数的内能.

(b) 确定该系统的作为 β, H 和 N 函数的熵.

(c) 确定随着 $T \to 0$ 时, 系统的能量和熵的变化行为.

3.19. (a) 对练习 3.18 中描述的系统, 求出平均总磁化强度

$$\langle M \rangle = \left\langle \sum_{i=1}^{N} n_i \mu \right\rangle,$$

它是 β, H 和 N 的函数.

(b) 类似地, 确定 $\langle (\delta M)^2 \rangle$, 其中

$$\delta M = M - \langle M \rangle,$$

并将结果与磁化率

$$\left(\frac{\partial \langle M \rangle}{\partial H}\right)_{\beta, N}$$

做比较.

    (c) 在 $T \to 0$ 的极限下, 导出 $\langle M \rangle$ 和 $\langle (\delta M)^2 \rangle$ 的行为.

3.20. 考虑练习 3.18 和 3.19 中研究过的系统. 利用总磁化强度固定的系综, 确定作为该系综的自然变量的函数的磁场与温度之比即 βH 的表达式. 在 N 很大的极限下, 证明以这种方式所得结果与练习 3.19 中得到的结果等价.

3.21.* 在本问题中, 需要考虑晶体中溶解的低浓度混合价键化合物的行为. 图 3.7 是这样一个化合物的示意图. 我们将假设这个化合物仅有两种位型状态, 如图 3.8 所示. 这两种态分别对应于有电子局域在左边或右边的铁原子附近. 这种类型的二态模型与初等量子化学中处理 H_2^+ 分子的原子轨道线性组合 (LCAO) 处理方法类似. 在固体物理文献中, 这种模型称为 "紧束缚" 近似 (tight binding approximation).

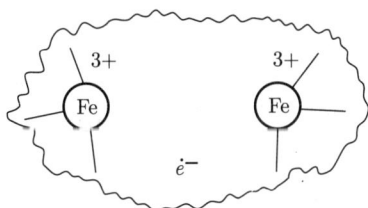

图 3.7   设想为两个阳离子加一个电子的混合价键化合物

在没有周围的晶体时, 化合物的哈密顿量是 $\mathscr{H}_0$, 其矩阵元为

$$\langle A|\mathscr{H}_0|A \rangle = \langle B|\mathscr{H}_0|B \rangle = 0 \text{ (对于所选取的能量零点)}$$

$$\langle A|\mathscr{H}_0|B \rangle = -\Delta.$$

对态 A 或 B, 化合物之一的电偶极矩为

$$\mu = \langle A|m|A \rangle = -\langle B|m|B \rangle,$$

其中 m 表示电子偶极算符. 为进一步简化, 设想态 A 和 B 之间的空间重叠可以忽略, 也就是

$$\langle A|B \rangle = 0 \text{ 以及 } \langle A|m|B \rangle = 0.$$

通过电晶体场 $\mathscr{E}$, 溶剂晶体可以与杂质混合价键化合物相耦合. 每种化合物的哈密顿量是

$$\mathscr{H} = \mathscr{H}_0 - m\mathscr{E}$$

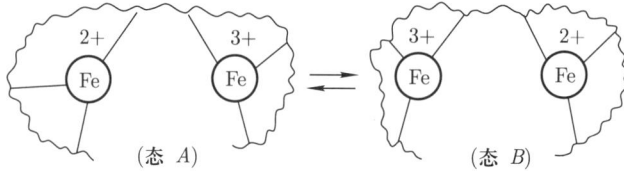

图 3.8　混合价键化合物的两态模型

(a) 试证明当 $\mathscr{E} = 0$ 时, 单个化合物哈密顿量的本征态是

$$|\pm\rangle = \frac{1}{\sqrt{2}}\left[|A\rangle \pm |B\rangle\right],$$

且能级为 $\pm\Delta$.

(b) 计算当 $\mathscr{E} = 0$ 时混合价键化合物系统的正则配分函数, 采用如下两种方式: (i) 通过用能量本征值计算玻尔兹曼加权和; (ii) 使用位形态 $|A\rangle$ 和 $|B\rangle$ 计算 $\mathrm{e}^{-\beta\mathscr{H}}$ 的矩阵迹. 后者的态会使 m 而不是 $\mathscr{H}_0$ 对角化. 不过两种计算应该会得到同样的结果, 为什么?

(c) 当 $\mathscr{E}$ 为零时, 计算下列平均值 (i)$\langle m \rangle$, (ii)$\langle |m| \rangle$, (iii) $\langle (\delta m)^2 \rangle$, 这里 $\delta m = m - \langle m \rangle$.

(d) 当 $\mathscr{E} \neq 0$ 时, 晶体和杂质化合物相耦合, 存在溶解的自由能 $[A(\mathscr{E}) - A(0)]/N$, 这里 N 是化合物的数目. (i) 先确定本征能量, 它是 $\mathscr{E}$ 的函数, 再计算适当的玻尔兹曼加权和, (ii) 利用位形态 $|A\rangle$ 和 $|B\rangle$, 求适当的矩阵迹. 用这两种方法可以求溶解的自由能. 两种计算应得到相同的结果, 尽管第二种计算在代数上会显得冗长. (在第二种情况中通过利用泡利 (Pauli) 自旋矩阵的性质来进行代数运算, 你会发现这是很有用的.)

(e) 当 $\mathscr{E} \neq 0$, 计算 $\langle m \rangle$ 和 $\langle |m| \rangle$. 将所得值与 $\mathscr{E} = 0$ 时所得值进行比较. 为什么 $\langle m \rangle$ 会随 $\mathscr{E}$ 的增加而增加?

3.22. (a) 考虑一个由范德瓦尔斯方程 $\beta p = \rho/(1-b\rho) - \beta a\rho^2$ (其中 $\rho = \langle N \rangle/V$) 描述的流体区域. 这个区域的体积是 L^3. 由于系统中会有自发涨落, 该区域中密度的瞬时值与平均值可以相差一个量 $\delta\rho$. 试确定作为 β, ρ, a, b 和 L^3 的函数的这些涨落的典型相对大小, 也就是计算 $\langle (\delta\rho)^2 \rangle^{1/2}/\rho$. 证明在考虑对宏观系统 (即区域的大小变为宏观尺度, 也即 $L^3 \to \infty$) 进行观测时, 相对涨落会变得可以忽略不计.

(b) 当

$$\left(\frac{\partial \beta p}{\partial \rho}\right)_{\beta} = \left(\frac{\partial^2 \beta p}{\partial \rho^2}\right)_{\beta} = 0$$

时, 流体处在 "临界点". 对遵循范德瓦尔斯方程的流体确定临界点的密度和温度, 即计算作为 a 和 b 函数的 β_c 和 ρ_c.

(c) 考虑流体中大小为 L^3 的子体积. 假定 L^3 是一个分子的空间填充体积 (space filling volume) 的 100 倍, 即 $L^3 \approx 100b$. 对流体中的这个区域, 当 $\rho = \rho_c$ 且温度高于临界温度 10% 时, 计算流体密度涨落的相对大小. 对偏离临界温度0.1%和 0.001% 的温度, 重复上述计算.

(d) 肉眼可见光的波长大约为 1000Å 的量级. 密度涨落会引起折射率的变化, 而这些变化导致光的散射. 因此, 如果一宽度1000Å 的流体区域中有显著的密度涨落时, 我们用肉眼将会观察到这些涨落. 在 (b) 部分所进行的那类计算的基础之上, 确定临界涨落变为光学上可以观测的涨落之前, 系统是如何接近于临界点的. 流体中接近于临界点时发生的长波密度涨落现象称为临界乳光 (critical opalescence). (注意: 你将需要估计 b 的大小, 为此你应该注意到小分子的典型直径大约为 5Å.)

3.23. 考虑一个低浓度溶质粒子的溶液. 溶质分子经历两种同分异构体 A、B 之间的 构象转变 (conformational transitions). 令 N_A 和 N_B 分别表示同分异构体 A、B 的分子数. 溶质分子的总数 $N = N_A + N_B$ 保持为一常数, 但在任一瞬时, N_A 和 N_B 的值不同于它们的平均值 $\langle N_A \rangle$ 和 $\langle N_B \rangle$. 试证明方均涨落由下式给出

$$\left\langle (N_A - \langle N_A \rangle)^2 \right\rangle = x_A x_B N,$$

其中 x_A 和 x_B 分别是分子 A 和 B 的平均摩尔分数, 即

$$x_A = \frac{\langle N_A \rangle}{N}.$$

[提示: 你将必须假设溶质分子是在如此之低的浓度下, 因而每一个溶质分子与其它溶质分子之间没有关联. 参见第 3.6 节]

参考文献

有许多优秀的教科书讨论了统计力学的基本原理, 例如

T. L. Hill, *Introduction to Statistical Thermodynamics* (Addison-Wesley, Reading, Mass., 1960).

G. S. Rushbrooke, *Introduction to Statistical Mechanics* (Oxford University Press, Oxford, 1951).

D. McQuarrie, *Statistical Mechanics* (Harper & Row, N.Y., 1976).

F. Reif, *Fundamentals of Statistical and Thermal Physics* (McGraw-Hill, N.Y., 1965).

下列是比本教材更为高等的几本教科书:

S. K. Ma, *Statistical Mechanics* (World Scientific, Philadelphia, 1985).[1]

R. Balescu, *Equilibrium and Nonequilibrium Statistical Mechanics* (John Wiley, N.Y., 1975).[2]

M. Toda, R. Kubo, and N. Saito, *Statistical Physics I* (Springer-Verlag, N.Y., 1983). 每本教材均包含章节介绍有关各态遍历以及混沌等现代思想.

关于统计力学历史以及原理的精彩讨论可参见下列著作

P. W. Atkins, *The Second Law* (Scientific American Books and W. H. Freeman and Co., N.Y., 1984).[3]

该书也包含涉及混沌和混沌结构概念方面的有启发性的许多说明, 附有可在微型计算机上运行的程序代码.

---

[1]该书原为中文, 马上庚, 统计力学, 台湾: 环华出版事业股份有限公司, 1982. ——译注

[2]中译本, R. Balescu, 平衡和非平衡统计力学 (上, 下册), 陈光旨等译, 桂林: 广西师范大学出版社, 1992; 该书的第三部分另有编译本, R. Balescu, 非平衡态统计力学, 龚少明编译, 上海: 复旦大学出版社, 1989. ——译注

[3]该书 1994 年出版修订本. 中译本, P.W. 爱特金, 从有序到混沌: 介绍热力学第二定律, 李思一译, 北京: 科学技术文献出版社, 1990. ——译注

第四章

无相互作用的 (理想) 系统

在本章中, 我们考虑用统计力学处理最简单的系统. 这些系统由粒子 (或准粒子) 组成, 它们之间没有相互作用. 这些模型称为理想气体 (ideal gases).

统计物理的原理指定形如

$$\sum_{\nu} \exp(-\beta E_{\nu})$$

或

$$\sum_{\nu} \exp[-\beta(E_{\nu} - \mu N_{\nu})]$$

这样的配分函数的计算. 这些表示式是对所有可能涨落的玻尔兹曼加权求和, 也就是对我们控制系统所用的约束允许的所有微观状态的加权求和. 第一个求和式只考虑了具有相同粒子数的态; 第二个求和式也考虑了粒子数的涨落, 并且化学势项说明了改变粒子数相应的能量关系. 注意到, 如果我们在第二个和式中限定仅包含粒子数 N_{ν} 取值 N 的那些态 ν, 则第二个和式将正比于第一个和式.

这两个求和式或配分函数是统计理论的核心, 因为某种事情发生的概率是对那些与该发生相一致的所有涨落或微观态的玻尔兹曼加权求和. 例如, 在一个开放系统中, 粒子数 N_{ν} 随态而涨落, 有精确的 N 个粒子的概率为

$$P_N \propto \sum_{\nu}^{(N)} \exp[-\beta(E_{\nu} - \mu N_{\nu})] = e^{\beta \mu N} \sum_{\nu_N} \exp(-\beta E_{\nu_N}),$$

其中, 求和号的上标 "N" 表示求和只包含 $N_{\nu} = N$ 那些态 ν, 这些态由指标 ν_N 标记.

在没有约束时, 涨落自发地发生, 并且这些公式表明自发涨落的概率取决于与玻尔兹曼热能即 $k_\mathrm{B}T = \beta^{-1}$ 相比拟的这些涨落的能量. 因此, 温度越高, 允许的涨落或随机性越大. 当 $T \to 0$ 时, 仅有单粒子能量与基态的单粒子能量相等的那些态才是可以达到的态.

系统研究所有可能的涨落常常是一项非常复杂的工作, 因为必须考虑大量数目的微观态, 并且表征这些态需要复杂的细节. 这种复杂性是统计力学常常被认为是有较高难度的学科的原因. 然而, 随着本书的深入, 我们将给读者介绍许多对相关涨落进行抽样的实用方法, 其中最简单的方法是因子化近似 (factorization approximations). 当系统是由没有相互作用的自由度[1]组成时, 这种近似就变为精确的, 本章中所考虑的模型就属于这类系统.

要理解因子化方法是如何起作用的, 假设能量 E_ν 分为两部分 $E_\nu = E_n^{(1)} + E_m^{(2)}$, 其中态的标记 ν 依赖于 n 和 m, 并且这些指标 m, n 相互独立. 于是正则配分函数

$$Q = \sum_\nu \mathrm{e}^{-\beta E_\nu} = \sum_{n,m} \exp\left(-\beta E_n^{(1)}\right) \exp\left(-\beta E_m^{(2)}\right)$$

可以因子化为

$$Q = \left[\sum_n \exp\left(-\beta E_n^{(1)}\right)\right]\left[\sum_m \exp\left(-\beta E_m^{(2)}\right)\right] = Q^{(1)}Q^{(2)},$$

其中第二个等号中引入 $Q^{(1)}$ 和 $Q^{(2)}$, 它们分别是与能量 $E_n^{(1)}$ 和 $E_m^{(2)}$ 相关的玻尔兹曼加权求和. 注意到这些能量在下列意义上是无关联的,

$$\begin{aligned}\left\langle E^{(1)}E^{(2)}\right\rangle &= \frac{1}{Q}\sum_{n,m} E_n^{(1)} E_m^{(2)} \exp[-\beta(E_n^{(1)} + E_m^{(2)})] \\ &= \frac{\partial \ln Q^{(1)}}{\partial(-\beta)}\frac{\partial \ln Q^{(2)}}{\partial(-\beta)} = \left\langle E^{(1)}\right\rangle\left\langle E^{(2)}\right\rangle.\end{aligned}$$

不难推广到 N 个无关联自由度的情况, 此时有

$$Q = Q^{(1)}Q^{(2)}\cdots Q^{(N)}.$$

如果这些自由度都是同类型的, 公式可进一步简化为

$$Q = [Q^{(1)}]^N.$$

---

[1]严格来说不是自由度而应该是模 (如简正模) 或准粒子 (如下文的声子). 模和自由度是两个不同的概念. 简正模的数目一般等于自由度数. 下文中的自由度也应如此理解. ——译注

因此, 这种因子化意味着我们仅需对一个自由度的微观态进行玻尔兹曼抽样, 然后只不过取结果的 N 次幂即可. 为使这样简化的重要性更显著, 假设一个系统有 $N = 1000$ 个自由度, 每个可以出现在五个微观态之一中, 整个系统可以抽样的总态数为 5^{1000} ——一个大得不可思议的数字. 然而因子化则意味着, 我们只需要明显地列出 5 个态即可.

在某些情况下, 因子化近似是适用的, 因为这些系统由无关联的粒子组成. 一个例子就是经典理想气体. 这里, 总能量是单粒子能量之和. 并且, 如果这些粒子是可分辨的, 配分函数就为 q^N, 其中 q 是对单粒子态的玻尔兹曼求和. 进一步, 在高温下, "经典" 模型是对实际情况非常好的近似 (后面会进一步精确化), 此时与粒子数相比, 可能的单粒子态数非常大. 在这种情况下, 每一 N 粒子态出现 $N!$ 次, 这相当于把 N 个不同的单粒子态分配给 N 个不可分辨的粒子的方式数. 因此, 正确的配分函数是

$$\frac{1}{N!}q^N.$$

如果没有因子 $(N!)^{-1}$, 我们就多计算了可分辨的态.

在其它情况下, 即使系统中的实际粒子不是无关联的, 因子化方法依然适用. 这里, 我们发现, 可以找到无关联的集体变量[1] (collective variable) ——依赖于一大群粒子集合的坐标或状态的变量. 一个例子就是固体中的小幅振动模. 这些模称作声子 (phonon). 另一个例子是由无相互作用粒子组成的量子系统的占有数 (occupation numbers).

在本章中, 我们将要考虑声子、占有数、经典理想气体以及许多其它的例子, 以说明如何使用因子化方法.

§4.1　占有数

分析任何模型的第一步包括对微观态的分类. 量子系统的态可以用该态的波函数 $\Psi_\nu(r_1, r_2, \cdots, r_N)$ 来表示. 这里, Ψ_ν 是一个 N 粒子系统的薛定谔方程的第 ν 个本征解. 如果粒子间没有相互作用 (即理想系统), 则波函数就可以表示成单粒子波函数的一个对称化的乘积[2]. 这些单粒子波函数用 $\phi_1(r), \phi_2(r), \cdots, \phi_j(r), \cdots$ 表示. 对一个特定态比如 ν 来说, $\Psi_\nu(r_1, \cdots, r_n)$ 是对称化的乘积, 其中包含具有单粒子波函数 ϕ_1 的 n_1 个粒子, 具有单粒子波函数 ϕ_2 的 n_2 个粒子, 等等. 这些数 $n_1, n_2, \cdots, n_j, \cdots$ 就分别称为第一个, 第二个, $\cdots$, 第 j 个, $\cdots$ 单粒子态上的占有数. 如果 N 个粒子是不可分辨的 (如量子粒子那样), 则态 ν 完全由一组占有数 $(n_1, n_2, \cdots, n_j, \cdots)$ 所确

---

[1]用集体变量表征模. 无关联集体变量相应的模的集合也是无关联的. ——译注
[2]对于费米粒子, 乘积是反对称的; 对于玻色粒子, 乘积是对称的.

定, 因为任何更多的细节将是对在第 j 个单粒子态上的 n_j 个粒子之间进行分辨.

例如, 考虑一个有三个粒子 (图 4.1 中用小圆圈表示) 的系统, 粒子可以处于两个单粒子态 α 和 β 之一上. 图 4.1 中示出了该三粒子系统的所有可能的态. 用占有数表示, 态 1 有 $n_\alpha = 0, n_\beta = 3$; 态 2 有 $n_\alpha = 1, n_\beta = 2$, 如此等等. 注意, 占有数在下列意义上是一个集体变量, 它的值取决于所有粒子的瞬时态.

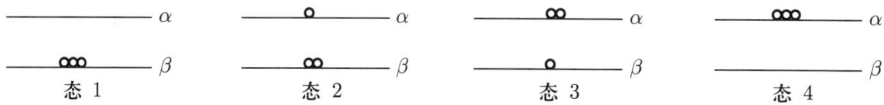

图 4.1 有两个单粒子态的三粒子系统的四个态

我们现在将总粒子数和总能量用占有数表示. 令

$$\nu = (n_1, n_2, \cdots, n_j, \cdots) = 第 \nu 个态,$$

则有

$$N_\nu = \sum_j n_j = 第 \nu 个态中的总粒子数.$$

令 ε_j 表示第 j 个单粒子态的能量, 那么

$$E_\nu = \sum_j \varepsilon_j n_j = 第 \nu 个态的能量.$$

具有半整数自旋的粒子遵循泡利 (Pauli) 不相容原理[1]: n_j 只能等于 0 或 1, 这样的粒子称为费米子 (fermion), 且与 $n_j = 0$ 或 1 相关联的统计称为费米–狄拉克统计 (Fermi-Dirac statistics).

具有整数自旋的粒子遵循 玻色–爱因斯坦统计 (Bose-Einstein statistics): $n_j = 0, 1, 2, 3, \cdots$, 这些粒子称为玻色子 (boson).

§4.2 光子气体

作为如何使用占有数的例子, 考虑光子气体——与容器处于热平衡的电磁场. 我们希望描述该系统的热力学性质. 据电磁场的量子理论, 可以发现, 系统的哈密顿量可以表示为许多项之和, 其中每一项具有某一频率的谐振子的哈密顿量的形式. 谐振子的能量为 $n\hbar\omega$(忽略零点能), 这里

---

[1] N 粒子的波函数是反对称的乘积这个要求意味着不相容原理.

$n = 0, 1, 2, \cdots$. 这样, 我们就得到了能量为 $\hbar\omega$ 的光子概念. 自由电磁场的态可以由每一个 "振子" 的数 n 来表征, 并且 n 可以认为是具有单 "粒子" 能量为 $\hbar\omega$ 的一个态中所包含的光子数.

光子服从玻色–爱因斯坦统计: $n = 0, 1, 2, \cdots$. 于是, 正则配分函数是

$$e^{-\beta A} = Q = \sum_{\nu} e^{-\beta E_{\nu}} = \sum_{n_1, n_2, \cdots, n_j, \cdots = 0}^{\infty} e^{-\beta(n_1\varepsilon_1 + n_2\varepsilon_2 + \cdots + n_j\varepsilon_j + \cdots)},$$

其中, 我们使用了占有数来表示 E_{ν}, 并且用 ε_j 表示 $\hbar\omega_j$. 由于指数可以因子化为独立的部分, 则有

$$Q = \prod_j \left[\sum_{n_j=0}^{\infty} e^{-\beta n_j \varepsilon_j} \right].$$

括号内的项正好是几何级数, 故有

$$Q(\text{光子气体}) = \prod_j \left[\frac{1}{1 - e^{-\beta\varepsilon_j}} \right].$$

从这个公式我们可以得到所有想要的性质, 因为 $Q = e^{-\beta A}$. 我们特别感兴趣的一个量是第 j 个态的占有数的平均值 $\langle n_j \rangle$. 在正则系综中,

$$\begin{aligned} \langle n_j \rangle &= \frac{\sum_{\nu} n_j e^{-\beta E_{\nu}}}{\sum_{\nu} e^{-\beta E_{\nu}}} = \frac{1}{Q} \sum_{n_1, n_2, \cdots} n_j e^{-\beta(n_1\varepsilon_1 + \cdots + n_j\varepsilon_j + \cdots)} \\ &= \frac{1}{Q} \left[\frac{\partial}{\partial(-\beta\varepsilon_j)} \sum_{n_1, n_2, \cdots} e^{-\beta(n_1\varepsilon_1 + \cdots + n_j\varepsilon_j + \cdots)} \right] \\ &= \frac{\partial \ln Q}{\partial(-\beta\varepsilon_j)}. \end{aligned}$$

上式代入 Q 的表示式, 可以得到

$$\begin{aligned} \langle n_j \rangle &= + \frac{\partial}{\partial(-\beta\varepsilon_j)} \left\{ \sum_j - \ln(1 - e^{-\beta\varepsilon_j}) \right\} \\ &= \frac{e^{-\beta\varepsilon_j}}{1 - e^{-\beta\varepsilon_j}}, \end{aligned}$$

或

$$\langle n_j \rangle = \frac{1}{e^{\beta\varepsilon_j} - 1}.$$

这称为普朗克分布 (Planck distribution).

练习 4.1   导出光子气体的关联函数 $\langle \delta n_i \delta n_j \rangle$ 的公式, 这里 $\delta n_i = n_i - \langle n_i \rangle$.

练习 4.2*   用 $\langle n_j \rangle$ 的公式证明光子气体的能量密度是 σT^4, 其中 σ 是常数 $(\pi^2 k_{\mathrm{B}}^4 / 15 \hbar^3 c^3)$. [提示: 你需要用三维空腔中波的波动方程去构建一个频率在 ω 到 $\omega + \mathrm{d}\omega$ 之间驻波解的个数的公式.]

§4.3   声子气体或冷固体中原子位置的涨落

作为另一个例子, 考虑声子气体——低温固体的简正模. 对于足够冷的晶格, 原子保持在它们的平衡位置附近. 因此, 这样一个系统的势能可以用坐标偏离平衡位置的位移的幂级数展开. 在许多应用中, 将展开式在二阶项截断是一个好的近似, 这产生简谐近似 (harmonic approximation),

$$(势能) \approx U_0 + \frac{1}{2} \sum_{i,j=1}^{N} \sum_{\alpha,\gamma=x,y,z} (s_{i\alpha} - s_{i\alpha}^{(0)}) \times (s_{j\gamma} - s_{j\gamma}^{(0)}) k_{i\alpha,j\gamma},$$

其中 $s_{i\alpha}$ 是第 i 个粒子的第 α 个笛卡儿坐标的值, $s_{i\alpha}^{(0)}$ 是相应的平衡值, $k_{i\alpha,j\gamma}$ 是 (力) 常数, U_0 是零点能 (势能的极小值). 注意, 在公式中不出现线性项. 不出现是因为势能的一阶导数在极小值处为零.

在简谐近似下, 哈密顿量是所有坐标的二次函数, 让我们讨论这一事实的结果. 确实, 不同的坐标通过力常数的 $DN \times DN$ 矩阵相耦合或纠缠在一起 (这里 D 表示维数, 总共有 DN 个坐标). 但是, 因为力常数矩阵的元素 $k_{i\alpha,j\gamma}$ 是对称的, 可使用线性代数的一个定理. 该定理说, 通过寻找一组简正坐标 (normal coordinates) 或简正模 (normal modes) 有可能消去二次函数中的耦合项. 简谐系统的每一个简正模是一个坐标, 它以给定的频率振动并独立于所有其它的简正模. 对任一简谐 (即二次) 哈密顿量, 有 DN 个这样的坐标. 每一个简正模是原来坐标集合 $\{s_{i\alpha}\}$ 的线性组合. 当采用简正模作为坐标时, 总的哈密顿量可以表示为 DN 个独立的一维二次 (即谐振子) 的哈密顿量之和. 为明显地确定一特定简谐系统的简正模, 必须将 $DN \times DN$ 矩阵对角化. 对该过程的一些讨论可参见一些著作, 例如 McQuarrie 的 Statistical Mechanics (统计力学, 第 11.4 节) 或者 Hill 的 Introduction to Statistical Thermodynamics (统计热力学导论, 第 5.2 节). 但是, 对于这里给出的处理, 我们仅需接受这样的事实, 就是二次形式是可以对角化的.

因此, 通过采用简谐近似, 我们知道哈密顿量可以表示为

$$\mathscr{H} = \sum_{\alpha=1}^{DN} \mathscr{H}_\alpha,$$

其中

$$\mathscr{H}_\alpha = 基频为 \ \omega_\alpha \ 的谐振子的哈密顿量.$$

再一次, 回忆起频率 ω 的谐振子的本征能量为

$$\left(\frac{1}{2} + n\right)\hbar\omega, \quad n = 0, 1, 2, \cdots.$$

于是, 引入声子的概念. 令 n_α 表示能量为 $\hbar\omega_\alpha$ 的声子态的声子数, 则晶格的一个态的能量用占有数表示时形式为

$$E_\nu = \sum_{\alpha=1}^{DN} n_\alpha \hbar\omega_\alpha + E_0,$$

其中

$$E_0 = U_0 + \sum_{\alpha=1}^{DN} \frac{1}{2}\hbar\omega_\alpha.$$

为方便起见, 取 U_0 为能量零点, 则晶格的正则配分函数变为

$$Q(\beta, N, V) = \sum_{n_1, n_2, \cdots = 0}^{\infty} \exp\left[-\beta \sum_\alpha \left(\frac{1}{2} + n_\alpha\right)\hbar\omega_\alpha\right].$$

因为指数可以因子化为独立项的积, 则该表示式给出

$$Q = \prod_{\alpha=1}^{DN} \left(\sum_n \exp\left[-\beta\left(\frac{1}{2} + n\right)\hbar\omega_\alpha\right]\right).$$

利用几何级数公式可以求出对 n 的和, 得

$$\ln Q = -\sum_{\alpha=1}^{DN} \ln\left[\exp\left(\frac{1}{2}\beta\hbar\omega_\alpha\right) - \exp\left(-\frac{1}{2}\beta\hbar\omega_\alpha\right)\right].$$

练习 4.3 证明该公式.

通过引入

$$g(\omega)\mathrm{d}\omega = 频率在 \ \omega \ 与 \ \omega + \mathrm{d}\omega \ 之间的声子态数$$

将对声子态的求和进行分割, 于是

$$\beta A = \int_0^\infty \mathrm{d}\omega g(\omega) \ln \left[\exp \left(\frac{1}{2} \beta \hbar \omega \right) - \exp \left(-\frac{1}{2} \beta \hbar \omega \right) \right].$$

该公式是分析简谐晶格的热力学性质的出发点.

练习 4.4 假定仅有一个声子能级是明显地被占据的,

$$g(\omega) = \delta(\omega - \omega_0),$$

试确定简谐固体的低温行为. (晶格的这种图像称为爱因斯坦模型 (Einstein model).)

练习 4.5[*] 假定晶格的低频率模是简单的平面波, 使得

$$g(\omega) = \frac{ND^2}{\omega_0^D} \omega^{D-1}, \quad \omega < \omega_0$$

$$= 0, \quad \omega > \omega_0$$

是一个好的近似, 试确定简谐固体的低温行为. (晶格的这种图像称为德拜模型 (Debye model), 截止频率 ω_0 称为德拜频率 (Debye frequency).)

§4.4 实际粒子的理想气体

§4.4.1 玻色子

考虑服从玻色–爱因斯坦统计且无相互作用的 N 粒子系统, 计算这一系统的热力学的一种途径是计算正则配分函数 $Q = \sum_\nu \exp(-\beta E_\nu)$. 不同于由无质量的准粒子组成的光子或声子气体, 从现在起, 我们所考虑的是由不能产生也不能消灭的粒子组成的系统. 于是, 当我们进行计算正则配分函数所必须的求和时, 如果我们想使用态的占有数表示时, 则必须限定为仅对粒子总数固定为 N 的那些态求和,

$$Q = \underbrace{\sum_{n_1, n_2, \cdots, n_j, \cdots}}_{\text{使得} \sum_j n_j = N} \exp\left(-\beta \sum_j n_j \varepsilon_j\right).$$

这里 (通常如此), ε_j 表示第 j 个单粒子态的能量. 在方程中对求和的限制产生了我们可以解决的组合问题. 但是精确的解并不是简单的事情. 然而, 通过在巨正则系综中进行统计力学的计算, 限制性求和不会出现.

在巨正则系综中, 配分函数是

$$e^{\beta pV} = \Xi = \sum_\nu e^{-\beta(E_\nu - \mu N_\nu)},$$

其中 ν 表示有 N_ν 个粒子且能量为 E_ν 的态. 用占有数表示, 有

$$\Xi = \sum_{n_1, n_2, \cdots, n_j, \cdots} \exp\left[-\beta \sum_j (\varepsilon_j - \mu) n_j \right].$$

这里, 指数是因子化的, 因而我们得到

$$\Xi = e^{\beta pV} = \prod_j \left\{ \sum_{n_j=0}^{\infty} \exp\left[-\beta(\varepsilon_j - \mu) n_j \right] \right\} = \prod_j \left[\frac{1}{1 - e^{\beta(\mu - \varepsilon_j)}} \right],$$

或者

$$\beta pV = \ln \Xi = -\sum_j \ln\left[1 - e^{\beta(\mu - \varepsilon_j)} \right].$$

平均占有数为

$$\langle n_j \rangle = \frac{1}{\Xi} \sum_\nu n_j e^{-\beta(E_\nu - \mu N_\nu)} = \frac{1}{\Xi} \frac{\partial \Xi}{\partial(-\beta \varepsilon_j)} = \frac{\partial \ln \Xi}{\partial(-\beta \varepsilon_j)}.$$

利用该公式, 而 Ξ 为理想玻色气体的配分函数, 则得到

$$\langle n_j \rangle = \frac{1}{e^{\beta(\varepsilon_j - \mu)} - 1}.$$

注意, 当 $\mu = \varepsilon_j$ 时有奇异性. 在该点, $\langle n_j \rangle$ 发散, 即宏观数目的粒子进入同一单粒子态. 这种现象称为玻色凝聚 (Bose condensation)[1]. 凝聚被认为是超流性的机制.

回忆起光子和声子是在同一单粒子态上可以有任意数目的意义上的玻色子, 于是按照我们刚导出的公式, 在理想声子气体中声子的化学势等于零. 类似地, 在理想光子气体中, 光子的化学势为零.

---

[1]也称为玻色–爱因斯坦凝聚. 1995 年 Cornell 等首先在超冷阱中实现了 ^{87}Rb 原子气体的玻色凝聚, 因为此项工作, E. A. Cornell, W. Ketterle 以及 C. E. Weiman 三人荣获 2001 年度诺贝尔物理学奖. 相关讨论可参见有关文献, 例如, F. Dalfovo, S. Giorgini, L. P. Pitaevskii, and S. Stringari, Theory of Bose-Einstein condensation in trapped gases, Rev. Mod. Phys., **71** (1999) 463-512; 获奖者的诺贝尔演讲, E. A. Cornell and C. E. Wieman, Bose-Einstein condensation in a dilute gas, the first 70 years and some recent experiments, Rev. Mod. Phys., **74** (2002) 875-893; W. Ketterle, When atoms behave as waves: Bose-Einstein condensation and the atom laser, Rev. Mod. Phys., **74** (2002) 1131-1151. ——译注

§4.4.2   费米子

现在我们考虑真实费米粒子的理想气体. 再一次, 在巨正则系综中进行运算是比较容易的. 该系综的配分函数是

$$\Xi = \sum_{n_1, n_2, \cdots, n_j, \cdots = 0}^{1} \exp\left[-\beta \sum_j n_j(\varepsilon_j - \mu) \right].$$

这里我们已经注意到, 对费米子仅有 $n_j = 0$ 或 1. 对无相互作用的粒子情况总是这样, 求和式中的指数是因子化的, 于是我们得到

$$\Xi = \prod_j \left[\sum_{n_j=0}^{1} e^{-\beta(\varepsilon_j - \mu)n_j} \right] = \prod_j \left[1 + e^{-\beta(\varepsilon_j - \mu)} \right],$$

或者

$$\beta pV = \ln \Xi = \sum_j \ln\left[1 + e^{-\beta(\varepsilon_j - \mu)} \right].$$

再一次, 平均占有数由 $\langle n_j \rangle = \dfrac{\partial \ln \Xi}{\partial(-\beta\varepsilon_j)}$ 给出

$$\langle n_j \rangle = \frac{e^{-\beta(\varepsilon_j - \mu)}}{1 + e^{-\beta(\varepsilon_j - \mu)}} = \frac{1}{e^{\beta(\varepsilon_j - \mu)} + 1}.$$

这称为费米分布 (Fermi distribution).

总结起来, 有

$$\langle n_j \rangle_{\substack{\text{F.D.} \\ \text{B.E.}}} = \frac{1}{e^{\beta(\varepsilon_j - \mu)} \pm 1}.$$

关于不同粒子之间关联的信息可以用平均值 $\langle n_i n_j \cdots \rangle$ 来描述. 具体地, 我们考虑全同费米子系统, 这里 n_i 是 0 或 1, $\langle n_i \rangle$ 是一个粒子处于单粒子态 i 的概率. 类似地,

$\langle n_i n_j \rangle =$ 一个粒子处于态 i, 一个粒子处于态 j 的联合概率,

且

$g_{ij} = \langle n_i n_j \rangle - \langle n_j \rangle \delta_{ij} =$ 一个粒子处于态 i 而另一个粒子处于态 j 的联合概率.

练习 4.6   导出最后这个结论. [提示: 对多粒子费米子系统, 将 n_i 表示为其中每个粒子的 "占据变量" 的和.]

练习 4.7   对一个理想全同费米子气体, 求作为 $\langle n_i \rangle$ 的函数的 g_{ij}.

§4.5 金属中的电子

作为一个例子, 我们现在研究金属中的传导电子的热性质. 我们可以把这些电子模型化为理想费米气体, 这是一个很好的近似, 因为在足够高的密度下, 在全同费米子之间的相互作用势能常常是不太重要的. 理由是, 因为没有两个全同并因而不可分辨的费米子能同时处于同一量子态, 一个密度足够高的系统将必定填满很多单粒子能级. 最低的未被占据态的能量将具有比 $k_B T$ 大很多倍的动能, 而且正是到这些态的激发产生了与所观测到的有限温度的热力学性质相联系的涨落. 因此, 当一个多粒子费米系统的密度足够高时, 粒子之间的相互作用能变为可以忽略不计的.

如不久将会看到的, 绝大多数金属的传导电子满足高密度这一判据. 如果我们假设传导电子是理想气体, 那么占据第 j 个单粒子态的平均电子数为

$$\langle n_j \rangle = F(\varepsilon_j),$$

其中 $F(\varepsilon)$ 是费米函数

$$F(\varepsilon) = \frac{1}{e^{\beta(\varepsilon - \mu)} + 1},$$

而 ε_j 是第 j 个单粒子态的能量

$$\varepsilon_j = \frac{\hbar^2 k^2}{2m},$$

m 表示电子质量, 波矢 k 按照下式量子化

$$\boldsymbol{k} = \frac{\pi}{L}(\hat{\boldsymbol{x}} n_x + \hat{\boldsymbol{y}} n_y + \hat{\boldsymbol{z}} n_z), \quad n_\alpha = 0, 1, 2, \cdots,$$

其中 $L^3 = V$ 是包含电子的材料的 (立方) 体积. 上面这些公式是箱子中的电子的标准公式. 注意, 态指标 j 必须具体指明量子数 n_x, n_y, n_z. 此外, j 还必须指明电子的自旋态 (向上或向下). 因为 $\langle N \rangle = \sum_j \langle n_j \rangle$, 则有

$$\langle N \rangle = 2 \int_0^\infty d\varepsilon \rho(\varepsilon) F(\varepsilon),$$

其中因子 2 是考虑了电子的两个自旋态的简并度, 并且 $d\varepsilon \rho(\varepsilon)$ 是能量在 ε

到 $\varepsilon + \mathrm{d}\varepsilon$ 之间的无结构单粒子的态数. 等价地, 则有

$$
\begin{aligned}
\langle N \rangle &= 2 \int_0^\infty \mathrm{d}n_x \int_0^\infty \mathrm{d}n_y \int_0^\infty \mathrm{d}n_z F[\varepsilon(k)] \\
&= 2 \iiint_0^\infty \frac{1}{(\pi/L)^3} \mathrm{d}k_x \mathrm{d}k_y \mathrm{d}k_z F[\varepsilon(k)] \\
&= \frac{2V}{(2\pi)^3} \iiint_{-\infty}^\infty \mathrm{d}k_x \mathrm{d}k_y \mathrm{d}k_z F[\varepsilon(k)] \\
&= \frac{2V}{(2\pi)^3} \int \mathrm{d}\boldsymbol{k} F[\varepsilon(k)],
\end{aligned}
$$

其中我们已注意到, 对足够大的体积 V, 波矢的谱是连续分布的, 因此积分是合理的, 最后一个等号只不过是引入了一个紧凑的记号用来表示对整个 $\boldsymbol{k}$ 空间的积分.

练习 4.8* 利用欧拉–麦克劳林 (Euler–Maclaurin) 级数[1]证明, 对足够大的 V, 将对 n_α 的离散求和视为积分时所产生的误差是可以忽略不计的.

进一步, 考虑费米函数的形式. 在 $T = 0$ 时,

$$
\begin{aligned}
F(\varepsilon) &= 1, \quad \varepsilon < \mu_0, \\
&= 0, \quad \varepsilon > \mu_0,
\end{aligned}
$$

这里 μ_0 是 $T = 0$ 时理想电子气体的化学势, 它通常被称作费米能 (Fermi energy). 费米动量 (Fermi momentum) p_{F} 由下式定义

$$
\mu_0 = \frac{p_{\mathrm{F}}^2}{2m} = \frac{\hbar^2 k_{\mathrm{F}}^2}{2m}.
$$

所以在 $T = 0$, 我们可以求出对 $F(\varepsilon)$ 的积分得到 $\langle N \rangle$,

$$
\langle N \rangle = \frac{2V}{(2\pi)^3} \frac{4}{3} \pi k_{\mathrm{F}}^3.
$$

---

[1]欧拉–麦克劳林级数是指下列形式的公式, 它将求和式变为积分表示

$$
\sum_{n=a}^b f(n) = \int_a^b f(x)\,\mathrm{d}x + \frac{1}{2}[f(a) + f(b)] + \sum_{k=1}^\infty \frac{B_{2k}}{(2k)!}\left(f^{(2k-1)}(b) - f^{(2k-1)}(a)\right) + R,
$$

其中 a, b 为整数, R 为余项 (通常它是一个小量, 可忽略不计), B_k 为伯努利 (Bernoulli) 数

$$
B_1 = -\frac{1}{2},\ B_2 = \frac{1}{6},\ B_3 = 0,\ B_4 = -\frac{1}{30},\ B_5 = 0,\ B_6 = \frac{1}{42}, \cdots.
$$

——译注

对于一个典型的金属 Cu, 有质量密度为 $9\,\mathrm{g/cm^3}$. 假设每个原子对传导电子气体提供一个电子, 则由该密度可以得到

$$\frac{\mu_0}{k_{\mathrm{B}}} \approx 80\ 000\mathrm{K},$$

这证明了即使在室温下理想气体近似仍是精确的.

练习 4.9 证明这里所引用的数值和结论是正确的.

图 4.2 给出了温度远低于 μ_0/k_{B} (例如, 室温) 的费米函数的示意图, 它的导数类似于 δ 函数, 如图 4.3 所示[1].

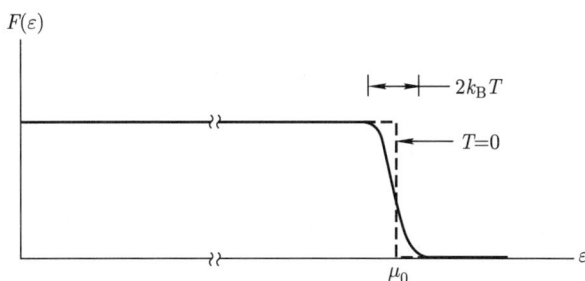

图 4.2　费米函数

我们利用费米函数的这个行为计算热力学性质. 例如

$$\langle E \rangle = \sum_j \langle n_j \rangle \varepsilon_j = 2 \int_0^\infty \mathrm{d}\varepsilon \rho(\varepsilon) F(\varepsilon) \varepsilon = - \int_0^\infty \mathrm{d}\varepsilon\, \Phi(\varepsilon) \frac{\mathrm{d}F}{\mathrm{d}\varepsilon},$$

这里在最后一个等式中, 我们进行了分部积分 (边界项为零) 并引入函数

$$\Phi(\varepsilon) = \int_0^\varepsilon \mathrm{d}x\, 2\rho(x)x.$$

因为 $\mathrm{d}F/\mathrm{d}\varepsilon$ 是局限在 $\varepsilon = \mu_0$ 附近极小的区域, 且 $\Phi(\varepsilon)$ 是正则的, 我们可以

---

[1]我们知道, 对于阶梯函数

$$\theta(x) = \begin{cases} 1, & x > 0 \\ 0, & x < 0 \end{cases}$$

它有性质

$$\frac{\mathrm{d}}{\mathrm{d}x}\theta(x) = \delta(x).$$

费米函数在 $T = 0$ 时是阶梯函数; 而 T 很低时, 它接近于阶梯函数, 因此它的导数类似于 δ 函数是比较自然的. ——译注

将 $\Phi(\varepsilon)$ 关于 $\varepsilon = \mu_0$ 进行有效的展开并得到,

$$\langle E \rangle = -\sum_{m=0}^{\infty} \frac{1}{m!} \left[\frac{\mathrm{d}^m \Phi}{\mathrm{d}\varepsilon^m} \right]_{\varepsilon = \mu_0} \int_0^{\infty} \left[\frac{\mathrm{d}F}{\mathrm{d}\varepsilon} \right] (\varepsilon - \mu_0)^m \mathrm{d}\varepsilon$$

$$= (\text{常数}) + (k_B T)^2 (\text{另一个常数}) + O(T)^4.$$

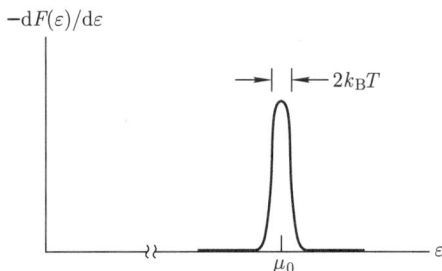

图 4.3　费米函数的导数

练习 4.10　证明该结果.[提示: 作变量变换 $x = \beta(\varepsilon - \mu)$, 并注意到在 T 很小时 μ 和 μ_0 非常接近.]

所以, 我们预测对在温度足够低的情形下的导体材料, 热容量与温度成线性关系, 即

$$C_v \propto T.$$

这个预测已为许多实验所证实.

　　我们已经对忽略电子之间的相互作用作了评析. 我们也忽略了晶格原子与电子之间的相互作用, 也就是我们忽略了电子–声子相互作用. 已经证明, 这些细微的相互作用是导致超导现象的主要原因.

§4.6　经典理想气体, 经典极限

　　我们现在考虑在趋于高温时理想量子力学气体的统计行为将会发生怎样的变化的问题. 高温极限就是经典极限. 粒子数由 $N = \sum_j n_j$ 给出. 平均粒子数由公式

$$\langle N \rangle = \sum_j \langle n_j \rangle = \sum_j [\mathrm{e}^{\beta(\varepsilon_j - \mu)} \pm 1]^{-1}$$

给出, 其中在最后一个等式中, 上面的符号是对费米–狄拉克统计的, 下面的符号则是对玻色–爱因斯坦统计的. 平均密度 $\langle N \rangle / V$ 是热力学密度. 当

温度很高 (β 很小) 且密度很低时, 有比粒子数更多的单粒子态是可以进入的, 所以关系 $\langle N \rangle = \sum_j \langle n_j \rangle$ 意味着, 在所考虑的情况下, 每一个 $\langle n_j \rangle$ 必定很小, 也就是 $\langle n_j \rangle \ll 1$. 该条件与费米-狄拉克分布和玻色-爱因斯坦分布结合起来则意味着

$$e^{\beta(\varepsilon_j - \mu)} \gg 1. \tag{a}$$

注意到, 如果上面这个方程对所有的 ε_j 都成立, 则当 $\beta \to 0$ 和 $\rho \to 0$ 时, 有 $-\beta\mu \gg 1$. $\beta \to 0$ 和 $\rho \to 0$ 的极限情况对应于经典理想气体极限.

利用上面那个严格的不等式, 在经典极限下, 有

$$\langle n_j \rangle = e^{-\beta(\varepsilon_j - \mu)}. \tag{b}$$

化学势 μ 由下面的条件确定

$$\langle N \rangle = \sum_j \langle n_j \rangle = \sum_j e^{-\beta(\varepsilon_j - \mu)} = e^{\beta\mu} \sum_j e^{-\beta\varepsilon_j},$$

或者

$$e^{\beta\mu} = \frac{\langle N \rangle}{\sum_j e^{-\beta\varepsilon_j}}. \tag{c}$$

因此, 结合 (b) 式与 (c) 式, 我们得到

$$\langle n_j \rangle = \langle N \rangle \frac{e^{-\beta\varepsilon_j}}{\sum_j e^{-\beta\varepsilon_j}}.$$

这就是所熟悉的经典玻尔兹曼因子 (classic Boltzmann factor) 的形式. 确实, 注意到由于 $\langle n_j \rangle$ 是第 j 个单粒子态上的平均粒子数, 我们有

$$\frac{\langle n_j \rangle}{N} = 在第 j 个单粒子态上找到一个粒子的概率 \propto e^{-\beta\varepsilon_j}.$$

现在, 在经典极限下计算正则配分函数. 正则配分函数与亥姆霍兹自由能之间的关系为

$$-\beta A = \ln Q.$$

而巨正则配分函数通过下面的关系与 $\beta p V$ 相联系

$$\beta p V = \ln \Xi.$$

回忆起 $A = \langle E \rangle - TS$ 以及吉布斯自由能为 $G = \mu\langle N \rangle = \langle E \rangle + pV - TS$. 利用这几个关系, 我们得到

$$\ln Q(\langle N \rangle, V, T) = -\beta\mu\langle N \rangle + \ln \Xi.$$

将理想费米子或玻色子的巨正则配分函数代入这个方程, 得到

$$\ln Q(\langle N \rangle, V, T) = -\beta\mu\langle N \rangle \pm \sum_j \ln[1 \pm e^{\beta(\mu-\varepsilon_j)}],$$

其中上面的符号是对费米粒子, 而下面的符号是对玻色粒子的. 使用不等式 (a) 以及对数 $\ln(1+x)$ 的级数展开式 $\ln(1+x) = x + \cdots$, 上面的方程变为

$$\ln Q(\langle N \rangle, V, T) = -\beta\mu\langle N \rangle + \sum_j e^{\beta(\mu-\varepsilon_j)}.$$

将 (c) 代入该方程, 则有

$$\ln Q(\langle N \rangle, V, T) = -\beta\mu\langle N \rangle + \langle N \rangle.$$

然后, 注意到对式 (c) 取对数, 得到

$$\beta\mu = \ln\langle N \rangle - \ln \sum_j e^{-\beta\varepsilon_j},$$

于是

$$\ln Q = -N \ln N + N + N \ln \sum_j e^{-\beta\varepsilon_j},$$

其中我们用 N 代替了 $\langle N \rangle$. 接下来, 我们用斯特林 (Stirling) 近似 $\ln N! = N \ln N - N$ (在热力学极限下这是精确的), 由此在经典极限下得到结果

$$Q = \frac{1}{N!} \left[\sum_j e^{-\beta\varepsilon_j} \right]^N.$$

式中的因子 $(N!)^{-1}$ 反映了粒子是不可分辨的事实, 这是在经典极限下量子统计留下的唯一痕迹.

经典理想气体的配分函数的这个表示式也可以通过另外的途径来推导出来, 在这个方法中不需要利用前面对费米与玻色气体所进行的分析. 特别是, 考虑一个 N 个不可分辨并且无关联的粒子集合. (在量子理论中, 甚至当粒子之间没有相互作用时, 由于所要求的波函数的对称化, 不可分辨性仍意味着粒子之间有关联.) 如果我们暂时不考虑不可分辨性, 则配分函数是单粒子配分函数 q 自乘到 N 次幂, 即 q^N. 然而, 正如在本章引言的评述中所讨论的那样, 这个结果多计算了态. 原因在于, 对于 N 个粒子的不同单粒子态的标记这同一个集合, 可以有 $N!$ 种不同的方式予以指定. 但是由于粒子是不可分辨的, 每一种方式均是等同的. 所以, 考虑了对过多计算的态的修正后, 结果应该是 $(N!)^{-1}q^N$.

§4.7 无结构经典粒子理想气体的热力学

我们现在使用经典极限的结论, 考虑一个体积为 V 的由质量为 m 的无结构粒子组成的系统. 能量仅由质心的平动决定, 单粒子能量可表示为

$$\varepsilon_{\boldsymbol{k}} = \frac{\hbar^2 k^2}{2m}, \quad \boldsymbol{k} = \frac{\pi}{L}(n_x \hat{\boldsymbol{x}} + n_y \hat{\boldsymbol{y}} + n_z \hat{\boldsymbol{z}}).$$

这里 $L = V^{1/3}$; n_x, n_y, n_z 在 1 到 ∞ 之间取值. ($\varepsilon_{\boldsymbol{k}}$ 是三维箱子中粒子的能级.) 于是, 经典配分函数可写作

$$Q(N, V, T) = \frac{1}{N!}\left[\sum_{n_x, n_y, n_z = 1}^{\infty} \exp\left(-\frac{\beta \hbar^2 k^2}{2m}\right)\right]^N.$$

在经典极限下, $\beta \hbar$ 是小量, 而在热力学极限下, L 非常大. 因此, 上述求和式中的邻项间的差很小, 求和可以用积分代替

$$\Delta n_x = \frac{L}{\pi}\Delta k_x \to \frac{L}{\pi}\mathrm{d}k_x,$$

$$\Delta n_y = \frac{L}{\pi}\Delta k_y \to \frac{L}{\pi}\mathrm{d}k_y,$$

$$\Delta n_z = \frac{L}{\pi}\Delta k_y \to \frac{L}{\pi}\mathrm{d}k_z,$$

以及

$$\sum_{n_x, n_y, n_z} \to \frac{L^3}{(\pi)^3}\int_0^{\infty}\mathrm{d}k_x \int_0^{\infty}\mathrm{d}k_y \int_0^{\infty}\mathrm{d}k_z.$$

于是, 有

$$\sum_{n_x, n_y, n_z}^{\infty} \exp\left(-\frac{\beta \hbar^2 k^2}{2m}\right) \to \frac{V}{(\pi)^3}\int_0^{\infty}\mathrm{d}k_x \mathrm{d}k_y \mathrm{d}k_z \exp\left[-\frac{\beta \hbar^2}{2m}(k_x^2 + k_y^2 + k_z^2)\right]$$

$$= \frac{V}{(2\pi)^3}\int_{-\infty}^{\infty}\mathrm{d}k_x \mathrm{d}k_y \mathrm{d}k_z \exp\left[-\frac{\beta \hbar^2}{2m}(k_x^2 + k_y^2 + k_z^2)\right].$$

定义变量 $\boldsymbol{p} = \hbar \boldsymbol{k}$, 则有

$$Q = \frac{1}{N!}\left[\frac{V}{(2\pi)^3 \hbar^3}\int \mathrm{d}\boldsymbol{p}\, \mathrm{e}^{-\frac{\beta p^2}{2m}}\right]^N,$$

其中 $\mathrm{d}\boldsymbol{p}$ 表示 $\mathrm{d}p_x \mathrm{d}p_y \mathrm{d}p_z$. 积分可以用多种方法计算, 积分结果为

$$\mathrm{e}^{-\beta A} = Q(N, V, T) = \frac{V^N}{N! h^{3N}}\left(\frac{2\pi m}{\beta}\right)^{3N/2}.$$

内能 $\langle E \rangle$ 和压强 p 可以用通常的方式确定

$$\langle E \rangle = \left(\frac{\partial \ln Q}{\partial (-\beta)} \right)_V = \frac{3}{2} \frac{N}{\beta} = \frac{3}{2} N k_B T,$$

$$\beta p = \left(\frac{\partial \ln Q}{\partial V} \right)_\beta = \frac{N}{V}, \quad \text{或者} \quad pV = N k_B T.$$

实验发现, 经典稀薄气体的物态方程为 $pV = nRT$, 其中 R 是气体常数, n 是物质的量. 而我们的计算结果表明 $pV = N k_B T$. 这就解释了在第 3.6 节中已经表述的: 任意常数 k_B 有一个数值 $k_B = R/N_0 = 1.35805 \times 10^{-16} \mathrm{erg/deg}$, 这里 N_0 为阿伏伽德罗常量.

读者可能会发现, 将经典理想气体定律的这个推导与第 3.6 节所进行的推导作比较是有用的. 在早先的推导中, 我们没有明显地借助经典极限; 我们仅假设不同的粒子之间是没有关联的. 这是否意味着没有相互作用的量子费米子或玻色子满足状态方程 $pV = nRT$? 答案是否定的. 确实如此, 参见练习 4.18--4.20. 理由是, 即便没有粒子之间的相互作用, 粒子不可分辨的量子力学特性意味着粒子之间存在关联. 于是, 对玻色–爱因斯坦统计和费米–狄拉克统计, 在不同占有数之间的相互关联可能消失时, 不可分辨粒子中的粒子间的关联仍然可以是非平凡的. 然而, 在经典极限下, 这些关联会消失.

§4.8　稀薄原子气体

作为进一步的例证, 我们现在考虑原子气体并试图考虑这些粒子的内部结构. 我们用下列指标描述一个原子的态

$$j = (\boldsymbol{k}, n, \nu)$$

质心的平动与内部结构 (由 n 和 ν 描述) 之间无耦合. 在一个很好的近似下, 原子核和电子的自由度之间无耦合 (这样 n 和 ν 是近似的好量子数). 于是

$$\sum_j \mathrm{e}^{-\beta \varepsilon_j} = \underbrace{\sum_{\boldsymbol{k}} \exp(-\beta \hbar^2 k^2 / 2m)}_{q_{\text{平动}}(T,V)} \underbrace{\sum_{n,\nu} \exp(-\beta \varepsilon_{n\nu})}_{q_{\text{内}}(T)},$$

这里 $\varepsilon_{n\nu}$ 代表内部状态 (n, ν) 的能量 (注意: $q_{\text{内}}(T)$ 被认为是与体积 V 无关

的. 为什么呢?). 用 ε_{00} 表示基态能量. 这样

$$q_\text{内}(T) = \mathrm{e}^{-\beta\varepsilon_{00}} \sum_{n,\nu} \exp[-\beta(\varepsilon_{n\nu} - \varepsilon_{00})].$$

对于很多原子, 内部激发能量与 $k_\mathrm{B}T$ 相比是非常大的. (比如, 当 $T \approx 10\,000\mathrm{K}$ 时, 1eV 与 $k_\mathrm{B}T$ 相当.) 对于这种情形, 对于总和有重要贡献的是那些与 ε_{00} 有相同能量的项, 于是

$$q_\text{内}(T) \approx \mathrm{e}^{-\beta\varepsilon_{00}} \times (基态能级的简并度)$$
$$= \mathrm{e}^{-\beta\varepsilon_{00}} g_0^{(核)} g_0^{(电子)},$$

这里 $g_0^{(核)}$ 和 $g_0^{(电子)}$ 分别是原子核态和电子态的基态能级的简并度. 如果假定在核中仅有自旋自由度是重要的, 那么

$$g_0^{(核)} = (2I + 1),$$

这里 I 是核的总自旋量子数. 联立上述所有这些公式得到

$$-\beta A = \ln\left[(N!)^{-1} q_\text{平动}^N(T,V) q_\text{内}^N(T)\right]$$
$$= -\beta N\varepsilon_{00} + N\ln[q_0(2I+1)] + \ln\left[(N!)^{-1} q_\text{平动}^N(T,V)\right].$$

包含 $q_\text{平动}(T,V)$ 的因子在前面不考虑粒子结构的例子中曾分析过. 注意, 内部结构影响气体的能量和熵, 但是它不改变压强.

在我们结束对原子的讨论之前, 下面的疑问值得考虑: 氢原子的电子能级是

$$\varepsilon_n = -\frac{\varepsilon_0}{n^2}, \quad n = 1, 2, \cdots, \infty.$$

由此,

$$q_\text{内}(T) = g_1 \mathrm{e}^{\beta\varepsilon_0} + g_2 \mathrm{e}^{\beta\varepsilon_0/4} + g_3 \mathrm{e}^{\beta\varepsilon_0/9} + \cdots + g_n \mathrm{e}^{\beta\varepsilon_0/n^2} + \cdots,$$

这里 g_n 是第 $n-1$ 个电子能级的简并度. 显然, $g_n \geqslant 1$, 而且对于足够大的 n, 第 n 个项就是 g_n. 这样, 级数就是发散的! 如何解决这个困难?

练习 4.11 回答上述问题.[提示: 考虑氢原子的电子波函数的平均空间范围, 它是 n 的函数.]

§4.9 稀薄双原子分子气体

现在我们研究分子气体的热学性质. 分子的内部能量关系涉及振动、转动以及电子与原子核的自旋自由度. 我们用玻恩–奥本海默近似 (Born-Oppenheimer approximation) 来处理这些运动. 在这种近似方法中, 我们假设在原子核固定的条件下求解分子的薛定谔方程. 对每一电子态, 每个原子核位形将有不同的能量. 作为核坐标函数的电子能量对核来说形成了一个 (对电子平均的) 有效势 (这就是赫尔曼–费曼 (Hellman-Feynman) 定理). 这个势相应的曲面称为玻恩–奥本海默面 (Born-Oppenheimer surface). 每个电子态有不同的曲面. 通过求解在这些有效势中核的薛定谔方程就可以确定核的转动和振动态.

为使这种方案准确, 必须成立的条件是, 与原子核的运动相比, 电子的运动要很快, 这样在确定电子波函数时原子核的动能可以忽略. 可以证明, 在极限 $m_e/M \to 0$ 下 (这里 m_e 是电子质量, M 是核的质量), 玻恩–奥本海默近似是精确的. 当然, 这个比决不会为零, 但是它足够小, 使得这种近似常常是准确的. 也必须成立的一个条件是, 在任何可及原子位形中, 没有任何两个玻恩–奥本海默能量 (Born-Oppenheimer energies) 是相互接近的. 如果玻恩–奥本海默面确实相互接近, 由于核运动 (也就是核的动能) 所引起的微扰将导致这种近似的失效.

在玻恩–奥本海默近似中, 一个双原子分子的波函数是

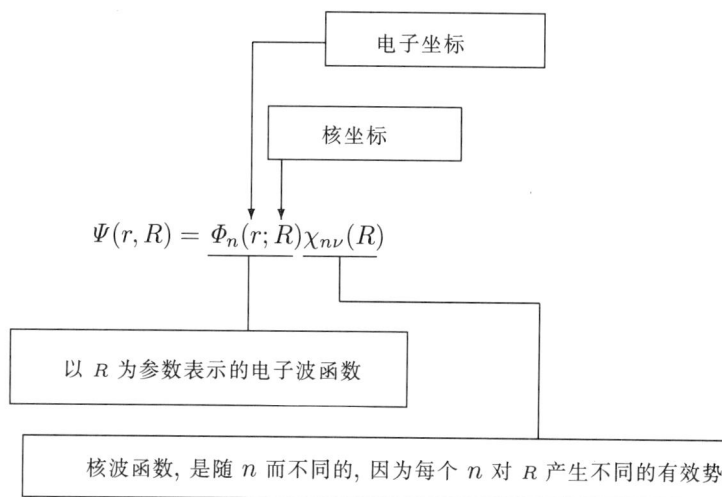

$$\Psi(r, R) = \Phi_n(r; R) \chi_{n\nu}(R)$$

用这种形式, 上述步骤可以表示成: (1) 从下列方程计算 $\Phi_n(r, R)$

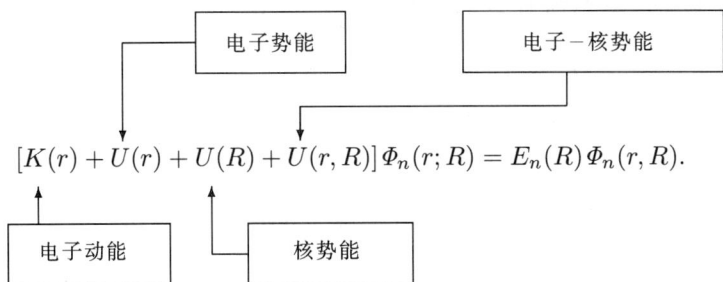

$$[K(r) + U(r) + U(R) + U(r, R)]\,\Phi_n(r; R) = E_n(R)\,\Phi_n(r, R).$$

(2) 从下列方程确定 $\chi_{n\nu}(R)$.

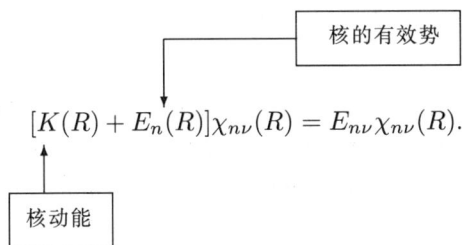

$$[K(R) + E_n(R)]\chi_{n\nu}(R) = E_{n\nu}\chi_{n\nu}(R).$$

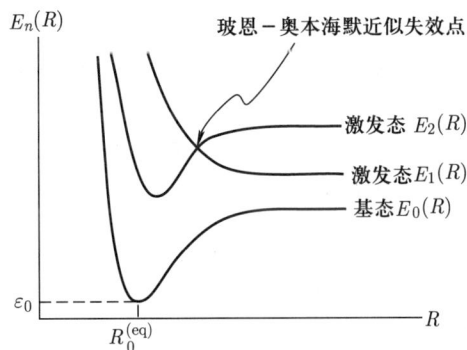

图 4.4   双原子分子的假想玻恩－奥本海默势

练习 4.12   证明只要电子的动能远大于核的动能, 这种方法提供了双原子分子薛定谔方程的一个精确解. 在图 4.4 中标出的点处为什么近似 "失效"?

图 4.4 是某些电子平均势 (也就是玻恩–奥本海默面) 的示意图.

应用玻恩–奥本海默近似, 我们可以写出

$$q_{内}\,(T) = \sum_{n,\nu} \langle n,\nu|\exp[-\beta\mathscr{H}_{内}]\,|n,\nu\rangle$$

$$= \sum_{\nu} \{\langle\chi_{0\nu}|\exp[-\beta\mathscr{H}_{有效}^{(0)}(R)]\,|\chi_{0\nu}\rangle$$

$$+ \langle\chi_{1\nu}|\exp[-\beta\mathscr{H}_{有效}^{(1)}(R)]\,|\chi_{1\nu}\rangle + \cdots\},$$

其中 $\mathscr{H}_{有效}^{(n)}(R)$ 是当分子处于第 n 个电子态时, 核坐标 R 的 (对电子平均的) 有效哈密顿量. 也就是说, $\mathscr{H}_{有效}^{(n)}(R) = K(R) + E_n(R)$. 如果我们忽略除基态以外的所有电子态, 则有

$$q_{内}(T) \approx g_0 e^{-\beta\varepsilon_0} \sum_{\nu} \exp[-\beta(E_{0\nu} - \varepsilon_0)].$$

进一步, 我们假设核的振动和转动是非耦合的. 这常常是一个好的近似, 因为两者时间标度之间的不匹配 (振动通常比转动更迅速). 因此, 我们将在有效势 $E_0(R)$ 中核的运动模型化为谐振动与刚性转子的运动. 于是

$$E_{0\nu} - \varepsilon_0 \approx \underbrace{\left(\tfrac{1}{2} + v\right)\hbar\omega_0}_{} + \underbrace{J(J+1)\hbar^2/2I_0}_{},$$

振动能, 无简并　　　　　　　转动能, 简并度为2J+1

$v = 0, 1, 2, \cdots, J = 0, 1, 2, \cdots$. 这里, ω_0 和 I_0 分别是与基态玻恩–奥本海默势相联系的基本频率和转动惯量. 也就是, $I_0 = \mu_0(R^{(\mathrm{eq})})^2$ 以及

$$\omega_0^2 = \frac{1}{\mu}\left[\frac{\partial^2 E_0(R)}{\partial R^2}\right]_{R=R_0^{(\mathrm{eq})}},$$

其中 $\mu = [(1/m_A) + (1/m_B)]^{-1}$ 是两原子核的约化质量.

　　这时候, 看来似乎我们只要对 J 和 v 求和就可得到 $q_{内}(T)$. 然而, 当分子是同核的情况, 有一个微妙之处. 在这种情况下, 必须小心的是, 仅须分别对那些交换核时是奇的或偶的态求和, 这取决于核是费米子还是玻色子. 在经典极限下, 这样的限制使得我们需要除以对称数, 这个对称数说明了当我们不能分辨位形 $1-2$ 和 $2-1$ 时多计算的态数. 在下面的处理中, 我们将会使用这个经典结果. 对于量子力学的讨论, 可以参看相关著作, 例如, McQuarrie, Statistical Mechanics (第 6.5 节) 或者 Hill, Introduction to Statistical Thermodynamics (第 22.8 节).

所以, 我们得到

$$q_内(T) \approx g_0 e^{-\beta\varepsilon_0} \underbrace{(2I_A+1)(2I_B+1)}q_{转动}q_{振动}/\sigma_{AB},$$

核自旋态简并度

对称数, 如果$A{\neq}B$为1,
如果$A{=}B$为2

其中

$$q_{转动}(T) = \sum_{J=0}^{\infty}(2J+1)\exp\left[-\frac{J(J+1)\beta\hbar^2}{2I_0}\right],$$

和

$$q_{振动}(T) = \sum_{v=0}^{\infty}\exp\left[-\left(\frac{1}{2}+v\right)\beta\hbar\omega_0\right].$$

振动的贡献 $q_{振动}(T)$ 可借助于几何级数进行计算,

$$q_{振动}(T) = \frac{1}{\exp(\beta\hbar\omega_0/2)-\exp(-\beta\hbar\omega_0/2)}.$$

练习 4.13 *导出上述结果.*

转动的贡献更难计算. 只要转动能级之间的间距与 $k_B T$ 相比很小, 我们可以使用欧拉-麦克劳林级数将求和转化为积分. 这个条件一般是可以满足的 (除了氢). 因此

$$q_{转动}(T) \approx \int_0^{\infty}\mathrm{d}J(2J+1)\exp[-J(J+1)\beta\hbar^2/2I_0] = \frac{T}{\theta_{转动}},$$

其中最后的等式来自于将积分变量从 J 变换为 $J(J+1)$, $\theta_{转动}$ 是转动温度 $\hbar^2/(2I_0 k_B)$.

练习 4.14* *用欧拉-麦克劳林级数证明*

$$q_{转动} = \frac{T}{\theta_{转动}}\left[1+\frac{1}{3}\left(\frac{\theta_{转动}}{T}\right)+\frac{1}{15}\left(\frac{\theta_{转动}}{T}\right)^2+\cdots\right].$$

我们可以将这些结果与下列结果合起来

$$q_{平动}(T,V) = V\left[\frac{2\pi M}{\beta h^2}\right]^{3/2}, \quad M = m_A + m_B,$$

因而得到

$$-[\beta A(N, V, T)]_{\text{双原子理想气体}}$$

$$\approx - N \ln N + N + N \ln V$$

$$+ \frac{3}{2} N \ln \left(\frac{2\pi M k_B T}{h^2} \right) + N \ln q_{\text{内}}(T),$$

其中

$$q_{\text{内}}(T) \approx g_0 \mathrm{e}^{-\beta\varepsilon_0} (2I_A + 1)(2I_B + 1) \sigma_{AB}^{-1}$$

$$\times \left(\frac{T}{\theta_{\text{转动}}} \right) \frac{1}{\exp(\beta\hbar\omega_0/2) - \exp(-\beta\hbar\omega_0/2)}.$$

这些方程为分子气体的热力学性质提供了一个理论.

§4.10　气体的化学平衡

我们所导出的气相配分函数的公式可以有许多的应用, 其中包括可以用来计算化学平衡常数. 但是首先方便的是建立符号和热力学的准备知识. 考虑如下反应:

$$aA + bB \rightleftharpoons cC + dD,$$

其中 A, B, C, D 等为分子物质, a, b, c, d 为化学计量系数 (stoichiometric coefficient). 我们可以把上面的表达式更紧凑地写为

$$0 = \sum_{i=1}^{4} \nu_i X_i,$$

其中 ν_i 是反应系数, 即 $\nu_1 = c, \nu_2 = d, \nu_3 = -a, \nu_4 = -b$, $X_1 = C, X_2 = D, X_3 = A, X_4 = B$. 化学计量数之比对物质的量的改变施加了限制:

$$\Delta n_A = (b/a)^{-1} \Delta n_B = -(c/a)^{-1} \Delta n_C = -(d/a)^{-1} \Delta n_D.$$

这样, 由于物质的量的变分而引起的内能的一阶虚偏移是

$$\delta E = \sum_{i=1}^{4} \mu_i \delta n_i$$

$$= \delta n_A [\mu_A + (b/a)\mu_B - (c/a)\mu_C - (d/a)\mu_D].$$

由此, 平衡条件 $(\Delta E)_{S,V,n} > 0$ 表明,

$$0 = \mu_A + (b/a)\mu_B - (c/a)\mu_C - (d/a)\mu_D,$$

或者, 更为一般地, 当平衡化学反应中涉及组元 $1, 2, \cdots, r$ 时, 有

$$0 = \sum_{i=1}^{r} \nu_i \mu_i.$$

这个条件告诉我们在平衡态时反应物和生成物组成的许多信息. 为了看出其原因, 通过下式定义一个量 γ_i

$$\beta \mu_i = \ln \rho_i \gamma_i, \quad \rho_i = \frac{N_i}{V}.$$

在化学平衡时, 则有

$$0 = \sum_{i=1}^{r} \nu_i \ln \rho_i \gamma_i = \ln \prod_{i=1}^{r} (\rho_i \gamma_i)^{\nu_i},$$

于是

$$K = \prod_{i=1}^{r} (\rho_i)^{\nu_i} = \prod_{i=1}^{r} (\gamma_i^{-1})^{\nu_i}.$$

这称为质量作用定律 (law of mass action).

为了进一步地讨论, 我们必须先确定 μ_i 因而 γ_i 的分子表达式. 在经典理想气体近似中, 具有 r 个组元的混合气体的配分函数是

$$Q(\beta, V, N_1, \cdots, N_r) = \frac{1}{N_1!} \frac{1}{N_2!} \cdots \frac{1}{N_r!} q_1^{N_1} q_2^{N_2} \ldots q_r^{N_r},$$

其中 $q_i = q_i(\beta, V)$ 是单粒子配分函数. 于是有

$$\beta A = -\ln Q = \sum_{i=1}^{r} [\ln N_i! - N_i \ln q_i].$$

由此, 有

$$\beta \mu_i = \left(\frac{\partial(\beta A)}{\partial N_i} \right)_{\beta, V, N_j} = \ln N_i - \ln q_i.$$

然而,

$$q_i = \frac{V}{\lambda_i^3} q_i^{(内)},$$

其中 $q_i^{(内)}$ 是第 i 类物质的在前一节中给出的 $q_内\,(T)$, 并且

$$\lambda_i = \frac{h}{\sqrt{2\pi m_i k_B T}}$$

是质量为 m_i 的粒子的 "热波长" (thermal wavelength), 于是

$$\beta \mu_i = \ln \left[\frac{\rho_i \lambda_i^3}{q_i^{(内)}} \right].$$

因此, 我们已经确定了 γ_i, 并且平衡常数是

$$K = \prod_{i=1}^{r} \left[\frac{q_i^{(内)}}{\lambda_i^3} \right]^{\nu_i}.$$

平衡常数是温度的函数, 因为 $q_i^{(内)}$ 以及 λ_i 均是温度的函数.

　　上面最后一个公式是统计力学中早期的重要成果之一, 因为它给出了在 "质量作用定律" 中出现的平衡常数的分子表达式.

附加练习

4.15. 考虑异构化过程

$$A \rightleftharpoons B,$$

其中 A 和 B 表示分子的不同异构体态. 若此过程发生在稀薄气体中, 态 A 和 B 之间的能量差是 $\Delta\varepsilon$. 根据玻尔兹曼分布律, 系统平衡时 A 和 B 的布居之比由下式给出

$$\frac{\langle N_A \rangle}{\langle N_B \rangle} = \frac{g_A}{g_B} e^{-\beta\Delta\varepsilon},$$

其中 g_A 和 g_B 分别是态 A 和 B 的简并度. 试证明如何从化学平衡条件 $\mu_A = \mu_B$ 导出相同的结果.

4.16. 考虑练习 4.15 中所描述的系统, 其正则配分函数为

$$Q = \frac{1}{N!} q^N,$$

其中 N 是总的分子数, q 是对所有单分子态的玻尔兹曼加权和. 这些单分子态既包括与类型 A 的异构体相关的态也包括与类型 B 的异构体相关的态.

　　(a) 证明可以分割求和并写出

$$Q = \sum_P \exp\{-\beta A(N_A, N_B)\},$$

且

$$-\beta A(N_A, N_B) = \ln\left[\frac{q_A^{N_A} q_B^{N_B}}{N_A! N_B!} \right],$$

其中 $\sum_P$ 是对将 N 个分子分割为类型 A 的 N_A 个分子和类型 B 的 N_B 个分子的所有方式的求和, q_A 是对异构体 A 的态的玻尔兹曼加权和, q_B 类似地定义.

(b) 证明化学平衡条件完全等同于寻找分割, 这种分割使得在受到 $\langle N_A \rangle + \langle N_B \rangle = N$ 是固定的约束时, 亥姆霍兹自由能取最小值,

$$\frac{\partial A}{\partial \langle N_A \rangle} = \frac{\partial A}{\partial \langle N_B \rangle} = 0.$$

4.17. 对于练习 4.15 和 4.16 中所描述的系统, 有正则配分函数为

$$Q = \sum_{\substack{N_A, N_B \\ (N_A + N_B = N)}} \frac{q_A^{N_A} q_B^{N_B}}{N_A! N_B!} = \frac{(q_A + q_B)^N}{N!}.$$

证明

$$\langle N_A \rangle = q_A \left(\frac{\partial \ln Q}{\partial q_A} \right)_{q_B, N} = \frac{N q_A}{q_A + q_B}.$$

利用该结果以及对 $\langle N_B \rangle$ 的类似表达式证明

$$\frac{\langle N_A \rangle}{\langle N_B \rangle} = \frac{q_A}{q_B}.$$

其次, 考虑对这些平均值的涨落. 将平方涨落 $(N_A - \langle N_A \rangle)^2$ 的平均表示为对态的合适的加权和, 并证明

$$\langle [N_A - \langle N_A \rangle]^2 \rangle = q_A \left(\frac{\partial \langle N_A \rangle}{\partial q_A} \right)_{q_B, N} = \frac{\langle N_A \rangle \langle N_B \rangle}{N}.$$

对 N_B 的涨落导出类似的表达式.

4.18. (a) 证明对于无结构费米子理想气体, 其压强由下式给出

$$\beta p = \frac{1}{\lambda^3} f_{5/2}(z),$$

其中 $z = \exp(\beta \mu)$,

$$\lambda = \left(\frac{2\pi \beta \hbar^2}{m} \right)^{1/2},$$

m 是粒子的质量,

$$f_{5/2}(z) = \frac{4}{\sqrt{\pi}} \int_0^\infty \mathrm{d}x x^2 \ln(1 + z e^{-x^2})$$

$$= \sum_{l=1}^\infty (-1)^{l+1} \frac{z^l}{l^{5/2}},$$

而且化学势和平均密度 $\rho = \langle N \rangle / V$ 之间有关系

$$\rho \lambda^3 = f_{3/2}(z) = \sum_{l=1}^\infty (-1)^{l+1} \frac{z^l}{l^{3/2}}.$$

(b) 类似地, 证明内能 $\langle E \rangle$ 满足关系

$$\langle E \rangle = \frac{3}{2} pV.$$

4.19. 考虑处于高温和/或低密度区域 ($\rho\lambda^3 \ll 1$) 练习 4.18 中的理想费米气体.

(a) 证明

$$z = \rho\lambda^3 + \frac{(\rho\lambda^3)^2}{2\sqrt{2}} + \cdots.$$

(b) 利用这个结论以及 $\langle n_p \rangle$ 的费米分布导出麦克斯韦 – 玻尔兹曼分布

$$\langle n_p \rangle \approx \rho\lambda^3 \mathrm{e}^{-\beta\varepsilon_p},$$

其中 p 表示动量且 $\varepsilon_p = p^2/2m$.

(c) 证明热波长 λ 可以看成德布罗意 (de Broglie) 波长的平均值, 因为

$$\lambda \sim \frac{h}{\langle |p| \rangle}.$$

(d) 证明

$$\frac{\beta p}{\rho} = 1 + \frac{1}{(2)^{5/2}} \rho\lambda^3 + \cdots.$$

为什么 $\rho\lambda^3$ 的有限值导致对经典理想气体定律的偏离? 为什么当 $\rho\lambda^3 \to 0$ 时应该预期量子偏离消失?

4.20. 现在考虑练习 4.18 中的理想费米气处于低温和/或高密度区域 ($\rho\lambda^3 \gg 1$).

(a) 证明

$$\rho\lambda^3 = f_{3/2}(z) \approx \frac{4}{3\sqrt{\pi}} (\ln z)^{3/2},$$

因此

$$z \approx \mathrm{e}^{\beta\varepsilon_{\mathrm{F}}},$$

其中

$$\varepsilon_{\mathrm{F}} = \frac{\hbar^2}{2m} (6\pi^2\rho)^{2/3}.$$

[提示: 使用积分表示

$$f_{3/2}(z) = \frac{4}{\sqrt{\pi}} \int_0^\infty \frac{x^2}{z^{-1}\mathrm{e}^{x^2} + 1} \mathrm{d}x.]$$

(b) 证明

$$p = \frac{2}{5} \varepsilon_{\mathrm{F}}\rho \left[1 + O(k_{\mathrm{B}}^2 T^2/\varepsilon_{\mathrm{F}}^2) \right].$$

因此在 $T=0$ 时压强并不消失. 为什么?

4.21. 在本题中, 考虑基于将电子近似为理想费米气体的半导体模型. 这个系统的示意图如图 4.5 所示. ε_F 和 $\varepsilon - \varepsilon_F$ 均远大于 $k_B T$.

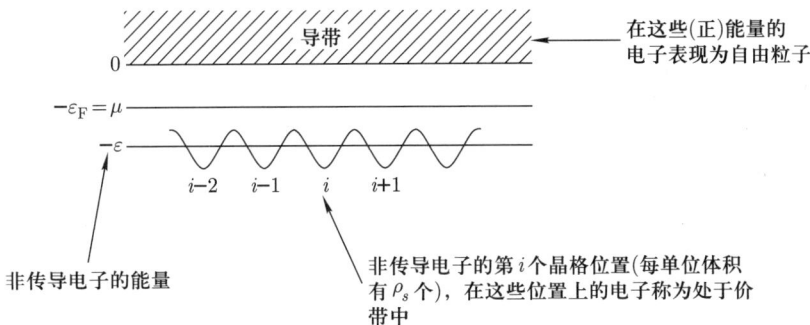

图 4.5 半导体模型

(a) 证明平均电子密度 $\rho = \langle N \rangle / V$ 由下式给出

$$\rho = \frac{2(\rho_s)}{e^{-\beta(\varepsilon - \varepsilon_F)} + 1} + \frac{2}{(2\pi)^3} \int d\boldsymbol{k} \frac{1}{e^{\beta(\varepsilon_k + \varepsilon_F)} + 1},$$

其中 $\varepsilon_k = \frac{\hbar^2 k^2}{2m_e}$. 两项中的第一项表示晶格位置上电子的平均浓度, 第二项表示导带中电子的浓度.

(b) 注意到 $\beta\varepsilon_F \gg 1$ 以及 $\beta(\varepsilon - \varepsilon_F) \gg 1$, 证明

$$pn = (\rho_s/\lambda^3) 4 e^{-\beta\varepsilon},$$

其中 λ 是电子的热波长, p 是未填充晶格位置的平均密度, n 是导带中的电子密度. 这个关系给出了半导体的质量作用定律, 因为对于左边的可变浓度的乘积其右边起着平衡常数的作用.

4.22. 考虑一种与吸附在平面上的氩原子处于平衡的氩原子理想气体. 平面上每单位面积有 ρ_s 个位置可以吸附氩原子, 每个被吸附氩原子的能量是 $-\varepsilon$. 假设粒子的行为是经典的 (在 1atm 以及 300K 时, 这个近似是好的近似吗?), 试证明

$$\frac{\rho_{ad}}{\rho_g} = \rho_s \lambda^3 e^{\beta\varepsilon},$$

其中 λ 是氩原子的热波长, $\rho_g = \beta p$ 是气相的密度, ρ_{ad} 是每单位面积吸附的原子数. [提示: 当处于相平衡时, 化学势是相等的. 进一步, 如同第 4.10 节, $\beta\mu$ 在气相中等于 $\ln\rho\lambda^3$.] 注意这一经典结果与练习 4.21 中所得结果的相似性, 试作评论.

4.23. (a) 试证明, 如果一个系统能量的本征值可以表示为几个独立贡献之和 $E = E_A + E_B + E_C$ (例如, 电子能、振动能、转动能), 那么其热容量可以表示为 $C_V = C_V^{(A)} + C_V^{(B)} + C_V^{(C)}$. 另外, 证明此热容量与零点能无关.

　　(b) 试导出电子热容量的表达式, 假设只有 3 个重要的电子态, 且它们的能量和简并度分别为 $\varepsilon_0, g_0; \varepsilon_1, g_1; \varepsilon_2, g_2$.

　　(c) 如果已知电子跃迁所需能量大致与紫外光的能量 相当 ($\sim$ 50,000K), 试证明如果完全忽略电子自由度, 那么所计算的一个双原子分子在室温下的热容量会如何变化? 如果包含基态电子简并度但忽略所有电子激发态又会怎样呢?

　　(d) 试证明室温状态下相同分子的熵在两种情况下分别会如何变化.

4.24. 陈述所有必要的假设并且计算 HBr 在 $1\,\mathrm{atm}$ 和 $25°\mathrm{C}$ 时的熵以及 C_p (以 $\mathrm{cal/mol \cdot K}$ 为单位), 已知 $\hbar\omega/k_B = 3700\mathrm{K}$ 以及 $\hbar^2/2Ik_B = 12.1\mathrm{K}$. 这里 $\hbar\omega$ 是 HBr 的基态与第一振动激发态之间的能量间隔, I 是 HBr 在振动基态和电子基态的转动惯量. HBr 的电子基态是非简并的.

4.25. 当下列反应发生在温度 $T = 1000\mathrm{K}$ 的稀薄气相中时,

$$I_2 \rightleftarrows 2I$$

利用 Hill 的 Introduction to Statistical Thermodynamics 一书第八章汇编的信息计算该反应的平衡常数 K.

4.26. 考虑一个处于温度 T, 由质量为 m, 无相互作用、无结构的经典粒子组成的单元气体.

　　(a) 精确计算这个系统的巨正则配分函数 Ξ, 它是体积 V、温度以及化学势 μ 的函数. 计算得到的结果应有如下形式

$$\Xi = \exp(zV),$$

其中 z 是 T 和 μ 的函数.

　　(b) 由 (a) 部分的结果, 试用 T 和平均粒子密度 ρ 将压强 p 表示出来.

　　(c) 对于标准状态 (STP) 下的 1 立方厘米气体, 计算其密度涨落的相对方均根, $[\langle(\delta\rho)^2\rangle/\rho^2]^{1/2}$.

　　(d) 计算观察到下述自发涨落的概率: 在标准状态下的 1 立方厘米气体中, 瞬时密度与平均密度相差 10^6 分之一.

参考文献

本章中涉及的主要内容在所有基础教材中均有讨论. 第三章末尾的参考文献对学生可能是有帮助的.

关于经典极限——从量子统计力学到经典统计力学的过渡——的讨论应当得到比本书这里或者对这个主题的其它一些介绍所给出的更完整地处理. 或许对于这个问题的最佳处理方法当采用量子理论的费曼路径积分形式. 关于统计力学中路径积分最为有用的介绍在费曼教材的第三章中给出:

R. P. Feynman, *Statistical Mechanics* (Benjamin, Reading, Mass., 1972)

关于对称化的多粒子波函数以及占有数的讨论已经涉及 "二次量子化" 的内容, 这是非常有用的符号方法. 费曼教材的第六章对该主题进行了讨论.

第五章

相变的统计力学理论

在第四章中我们讨论了很多理想气体的例子——粒子或者自由度之间无相互作用的系统. 现在我们抛开这类简单的模型并考虑这样的情况: 系统中粒子之间的相互作用引起多个粒子之间的关联. 相变最明显地显示了粒子间的相互作用. 我们对这类现象的微观理论的讨论将会集中于一类简单的晶格模型 (lattice model). 然而我们讨论中的大多数内容有远超出这些特定系统的更广泛的内涵. 特别是, 在晶格模型的背景下, 我们将讨论序参量和对称性破缺的含义, 我们也会介绍利用解析理论处理有耦合的或者高度关联的系统的普适性方法: 平均场理论和重正化群理论. 这些强有力的概念和技术在物理学的所有领域中都起着重要的作用.

§5.1 伊辛模型

如图 5.1 所示, 我们考虑一个排列在晶格上的 N 个自旋的系统. 在存在磁场 H 时, 系统的特定态 ν 的能量为[1]

$$E_\nu = -\sum_{i=1}^{N} H\mu s_i + (\text{自旋之间的相互作用能}),$$

其中 $s_i = \pm 1$. 相互作用能的一个简单模型是

$$-J\sum_{ij}{}' s_i s_j,$$

其中 J 称为耦合常数, 带撇的求和遍及最近邻的自旋对. 具有这种相互作用能的自旋系统称为伊辛模型 (Ising model).

[1]注意, 本章中的 μ 通常表示磁矩, 不是化学势. ——译注

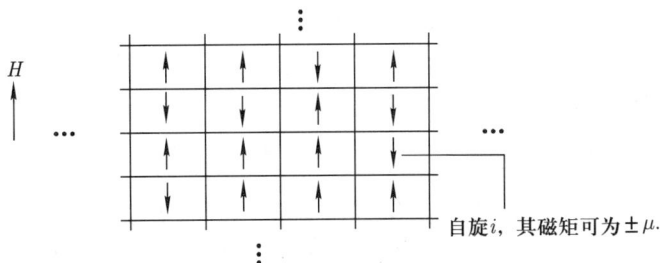

图 5.1 晶格上的自旋

注意到当 $J > 0$ 时，能量上非常有利于相邻的自旋取向一致. 因此，我们可以预期，在足够低温下这种稳定性会导致称为自发磁化 的合作现象. 也就是说，通过最近邻自旋的这种相互作用，一个给定的磁矩会影响与给定自旋分开一宏观距离的一些自旋的排列. 这些自旋间的长程关联 (long ranged correlations) 与长程序 (long ranged order) 相联系. 长程序使得即使在无外磁场时晶格也有净磁化强度. 在没有外磁场 H 下的磁化强度

$$\langle M \rangle = \sum_{i=1}^{N} \mu s_i,$$

称为自发磁化强度 (spontaneous magnetization).

除非温度足够低 (或者 J 足够大), 否则系统将没有净磁化强度. 令 T_c (居里 (Curie) 温度或临界温度) 表示系统可以有非零磁化强度的最高温度, 我们预期磁化强度有类似于图 5.2 所示的曲线.

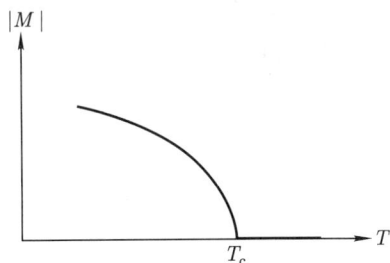

图 5.2 自发磁化强度

练习 5.1 证明对于 $J > 0$ 和零场 (即 $H \to 0^+$), 立方晶格伊辛模型的最低能量是

$$E_0 = -DNJ, \quad D = \text{维数},$$

并且该最低能量对应所有自旋平行排列 (或者所有向上或者全部向下). [提示: 在 $1,2,3$ 维情况下, 任一给定自旋的最近邻数分别为 $2,4,6$]. 二维三角晶格伊辛模型的基态能量是多少?

练习 5.2 计算零温下伊辛模型的自发磁化强度的大小.

只要 $T_c > 0$, 系统经历有序 – 无序转变 (order-disorder transition): 一种相变. 因为磁系统比流体系统简单, 我们研究磁系统. 然而, 我们将看到, 磁相变非常类似于液气相变以及其它许多有趣的过程.

磁晶格的宏观性质可以从配分函数的计算得到,

$$Q(\beta, N, H) = \sum_{\nu} e^{-\beta E_{\nu}}$$

$$= \sum_{s_1} \sum_{s_2} \cdots \sum_{s_N = \pm 1} \exp \left[\beta \mu H \sum_{i=1}^{N} s_i + \beta J \sum_{ij}' s_i s_j \right].$$

因为相互作用项耦合着不同的 s_i, 所以多重求和纠缠在一起. 在以下一维晶格中

$$\begin{array}{ccccccccc} \uparrow & \uparrow & \downarrow & \cdots & \uparrow & \downarrow & \downarrow & \cdots & \uparrow \\ 1 & 2 & 3 & & i-1 & i & i+1 & & N \end{array}$$

相互作用能可以约化为对单一指标的求和

$$-J \sum_{i=1}^{N} s_i s_{i+1},$$

(其中我们使用了周期边界条件, 即第 $N+1$ 个自旋和第一个自旋相同). 对于这种情况, 配分函数可以解析地求解, 结果为 (在没有外场时)

$$Q(\beta, N, 0) = [2 \cosh(\beta J)]^N.$$

练习 5.3 验证上述结果对于大的 N 是正确的.

也可以很快证明, 一维伊辛模型预言在任何有限温度下不会存在自发磁化 (参见练习 5.21).

对于自发磁化缺失的物理原因可以通过考虑到无序态激发的能量关系得到容易的理解. 例如, 对于两个基态之一

$$\begin{array}{ccccccc} \uparrow & \uparrow & \uparrow & \cdots & \uparrow & \uparrow & \cdots & \uparrow \\ 1 & 2 & & & \frac{N}{2} & & & N \end{array}$$

其相互作用能为 $-NJ$, 单粒子净磁化强度为 μ. 这是一个有序态. 对于无序态

$$\begin{array}{ccccccc} \uparrow & \uparrow & \uparrow & \cdots & \uparrow & \downarrow & \cdots & \downarrow \\ 1 & 2 & & & \frac{N}{2} & & & N \end{array}$$

磁化强度为 0, 能量为 $(-N + 4)J$. 这种能量的小变化 (仅有 N 分子一) 不足以维持有序态的稳定. 确实, 对于一维系统, 在高于 $T \sim J/Nk_B$ 的所有温度, 单粒子净磁化强度应该等于零. 相对于宏观的 N, 该温度是趋于零的小量.

然而, 在二维系统中, 激发到无序态所需的能量更高. 例如, 下列位形

$$\begin{array}{ccccccc} \cdots & \uparrow & \uparrow & \uparrow & \uparrow & \uparrow & \cdots \\ & \uparrow & \uparrow & \uparrow & \uparrow & \uparrow & \\ \cdots & \downarrow & \downarrow & \downarrow & \downarrow & \downarrow & \cdots \\ & \downarrow & \downarrow & \downarrow & \downarrow & \downarrow & \end{array}$$

的能量比完全有序位形的能量每 N 中要高出 $N^{1/2}$. 这个能量差足以维持一个有序态的稳定.

事实上, 在二维和三维系统中, 伊辛模型确实显示有序-无序相变. 然而, 这个事实的证明是非平凡的, 代表了 20 世纪的主要科学成果之一. 在 20 世纪 40 年代, 昂萨格 (Lars Onsager)[1]证明了 (零场下) 二维伊辛模型的配分函数是

$$Q(\beta, N, 0) = [2\cosh(\beta J)e^I]^N,$$

其中

$$I = \frac{1}{2\pi} \int_0^\pi \mathrm{d}\phi \ln \left\{ \frac{1}{2} \left[1 + (1 - \kappa^2 \sin^2 \phi)^{1/2} \right] \right\},$$

且

$$\kappa = 2\sinh(2\beta J)/\cosh^2(2\beta J).$$

昂萨格的结果显示, 与该配分函数相关联的自由能是非解析的. 进一步, 可以证明对低于下列 T_c 的所有温度, 存在自发磁化

$$T_c = 2.269 J/k_B.$$

[T_c 是方程 $\sinh(2J/k_B T_c) = 1$ 的解.] 在这个温度附近, 昂萨格发现热容量 $C = (\partial\langle E\rangle/\partial T)_{H=0}$ 是奇异的,

$$\frac{C}{N} \sim \frac{8k_B}{\pi} (\beta J)^2 \ln |1/(T - T_c)|.$$

---

[1]Lars Onsager, 1903—1976, 挪威裔美籍物理化学家和理论物理学家, 1968 年获诺贝尔化学奖.——译注

更进一步, 磁化强度的行为是

$$\frac{M}{N} \sim (\text{常数}) \ (T_{\mathrm{c}} - T)^{\beta}, \qquad T < T_{\mathrm{c}},$$

其中 $\beta = 1/8$. (不要把这个指数和温度倒数相混淆.)

还没有人能够解析地求解三维伊辛模型. 但是数值解已经显示存在临界温度, 它大约是二维系统值的两倍. 在这个临界温度附近,

$$\frac{C}{N} \propto |T - T_{\mathrm{c}}|^{-\alpha},$$

并且

$$\frac{M}{N} \propto (T_{\mathrm{c}} - T)^{\beta}, \qquad T < T_{\mathrm{c}},$$

其中临界指数 (critical exponent) 的值为

$$\alpha \approx 0.125, \qquad \beta \approx 0.313.$$

不久我们将考虑两个近似方案以计及粒子之间的相互作用, 并看出这些方法对于伊辛磁体的相变所能作出的一些预言. 然而, 首先对于相变的一般物理性质还有几点我们应该指出.

§5.2   晶格气体

这里我们将证明, 当对变量进行一点简单的变化, 伊辛磁体将变成一个可以描述密度涨落和气液相变的模型. 首先, 我们构造一个基于本章开始所画晶格的模型. 但是, 在现在的情况下晶格将空间分割成若干晶胞, 每个晶胞可以被一个粒子占据或者未被占据. 我们令 $n_i = 0$ 或 1 来表示第 i 个晶胞的占有数, $n_i = 1$ 的上限实际上是一个已占空间条件, 说明没有成对粒子的间距可以比晶格间距更近. 在这个模型中, 邻近粒子间的吸引力这样解释: 当粒子处于最邻近的晶胞, 与每一个这样的粒子对相关的能量为 $-\varepsilon$. 于是, 一给定的占有数集合的总能量为

$$-\varepsilon \sum_{i,j}{}' n_i n_j.$$

我们将忽略任何有关系统内粒子位形的进一步的细节. 在这种近似下, 系统的位形由集合 $\{n_i\}$ 确定, 且巨正则配分函数由下式给出,

$$\Xi = \sum_{n_1,\ldots,n_N = 0,1}^{n} \exp\left\{ \beta\mu \sum_{i=1}^{N} n_i + \beta\varepsilon \sum_{i,j}{}' n_i n_j \right\},$$

其中 N 是晶胞 (而非粒子) 的数目, μ 是化学势. 系统的体积是一个晶胞体积的 N 倍.

具有这种配分函数的模型系统称为晶格气体 (lattice gas), 它与伊辛磁体是同构的. 通过对变量作下列变换可以建立两者之间的对应关系,

$$s_i = 2n_i - 1.$$

人们发现, 伊辛磁体中 "自旋向上" 对应于中晶格气体中一个被占据的晶胞,"自旋向下" 对应于一个空的晶胞, 磁场 (在相差一个常数) 映射到化学势, 并且在伊辛磁体中的耦合常数 J 在晶格气体中是 $\varepsilon/4$. 在图 5.3 中, 我们说明了一个特殊位形的对应关系.

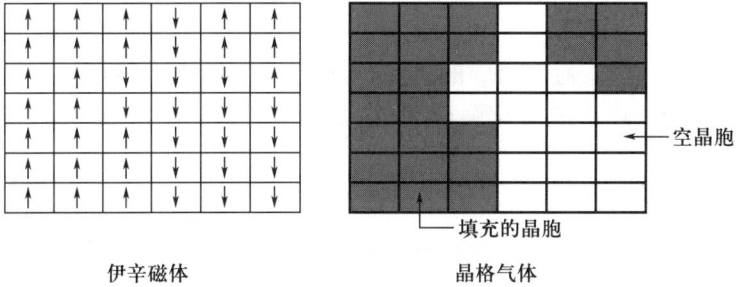

伊辛磁体   晶格气体

图 5.3 同构系统

练习 5.4 将对应关系具体化. 特别地, 导出伊辛磁体中的参数与晶格气体中的那些参数之间的精确关系, 使得前者的正则配分函数在相差一个比例常数的范围内与后者的巨配分函数完全相同.

通过推广晶格的性质和分量数并增加每个晶格位置的态数, 可以从两态 (向上自旋和向下自旋) 伊辛磁体构造更加复杂的密度涨落晶格模型. 多态推广常被称为波茨模型 (Potts model), 使用复杂晶格的模型常称为缀饰晶格模型 (decorated lattice model).

§5.3 破缺对称性和关联范围

伊辛磁体有序–无序现象的一个性质应该会让除了最漫不经心者之外的所有观察者驻足思考. 在不存在磁场时, 模型关于自旋的上、下方向是对称的. 实际上, 所有自旋排成一列的基态是二重简并的, 因为整个的排

列可以向上或者向下. 因此, 不存在外磁场的情况下, 通过公式

$$\langle M \rangle = \frac{1}{Q} \sum_\nu \left(\sum_{i=1}^N \mu s_i \right) \mathrm{e}^{-\beta E_\nu},$$

对磁化强度进行的精确的统计力学计算看来必定给出零的结果. 这里的推理非常简单: 对于每一个具有正 $M_\nu = \sum_i \mu s_i$ 的位形, 对称性要求有一个负 M_ν 的同等权重的位形. 因此, 总和便是零. 那么我们又应该怎样考虑自发磁化的破缺对称性呢?

考虑依赖于磁场强度的自由能可以构建一个答案. 特别地, 设想对净磁场强度限定取值 M 的所有状态 ν 求和, 即

$$\widetilde{Q}(M) = \sum_\nu \Delta(M - M_\nu) \mathrm{e}^{-\beta E_\nu},$$

其中 $\Delta(M - M_\nu)$ 当 $M = M_\nu$ 时为 1, 否则为 0. 显然, $Q = \sum_M \widetilde{Q}(M)$ 并且 $\widetilde{Q}(M)/Q$ 是观察到系统磁化强度为 M 的概率. 量

$$-k_{\mathrm{B}}T \ln \widetilde{Q}(M) = \widetilde{A}(M)$$

是自由能, 它确定了改变系统磁化强度所需的可逆功. 从我们对与破坏长程序相关的能量关系的讨论, 可以设想当系统低于临界温度时, $\widetilde{A}(M)$ 应该表现为如图 5.4 所示意的行为. 能量 ΔE 是由于自旋与外磁场的耦合而产生. (我们设想该场很小, 或许小到仅仅比与 N^{-1} 成正比的场稍大一点点. 否则, 这个高度示意性的图形的标度必定是不正确的.) 随着 $H \to 0^+$, 对向上自旋的偏倚将消失, $\widetilde{A}(M)$ 关于等权的正的和负的 M 值变为对称的. 能量 E^* 是激活能. 如果系统处于 M 值接近于 $\langle M \rangle$ 的一个态, 为使系统到达磁化强度接近 $-\langle M \rangle$ 的一个态, 需要有大小为 E^* 的能量涨落.

如我们已讨论过的, 在二维和三维情况下 E^* 是非常大的, 当 $H = 0$ 时, 它分别按 $N^{1/2}$ 和 $N^{2/3}$ 标度. E^* 是表面张力能 (或者在二维情况下为线张力). 因此, 由于位形的玻尔兹曼权, 在大系统的极限下, 在态 $\langle M \rangle$ 和态 $-\langle M \rangle$ 之间涨落的可能性变得趋于零的小. 由此, 自发磁化的发生或者长程关联导致的对称性破缺可以按如下方式考虑: 通过施加外场, 将系统制备为具有特定符号的磁化强度. 然后可以将磁场调至任意弱, 并且如果系统是处在临界温度之下, 则 $E^* \neq 0$, 自发涨落将不具有足够的大小以破坏破缺对称性[1].

---

[1] 系统有破缺对称性表明它存在序, 因此破坏破缺对称性就意味着要使系统产生无序, 文献中也称此为对称性的恢复 (restoration of symmetry). ——译注

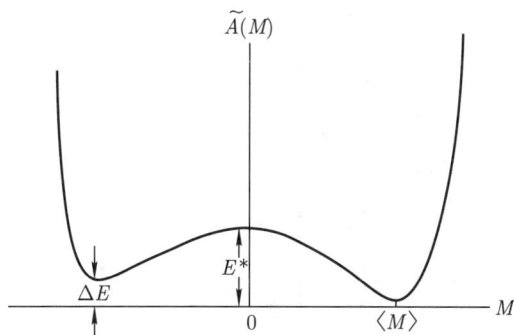

图 5.4 磁化的可逆功函数

练习 5.5 试在气液相平衡和重力场的背景下进行如上类型的讨论. 可以将晶格气体模型作为具体的例子.

这个涨落的磁化强度 M 是伊辛系统的序参数 (order parameter). 这里, 词语 "序参数" 用来表示涨落的变量, 其平均值表征系统的序或破缺对称性. 对相应的晶格气体, 序参数是密度与其临界值的偏离. 为扩展序参数的含义, 引入另一个有用的概念:关联范围 (range of correlations), 即在一个空间区域的涨落可以被另一个区域的那些涨落关联或影响的距离. 如果两个点相隔的距离大于关联范围, 那么在这两个点的不同涨落彼此间将是无关联的.

考虑关联范围 R 是微观距离, 即不大于几个格距的情形. 在这种情况下, 晶格可以分为数目很多的统计上独立的晶胞. 每个晶胞的边长为 L, 它远比 R 大, 但还是微观大小. 参见图 5.5. 每个晶胞的净磁化强度与它近邻晶胞的净磁化强度无关联. 因此, 这里没有宏观的合作性, 平均的总磁化强度为零.

另一方面, 如果 R 是宏观尺度, 那么宏观样品可以存在净平均磁化强度. 因此, 我们看出, 与平均序参数的有限值相关的破缺对称性和长程序 (long range order) 的存在是密切关联的. 长程序也就是宏观尺度的关联范围.

为了写出与上面表述相关的方程, 我们引入自旋 i 和 j 之间的对关联函数

$$c_{ij} = \langle s_i s_j \rangle - \langle s_i \rangle \langle s_j \rangle.$$

对于相应的晶格气体模型, c_{ij} 是一个常数乘上晶胞 i 和 j 的密度之间的关

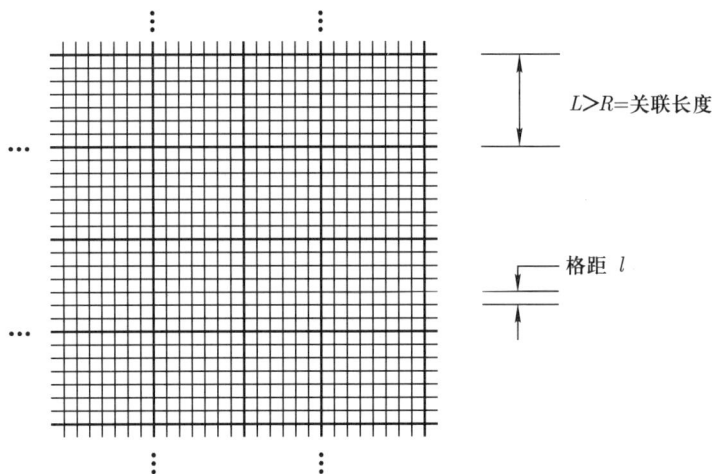

图 5.5   在晶格上用不同长度进行分割

联函数. 根据定义, 当位于晶格位置 i 与晶格位置 j 上的自旋 (或占有数) 之间无关联时 c_{ij} 为零. 因此,

$$\sum_{j=2}^{N} c_{1j} \approx \text{ 与自旋 1 关联的自旋的数目.}$$

为了符号上的便利, 我们单独写出了自旋 1. 当然, 所有的自旋都是等价的. 应该注意, 随着关联范围增大, 上面求和式中计算到的数目也会增加.

上述关联的自旋数目因而关联的空间范围与磁化率有联系

$$\chi = \frac{1}{N} \left(\frac{\partial \langle M \rangle}{\partial \beta H} \right)_{\beta}.$$

为建立这个关系, 注意到由对磁化强度涨落的分析, 我们有以下一般结果

$$\chi(\beta, H) = \frac{1}{N} \langle (\delta M)^2 \rangle,$$

其中

$$\delta M = M - \langle M \rangle = \mu \sum_{i=1}^{N} [s_i - \langle s_i \rangle].$$

因此,

$$\chi = (\mu^2/N) \sum_{i,j=1}^{N} [\langle s_i s_j \rangle - \langle s_i \rangle \langle s_j \rangle]$$

$$= \mu^2 \sum_{j=1}^{N} c_{1j},$$

上面的第二个等号中用到了 c_{ij} 的定义以及所有晶格位置都是等价的事实. 根据上面这个公式, 磁化率的发散与长程关联的存在有关. 这是因为等式右边计算了关联的自旋数目, 而该数目随关联范围的增加而增加.

χ 发散的一个方式与对称性破缺现象有关. 这里, 在 $T < T_c$ 时两相共存, 施加无穷小的场足以产生自旋的净宏观排列. 特别地, 对于正的 H, 如果 $N \to \infty$, 然后在 $T < T_c$ 下令 $H \to 0^+$, 则有 $\langle M \rangle = Nm_0\mu$, 其中 $m_0\mu$ 是单个自旋的自发磁化强度 (下标的 0 是为了强调使磁场趋于零). 另一方面, 如果 $H < 0$ 且 $N \to \infty$, 然后令 $H \to 0^-$, 则有 $\langle M \rangle = -Nm_0\mu$. 因此, 对 $T < T_c$, 无限系统的 $\langle M \rangle$ 是磁场在 $H = 0$ 处的不连续函数. 所以, 它的偏导数 $\partial\langle M \rangle/\partial H$ 在 $H = 0$ 处是发散的.

为了更细致地研究这个行为, 考虑 $T < T_c$, N 很大 (但仍为有限) 以及 $H = 0$ 的情况. 由于系统的对称性

$$\langle s_i \rangle = 0.$$

同时有[1]

$$\sum_{j=1}^{N} \langle s_1 s_j \rangle = Nm_0.$$

现在给定这个结果, 我们看出, 当 N 很大且 $T < T_c$ 时, 在 $H = 0$ 的磁化率为

$$\chi = Nm_0\mu^2.$$

该公式所表示的行为如图 5.6 所示. 正如图形以及上面的公式所表明的, 与对称性破缺以及长程序有关的 χ 的发散性是在大系统极限下出现的发散性. 回忆起 χ 正比于磁化强度的方均涨落, 因此 χ 的发散与出现宏观涨落相联系. 换言之, 破缺对称性的可能性意味着宏观距离上涨落的关联. 在此我们所考虑的现象类似于无重力时在蒸气中飘移的凝聚液滴的行为. 显著的宏观涨落只不过是在观察区域中液滴的出现和消失. 参见图 5.7. 注意, 通过施加小的对称破缺场, 这些涨落受到抑制.

然而, 在临界点或者其附近, 有点不同的情形出现了. 此处, χ 也发散. 但现在是因为两相 (例如, 自旋向上和向下, 或者高密度和低密度) 之间差

---

[1]可以这样理解这个等式, 这只要注意到标记自旋 s_1 的值足以将系统偏向于破缺对称性的两个态 (自旋向上或向下) 中的一个. 也就是, 如果 $s_1 = +1$, 则 $\sum_j \langle s_1 s_j \rangle = Nm_0$; 如果 $s_1 = -1$, 则和为 $\sum_j \langle s_1 s_j \rangle = -Nm_0 s_1 = +Nm_0$. 最后, 在两种情况下 $s_i = \pm 1$ 的概率都是 1/2.

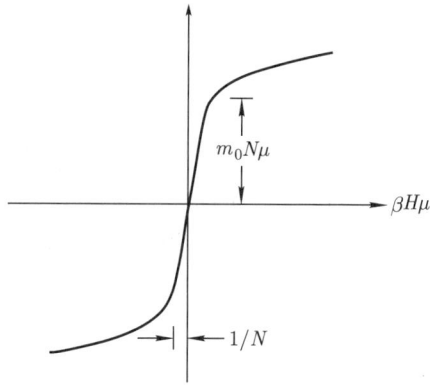

图 5.6 对于 $T < T_c$ 且大而有限的 N 时的平均磁化强度

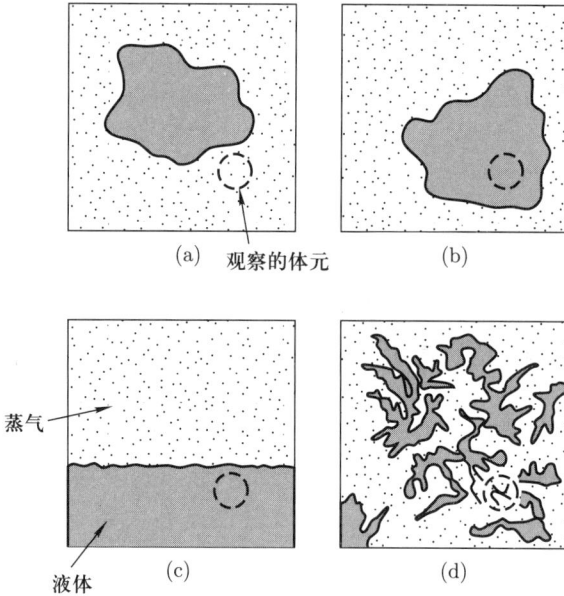

图 5.7 相平衡时的涨落

别的消失. 也就是说, 考虑示于图 5.4 的双稳势时, 势垒消失; 也即表面能趋向于零. 在这种情况下, 在 $H = 0$, 随着 $\beta \to \beta_c$, $\left(\dfrac{\partial H}{\partial \langle M \rangle} \right)_\beta$ 趋于零. [对晶格气体模型, 或者一般地对任何流体, 从大于 T_c 沿着临界等容线随着 $T \to T_c$ 时, 相应的关系是[1]

---

[1]注意, 这里公式中的 μ 是化学势, 不同于本章其它各处的磁矩 μ. 另外公式参见练习 1.14. ——译注

$$\left(\frac{\partial \beta \mu}{\partial \rho}\right)_T = \frac{1}{\rho}\left(\frac{\partial \beta p}{\partial \rho}\right)_\beta \to 0.]$$

因为势垒或两相之间的区别在临界点将消失, 施加微弱的外场不足以破缺对称性并抑制由 $\chi \to \infty$ 所暗含的宏观涨落. 因此临界点是由涨落支配的无限可磁化态. 这些涨落不是随机的, 而是在很大的宏观距离上高度关联的.

图 5.7 说明了在气液平衡时我们可能观察到的涨落. 图 (a) 和 (b) 是温度 T 刚好低于临界值 T_c 且无重力场的两种情形. 图 (c) 同样也有 $T < T_c$, 但是作用了重力场. 图 (d) 假设液体接近于临界点. 所观察的体元用虚线示出. 在晶格气体模型中最近邻间隔 l 对应于这些图中所画线的粗细.

§5.4 平均场理论

通常, 对于经历相变的系统进行理论处理需要使用近似. 我们所考虑的第一个这种方法是自洽场方法 (self-consistent field method), 它为 1970 年代之前发展起来的几乎所有多体理论奠定了基础. 为了说明这种方法, 我们将其应用于伊辛磁体. 基本思想是关注于系统中的一个特定粒子 (在本情形下是一个自旋), 并假定周围粒子 (自旋) 的作用是形成一个平均分子 (磁) 场, 它作用于那个标记粒子 (自旋). 参见图 5.8. 因此, 这个方法忽略了延伸到与原始或标记晶格晶胞相关联的长度标度以外的涨落的影响. 这个方法仅考虑了那些发生在标记晶胞内的涨落, 而且由于这些仅涉及一个粒子, 所以这个方法成功地将多体的统计力学问题约化为少体 (即单体) 问题. 这种类型的过程决不可能是严格的, 但往往却是非常精确和极为有用的. 当然, 对于那些接近于临界点的系统, 涨落的合作性延伸到很大的距离, 它们是最不精确的方法.

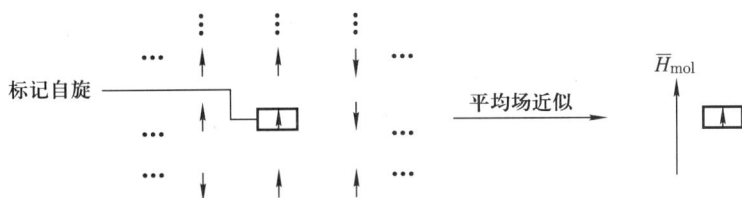

图 5.8 平均场理论的图示

为开始进行平均场分析, 我们写出伊辛模型的能量 E_ν,

$$E_\nu = -\mu H \sum_i s_i - \frac{1}{2}\sum_{i,j} J_{ij} s_i s_j,$$

其中

$$J_{ij} = J, \quad i \text{ 和 } j \text{ 为最近邻,}$$
$$= 0, \quad \text{其它情形.}$$

近邻自旋以及外场 H 作用于 s_i 的力为

$$-\frac{\partial E_\nu}{\partial s_i} = \mu H + \sum_j J_{ij} s_j.$$

因此, 作用于自旋 i 的瞬时场 H_i 由下式给出

$$\mu H_i = \mu H + \sum_j J_{ij} s_j.$$

由于近邻自旋的涨落, H_i 也相对于下列平均值涨落

$$\langle H_i \rangle = H + \frac{1}{\mu} \sum_j J_{ij} \langle s_j \rangle$$
$$= H + \frac{1}{\mu} J z \langle s_i \rangle,$$

其中在第二个等号中我们已注意到, 对于伊辛模型中的所有 i 和 j 有 $\langle s_i \rangle = \langle s_j \rangle$, z 是给定的标记自旋的最近邻数. 正是 H_i 偏离其平均值的涨落, 使得标记自旋的涨落与那些在它的环境中的自旋的涨落耦合起来. 实际上, 在忽略 H_i 对 $\langle H_i \rangle$ 的偏离的平均场近似中, 作用于一个标记自旋的力是独立于那些近邻自旋的瞬时位形的.

在第三章我们研究了固定磁场中无耦合自旋系统的统计力学 (参见练习 3.18 和 3.19). 使用那里导出的结果, 我们可以计算在平均场近似下一个标记自旋 (为方便起见标记为 1) 的平均值,

$$\langle s_1 \rangle \approx \frac{\sum_{s_1 = \pm 1} s_1 \exp[\beta \mu (H + \Delta H) s_1]}{\sum_{s = \pm 1} \exp[\beta \mu (H + \Delta H) s]},$$

其中 ΔH 是分子或环境对于平均场的贡献, 即

$$\Delta H = \frac{1}{\mu} J z \langle s_1 \rangle.$$

对两自旋态进行求和, 得

$$m = \tanh(\beta \mu H + \beta z J m), \tag{a}$$

其中 m 是每粒子每个磁矩 μ 的磁化强度,

$$m = \frac{1}{N\mu} \langle M \rangle = \frac{1}{N\mu} \left\langle \sum_{i=1}^N \mu s_i \right\rangle = \langle s_i \rangle = \langle s_1 \rangle.$$

关于 m 的方程 (a) 是一个超越方程, 其解给出由这个自洽平均场理论预言的磁化强度. 这是下述意义上的自洽, 影响磁化强度平均值的平均场本身依赖于磁化强度的平均值. 从图 5.9 注意到, 当 $\beta zJ > 1$ 时, 对于 $H = 0$ 存在 m 的非零解. 因此, 对于一个正方晶格, 我们预期临界温度为

$$T_c = 2DJ/k_B.$$

对于 $T < T_c$, 方程 $m = \tanh(\beta Jzm)$ 的解是

$$\beta = \frac{1}{2Jzm} \ln\left(\frac{1+m}{1-m}\right).$$

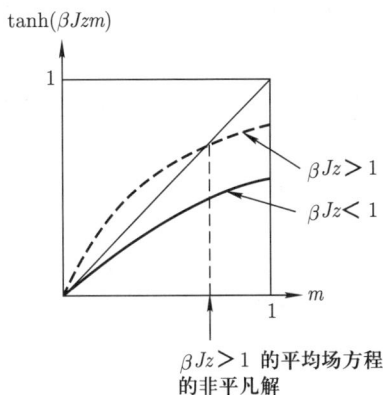

图 5.9　不同耦合常数 (或温度) 下的平均场方程

练习 5.6 证明该结论. 通过泰勒展开, 分析温度在 $2DJ/k_B$ 附近 m 的精确形式, 并证明在这个平均场理论中临界指数 β 的值是 $1/2$. 证明在 $T = 0$ 时, 自发磁化的平均场理论给出 $m = \pm 1$.

练习 5.7 画出由平均场理论给出的 $T - m$ 图. 这是本章开头概述的自发磁化的平均场理论预言的行为.

练习 5.8 证明平均场理论中的总内能为

$$\langle E \rangle = -N\mu Hm - (1/2)JNzm^2.$$

在 $H = 0, T = 0$ 时, 该式给出 $\langle E \rangle = -NDJ$, 这与精确的结果一致. $T > T_c$ 时, 理论预言了什么结论? 该预言正确吗?

注意, 对于一维情况, 平均场理论预言在有限温度 $T_c = 2J/k_B$ 处会发生有序–无序相变. 但是一维伊辛模型的精确分析会得到 $T_c = 0$ (即在有限温度没有自发磁化). 因此, 该理论在一维情形下是 "无法想象地错". 自发涨落破坏了序. 但平均场理论忽略了涨落, 预言有长程序. 在二维情形, 昂萨格解给出 $T_c \approx 2.3J/k_B$, 而平均场理论给出 $T_c = 4J/k_B$. 在三维情形下, 百分误差更小: 正确的答案 (来自数值计算) 是 $T_c \approx 4J/k_B$, 而平均场理论给出的结果是 $T_c = 6J/k_B$. 在每种情形下, 忽略涨落而预言到有序态相变的温度会高于实际相变的温度.

通过进行更为复杂的平均场近似, 二维和三维情形下的临界温度的理论估计值可以得到极大的改善. 这些改善可以通过跟踪多于一个自旋来构造. 例如, 可以考虑对除了一对最近邻自旋 s_1 和 s_2 之外的所有自旋求

和, 则作用于这一对自旋的分子场可以近似为一个平均场. 这种方法将统计力学约化为易于处理的两体问题, 并且考虑了在单粒子和粒子对层次上的涨落, 但忽略了涉及较大数目粒子的那些涨落. 通过这种方法可能作出显著的改善, 但平均场理论忽略了长度标度大于与少数粒子相联系的长度标度范围的涨落, 并且因这种忽略将总是预言出不正确的临界指数. 例如, 平均场理论总会给出 $\beta = 1/2$, 与维度无关. (事实上, 在高于三维的情况下, 平均场理论会变为正确的. 原因不是显然的, 那你是否可以想出它正确的物理原因呢? 随着维度增加, 平均场理论的精度增加, 这个事实可以通过比较临界温度得到说明.)

§5.5   平均场理论的变分法

在本节中, 我们通过引入可以用于优化一阶微扰理论的热力学微扰理论 (thermodynamic perturbation theory) 的概念和一个变分原理细化伊辛模型的平均场 (MF) 处理方法. 这些方法非常一般, 可以作为系统地导出平均场理论的一种方案. 然而, 这种细化对于理解下面两节将描述的重正化理论的基础并不是必要的, 读者可以先跳到关于基础的那节, 稍后再回到这里.

伊辛模型问题就是计算玻尔兹曼加权和

$$Q = \sum_{s_1, s_2, \cdots} \exp[-\beta E(s_1, s_2, \cdots, s_N)],$$

其中

$$E(s_1, \cdots, s_N) = -\frac{1}{2} \sum_{i,j} J_{ij} s_i s_j - \mu H \sum_i s_i,$$

这里 J_{ij} 对最近邻的 i 和 j 为 J, 其余的为零. 相互作用项 $-J_{ij} s_i s_j$ 导致了合作性, 但也是造成计算 Q 复杂性的主要原因. 然而, 在上一节中我们已看到, 通过忽略每一自旋周围环境对平均值的涨落, 系统表现为如同由相互独立的对象组成的. 因此, 开始讨论平均场理论的一个方式是考虑如下形式的能量函数

$$E_{\mathrm{MF}}(s_1, \cdots, s_N) = -\mu(H + \Delta H) \sum_{i=1}^N s_i.$$

具有这种能量函数的系统是一个具有独立自旋的模型, 每个自旋在静态场或平均场的影响下涨落. 这个模型表示了一个简单的统计力学问题. 配分

函数是

$$Q_{\mathrm{MF}} = \sum_{\substack{s_1,\cdots,s_N \\ =\pm 1}} \prod_{j=1}^{N} \exp[\beta\mu(H + \Delta H)s_j] \tag{a}$$

$$= \{2\cosh[\beta\mu(H + \Delta H)]\}^N,$$

任一 s_i 的平均值为

$$\langle s_1 \rangle_{\mathrm{MF}} = \tanh[\beta\mu(H + \Delta H)]. \tag{b}$$

在采用平均场描述时, 必须确定静态分子场 ΔH. 在 5.4 节中了介绍了一个物理观点, 据此确定了 $\Delta H = zJ\langle s_1 \rangle/\mu$. 我们现在要问的问题是, 这种方式的确认实际上是否是最佳的. 特别地, 一旦我们采用了与 $E_{\mathrm{MF}}(s_1, \cdots, s_N)$ 相关联的物理图像时 (也就是在一个有效静态场中涨落的独立自旋), 我们可以力求去使那个模型的参数取最佳值. 当然, 在这种情况下, 平均场模型变得非常简单, 仅仅一个参数 ΔH 就可以表征.

为了最优化, 我们考虑用平均场模型作为参考系统来进行微扰理论的计算. 做法如下: 令

$$\Delta E(s_1, \cdots, s_N) = E(s_1, \cdots, s_N) - E_{\mathrm{MF}}(s_1, \cdots, s_N),$$

则有

$$Q = \sum_{s_1,\cdots,s_N} \exp[-\beta(E_{\mathrm{MF}} + \Delta E)],$$

其中 $E_{\mathrm{MF}}(s_1, \cdots, s_N)$ 和 $\Delta E(s_1, \cdots, s_N)$ 应理解为有宗量, 但为符号简单而省略. 对求和式进行因子化, 也可以写出

$$Q = \sum_{s_1,\ldots,s_N} \exp(-\beta E_{\mathrm{MF}}) \exp(-\beta\Delta E)$$

$$= Q_{\mathrm{MF}} \sum_{s_1,\ldots,s_N} \exp(-\beta E_{\mathrm{MF}}) \exp(-\beta\Delta E)/Q_{\mathrm{MF}}.$$

现在, 让我们定义

$$\langle \cdots \rangle_{\mathrm{MF}} = Q_{\mathrm{MF}}^{-1} \sum_{s_1,\cdots,s_N} [\cdots] \exp(-\beta E_{\mathrm{MF}})$$

为玻尔兹曼平均运算, 它是对平均场能量函数 $E_{\mathrm{MF}}(s_1, \cdots, s_N)$ 的加权. 于是, 有

$$Q = Q_{\mathrm{MF}} \langle \exp(-\beta\Delta E) \rangle_{\mathrm{MF}}.$$

上一方程是配分函数的一个精确因子化形式, 是热力学微扰理论的出发点. 平均场模型是参照系统或者零阶系统, 微扰能量为 $\Delta E(s_1, \cdots, s_N)$, 这个微扰的影响可由对参考系统的玻尔兹曼因子进行加权平均而计算出来. 在平均场理论的发展中, 我们假设围绕平均场能量的涨落是很小的. 也就是, 在某种意义上 ΔE 是小量. 因此, 我们作泰勒展开到第二项:

$$
\begin{aligned}
\langle \exp(-\beta \Delta E) \rangle_{\mathrm{MF}} &= \langle 1 - \beta \Delta E + \cdots \rangle_{\mathrm{MF}} \\
&= 1 - \beta \langle \Delta E \rangle_{\mathrm{MF}} + \cdots \\
&= \exp(-\beta \langle \Delta E \rangle_{\mathrm{MF}}) + \cdots,
\end{aligned}
$$

其中忽略了 ΔE 的二阶以及高阶项. 因此, 我们得到一阶微扰理论的结果,

$$
Q \approx Q_{\mathrm{MF}} \exp[-\beta \langle E - E_{\mathrm{MF}} \rangle_{\mathrm{MF}}].
$$

这个近似有多好呢? 下列不等式是非常有用的,

$$
\mathrm{e}^x \geqslant 1 + x.
$$

练习 5.9 作图 $\mathrm{e}^x \sim x$, 并把它和图 $(1+x) \sim x$ 作比较. 证明对于所有不等于零的实数 x, 有 $\mathrm{e}^x > 1 + x$. [提示: 注意到对于实数 x, e^x 是 x 的单调递增函数, 它的导数也是.]

应用这个不等式, 我们得到:

$$
\begin{aligned}
\langle \mathrm{e}^f \rangle &= \mathrm{e}^{\langle f \rangle} \left\langle \mathrm{e}^{(f - \langle f \rangle)} \right\rangle \\
&\geqslant \mathrm{e}^{\langle f \rangle} \langle (1 + f - \langle f \rangle) \rangle = \mathrm{e}^{\langle f \rangle}.
\end{aligned}
$$

因此, 在上述热力学微扰理论的范围内, 我们有

$$
Q \geqslant Q_{\mathrm{MF}} \exp(-\beta \langle E - E_{\mathrm{MF}} \rangle_{\mathrm{MF}}).
$$

练习 5.10 导出自由能的一阶微扰理论, 并证明它是精确自由能的上限.

这个不等式常称为吉布斯–博戈留波夫–费曼极限 (Gibbs-Bogoliubov-Feynman bound). 因为我们可以调节分子场 ΔH 使右边取最大值, 所以可以用这个极限来优化平均场参考系统. 也就是说, ΔH 可以通过求解下列方程确定,

$$
0 = \frac{\partial}{\partial \Delta H} Q_{\mathrm{MF}} \exp(-\beta \langle \Delta E \rangle_{\mathrm{MF}}). \tag{c}
$$

计算过程如下: 首先

$$-\beta \langle \Delta E \rangle_{\mathrm{MF}} = \beta N \left\{ \frac{1}{2} Jz \langle s_1 \rangle^2_{\mathrm{MF}} - \mu \Delta H \langle s_1 \rangle_{\mathrm{MF}} \right\}, \tag{d}$$

这里我们已经使用了这样的事实, 因为自旋在平均场模型中是不关联的, $\langle s_i s_j \rangle_{\mathrm{MF}} = \langle s_i \rangle_{\mathrm{MF}} \langle s_j \rangle_{\mathrm{MF}}$ (对 $i \neq j$) 以及因为所有自旋的平均是相同的, $\langle s_i \rangle_{\mathrm{MF}} = \langle s_j \rangle_{\mathrm{MF}}$. 将 (d),(a) 和 (c) 联立并求微分, 我们得到:

$$0 = \beta Jz \langle s_1 \rangle_{\mathrm{MF}} \left(\frac{\partial \langle s_1 \rangle_{\mathrm{MF}}}{\partial \Delta H} \right) - \beta \mu \Delta H \left(\frac{\partial \langle s_1 \rangle_{\mathrm{MF}}}{\partial \Delta H} \right),$$

或者

$$Jz \langle s_1 \rangle_{\mathrm{MF}} = \mu \Delta H.$$

练习 5.11 证明该结果. 进一步, 对 ΔH 的这种选择, 证明自由能的一阶微扰近似相应于 $Q \approx Q_{\mathrm{MF}}$, 以及 $-k_{\mathrm{B}} T \ln Q_{\mathrm{MF}}$ 实际上是精确的自由能的上限.

这样确定的 ΔH 与第 5.4 节在物理基础之上所采用的完全相同. 将此再与方程 (b) 的 $\langle s_1 \rangle_{\mathrm{MF}}$ 相联立, 我们得到了在该节所研究的相同的自洽平均场方程. 因此, 这些方程是可以构建的最佳理论, 一旦采用平均场模型, 其中伊辛磁体被描述为一个独立自旋的系统, 每个自旋在平均静态场的影响下发生涨落.

§5.6 重正化群 (RG) 理论

我们现在考虑一种可以解释大尺度涨落的方法, 即重正化群理论. 这种理解相变的方法是由威耳孙 (Kenneth Wilson) 在 1971 年发展起来的, 他也因为此贡献而获得了 1982 年度的诺贝尔物理学奖. 威耳孙的方法是非常普遍的并具有很广的应用范围, 甚至可以扩展到相变以外的领域. 然而, 在这个研究领域内, 该理论可以看作是卡丹诺夫 (Leo Kadanoff) 在 20 世纪 60 年代提出的唯象思想的延伸和补充.

重正化群理论中的几个概念可以用一维伊辛模型来阐述. 所以尽管一维系统不显示相变, 我们仍从它开始进行讨论. 在没有磁场的情况下, 配分函数 Q 由下式给出

$$Q(K, N) = \sum_{\substack{s_1, s_2, \cdots, s_N \\ = \pm 1}} \exp[K(\cdots + s_1 s_2 + s_2 s_3 + s_3 s_4 + s_4 s_5 + \cdots)],$$

其中

$$K = \frac{J}{k_{\mathrm{B}}T}.$$

RG 理论中的第一个思想是, 通过对有限部分的自由度取平均 (求和) 而将它们从问题中除去. 这与平均场理论方法形成对比, 在那里除了少数几个自由度以外的其它自由度均从明显的考虑中除去. 具体地说, 我们可以按照如下方式分割 Q 的被求和式,

$$Q(K,N) = \sum_{s_1,s_2,\cdots,s_N} \exp[K(s_1s_2 + s_2s_3)]\exp[K(s_3s_4 + s_4s_5)]\cdots.$$

现在我们可以对所有偶数号的自旋 $s_2, s_4, s_6, \cdots$ 求和, 结果为

$$Q(K,N) = \sum_{s_1,s_3,s_5,\cdots} \{\exp[K(s_1 + s_3)] + \exp[-K(s_1 + s_3)]\}$$
$$\times \{\exp[K(s_3 + s_5)] + \exp[-K(s_3 + s_5)]\}\cdots.$$

通过进行这些求和, 我们已经将每隔一个自由度除去了:

$$\begin{array}{ccccccccc} \bigcirc & \bigcirc & \bigcirc & \bigcirc & \bigcirc & \cdots & \longrightarrow & \bigcirc & \quad \bigcirc & \quad \bigcirc & \cdots \\ 1 & 2 & 3 & 4 & 5 & & & 1 & \quad 3 & \quad 5 \end{array}$$

　　重正化理论的第二个重要思想是将已部分求和的配分函数改造为一个形式, 使得这个形式看上去与有 $N/2$ 自旋并且 (或许) 有不同耦合常数 (或温度倒数)K 的伊辛模型的配分函数相同. 如果可能进行这样的重标度, 那么我们可以得到一个递推关系, 通过它从具有另一个耦合常数 (例如零) 的系统出发来计算 $Q(K,N)$. 于是, 我们寻找 K 的一个函数 $f(K)$ 以及一个新的耦合常数 K' 使得对于所有的 $s, s' = \pm 1$, 有

$$\mathrm{e}^{K(s+s')} + \mathrm{e}^{-K(s+s')} = f(K)\mathrm{e}^{K'ss'}.$$

如果我们能找到这些量, 那么

$$Q(K,N) = \sum_{s_1,s_3,s_5,\cdots} f(K)\exp(K's_1s_3)f(K)\exp(K's_3s_5)\cdots$$
$$= [f(K)]^{N/2}Q(K',N/2),$$

这就是所需的递推关系. 像这样的变换称为卡丹诺夫变换 (Kadanoff transformation).

　　为确定量 K' 和 $f(K)$, 注意到如果 $s = s' = \pm 1$, 则有

$$\mathrm{e}^{2K} + \mathrm{e}^{-2K} = f(K)\mathrm{e}^{K'}.$$

仅有的其它可能是 $s = -s' = \pm 1$, 由此我们得到

$$2 = f(K)\mathrm{e}^{-K'},$$

或者

$$f(K) = 2\mathrm{e}^{K'}.$$

于是, 对两个未知数有两个方程, 它们的解为

$$
\begin{aligned}
K' &= \frac{1}{2}\ln\cosh(2K), \\
f(K) &= 2\cosh^{1/2}(2K).
\end{aligned}
\tag{a}
$$

有了这些公式, 考虑

$$\ln Q = Ng(K),$$

在相差 $-k_\mathrm{B}T$ 这个因子时, $Ng(K)$ 是自由能. 由于自由能是广延量, 我们预期 $g(K)$ 是强度量——即与系统的大小无关. 由递推关系 $\ln Q(K, N) = (N/2)\ln f(K) + \ln Q(K', N/2)$, 我们得到 $g(K) = (1/2)\ln f(K) + (1/2)g(K')$, 或者因为 $f(K) = 2\cosh^{1/2}(2K)$, 则有

$$g(K') = 2g(K) - \ln[2\sqrt{\cosh(2K)}]. \tag{b}$$

方程 (a) 和 (b) 统称为重正化群方程. (它们描述了遵守群性质的变换并且提供了一个重正化方案.) 如果对 K' 的一个值已知配分函数, 则利用这个递推关系或 "重正化" 可以生成其它值的 $\ln Q = Ng(K)$. 注意, 在从 (a) 和 (b) 式得到的重正化中, 从 (a) 式计算得到的新耦合常数 K' 总是小于 K.

另一组重正化群方程是

$$K = \frac{1}{2}\cosh^{-1}(\mathrm{e}^{2K'}), \tag{c}$$

这是 (a) 式的逆, 且有

$$g(K) = \frac{1}{2}g(K') + \frac{1}{2}\ln 2 + \frac{1}{2}K', \tag{d}$$

该式由注意到 $f(K) = 2\exp(K')$ 而得到.

练习 5.12 导出这些重正化群方程并证明 $K > K'$.

为看出这些方程是如何起作用的, 从一个小的耦合常数开始, 我们应用 (c) 和 (d). 重复应用方程将产生一些耦合常数值相继变大的 $g(K)$. 让我

们从 $K' = 0.01$ 开始. 对于这样一个小的耦合常数, 自旋之间的相互作用几乎可以忽略不计, 于是有 $Q(0.01, N) \approx Q(0, N) = 2^N$. 由此得到

$$g(0.01) \approx \ln 2.$$

我们现在开始迭代. 由 (c) 和 (d) 得到

$$K = 0.100334,$$

$$g(K) = 0.698147.$$

我们现在使用这些数作为新的 K', 因而得到

$$K = 0.327447,$$

$$g(K) = 0.745814.$$

如此进行下去.

	K	重正化群	精确值
	0.01	ln2	0.693197
	0.100334	0.698147	0.698172
	0.327447	0.745814	0.745827
连续应用	0.636247	0.883204	0.883210
RG 方程	0.972710	1.106299	1.106302
(c) 和 (d)	1.316710	1.386078	1.386080
	1.662637	1.697968	1.697968
	2.009049	2.026876	2.026877
	2.355582	2.364536	2.364537
	2.702146	2.706633	2.706634

请注意每一个迭代是如何得到一个更为精确的结果的. 如果我们沿着相反的方向迭代将会发生怎样的现象?

练习 5.13 从 $K = 10$ 开始, 该 K 是足够大可作近似 $Q(10, N) \approx Q(K \to \infty, N) = 2 \exp(NK)$, 即 $g(10) \approx 10$. 应用 RG 方程 (a) 和 (b) 生成一个类似于上面的表, 但它是从大的 K 到小的 K 演进的. 证明通过应用方程 (c) 和 (d), 在第 n 次迭代中的误差比 g 的初始估计值的误差小 2^{-n}. 证明当应用方程 (a) 和 (b) 时, 误差将指数式的增长.

对 RG 方程的连续应用可以用一个流图表示出来. 用方程 (c) 的每次迭代将得到更高的 K 值:

$$\times \longrightarrow \longrightarrow \longrightarrow \times$$

$$K = 0 \qquad\qquad\qquad\qquad\qquad\qquad K = \infty$$

利用方程 (a), 每次迭代将得到更小的 K 值:

$$\times \longleftarrow \longleftarrow \longleftarrow \times$$

$$K = 0 \qquad\qquad\qquad\qquad\qquad\qquad K = \infty$$

有两个点 $K = 0$ 和 $K = \infty$, 对这些点迭代并不改变 K. 这些 K 值就称为不动点 (fixed point). 在 $K = 0$ 和 $K = \infty$ 之间有不间断的流 (即在有限 K 值范围内没有不动点), 这个事实意味着在一维伊辛模型中没有发生相变的可能性.

在除去自由度时, 我们将问题转换为有更大长度标度的一个几乎完全相同的问题. 在这个一维例子中, 除去自由度导致更小的耦合常数 K. 我们可以在物理上理解这种现象, 因为没有长程序 (除了在 $T = 0$, 即 $K \rightarrow \infty$ 处), 因此更长的长度标度应该与较小的序相联系, 于是有更小的 K. 通过除去自由度, 我们移动到更小的 K, 因而将问题转化为 K 接近零的弱耦合问题. 在一个诸如 $K = 0$ 的平凡不动点附近, 利用微扰理论很容易计算出系统的各种性质.

注意, 在一维系统的不动点 $K = 0$ 和 $K = \infty$ 处, 晶格分别是完全无序或完全有序的. 当系统完全有序时, 在任何长度标度观测系统, 它看上去都是相同的. 对完全无序的情况, 类似的表述成立. 长度标度变换下的不变性是重正化群不动点的一个本质特性, 甚至当这些点是平凡的 $K = 0, K = \infty$ 不动点时也是如此.

对于如二维伊辛磁体这样显示相变的系统, 我们将会找到与相变相联系的非平凡不动点.

§5.7 二维伊辛模型的 RG 理论[1]

现在我们来考察一个确实显示相变的系统. 重正化群理论的第一步就是对系统的所有自旋的一个子集求和. 选择子集的一种可能方式如图 5.10 所示. 在该图中, 剩余的圆圈代表那些还没有被求和的自旋. 注意, 剩余的自旋构成一个晶格, 它像原始的晶格一样是简方晶格 (虽然有 $45°$ 的转动).

---

[1]本节的处理过程严格按照下列文章 H. J. Maris and L. J. Kadanoff, Am. J. Phys. **46**, 652 (1978).

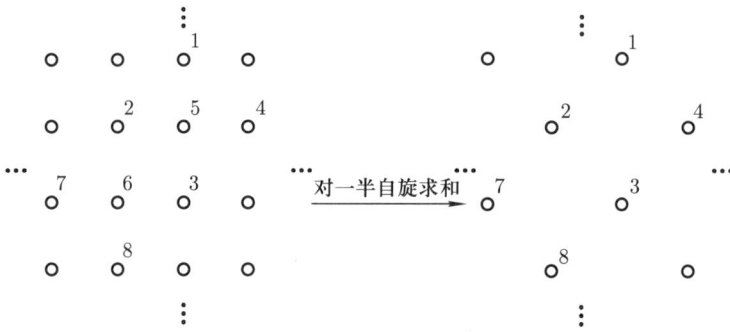

图 5.10　正方晶格中一半自旋的消减

为进行对半数自旋的求和, 我们将正则配分函数 Q 中的被加式进行分割, 使得每隔一个自旋只出现在一个玻尔兹曼因子中:

$$Q = \sum_{s_1, s_2, \cdots} \cdots \exp[Ks_5(s_1 + s_2 + s_3 + s_4)] \exp[Ks_6(s_2 + s_3 + s_7 + s_8)] \cdots .$$

因此, 通过计算每隔一个自旋的和, 得到

$$
\begin{aligned}
Q = \sum_{\{剩余的\ s_i\}} \cdots &\{\exp[K(s_1 + s_2 + s_3 + s_4)] \\
&+ \exp[-K(s_1 + s_2 + s_3 + s_4)]\} \\
\times &\{\exp[K(s_2 + s_3 + s_7 + s_8)] \\
&+ \exp[-K(s_2 + s_3 + s_7 + s_8)]\} \cdots .
\end{aligned}
$$

与一维伊辛模型情况相同, 我们现在希望找到卡丹诺夫变换, 它将这已部分求和的配分函数转换成看起来就像是原来未求和的那种形式. 这不是完全可行的. 相反, 新的配分函数适合于一个有类似的但更为一般的哈密顿量的系统. 想要看出为什么, 我们可以尝试写出关系

$$
\begin{aligned}
\exp[K(s_1 + s_2 + s_3 + s_4)] &+ \exp[-K(s_1 + s_2 + s_3 + s_4)] \\
&= f(K) \exp[K'(s_1s_2 + s_1s_4 + s_2s_3 + s_3s_4)],
\end{aligned}
$$

并且要求这个方程对 (s_1, s_2, s_3, s_4) 的所有非等价的选择均成立. 有四种可能性, 即

$$
\begin{aligned}
s_1 = s_2 = s_3 = s_4 &= \pm 1, \\
s_1 = s_2 = s_3 = -s_4 &= \pm 1, \\
s_1 = s_2 = -s_3 = -s_4 &= \pm 1, \\
s_1 = -s_2 = s_3 = -s_4 &= \pm 1.
\end{aligned}
$$

但是以上的假设中只有两个自由度 $f(K)$ 和 $K'(K)$. 因此, 这是不能进行计算的.

可以计算的最简单的可能性是

$$
\begin{aligned}
\mathrm{e}^{K(s_1+s_2+s_3+s_4)} + \mathrm{e}^{-K(s_1+s_2+s_3+s_4)} = & f(K)\exp\left[\frac{1}{2}K_1(s_1s_2 + s_2s_3 + s_3s_4 + s_4s_1)\right. \\
& \left. + K_2(s_1s_3 + s_2s_4) + K_3s_1s_2s_3s_4\right].
\end{aligned}
$$

$$\text{(a)}$$

将 (s_1, s_2, s_3, s_4) 的四种可能情况代入上式, 我们得到

$$
\begin{aligned}
\mathrm{e}^{4K} + \mathrm{e}^{-4K} &= f(K)\exp(2K_1 + 2K_2 + K_3), \\
\mathrm{e}^{2K} + \mathrm{e}^{-2K} &= f(K)\mathrm{e}^{-K_3}, \\
2 &= f(K)\exp(-2K_2 + K_3), \\
2 &= f(K)\exp(-2K_1 + 2K_2 + K_3).
\end{aligned}
$$

方程的解是存在的, 它们是

$$
\begin{aligned}
K_1 &= \frac{1}{4}\ln\cosh(4K), \\
K_2 &= \frac{1}{8}\ln\cosh(4K), \\
K_3 &= \frac{1}{8}\ln\cosh(4K) - \frac{1}{2}\ln\cosh(2K),
\end{aligned}
$$

以及

$$
f(K) = 2\left[\cosh(2K)\right]^{1/2}\left[\cosh(4K)\right]^{1/8}.
$$

练习 5.14 导出上面这些方程.

联立方程 (a) 与部分求和的配分函数, 可得

$$
\begin{aligned}
Q(K, N) = [f(K)]^{N/2} \sum_{\{\text{其余的}s_i\}} &\cdots \{\exp\left[(K_1/2)(s_1s_2 + s_2s_3 + s_4s_3 + s_4s_1)\right. \\
& \left. + K_2(s_1s_3 + s_2s_4) + K_3s_1s_2s_3s_4\right]\} \\
& \times \{\exp\left[(K_1/2)(s_2s_3 + s_3s_8 + s_7s_8 + s_7s_2)\right. \\
& \left. + K_2(s_2s_8 + s_7s_3) + K_3s_2s_7s_8s_3\right]\}\cdots.
\end{aligned}
$$

注意到每一个最近邻对均恰好重复出现两次, 例如 s_2s_3 分别出现在对 s_5, s_6 求和后产生的玻尔兹曼因子中. 然而, 每一个次最近邻对 (例如, s_1s_3 和

$s_2 s_4$) 仅仅出现一次; 还有正方形角上的四个自旋 (例如, $s_1 s_2 s_3 s_4$) 的集合也仅出现一次. 于是,

$$Q(K, N) = \sum_{N \text{个自旋}} \exp\left[K \sum_{ij}{}' s_i s_j\right] = [f(K)]^{N/2} \sum_{N/2 \text{个自旋}} \exp\left[K_1 \sum_{ij}{}' s_i s_j\right.$$
$$\left. + K_2 \sum_{lm}{}'' s_l s_m + K_3 \sum_{pqrt}{}''' s_p s_q s_r s_t\right],$$

其中带双撇的和是对所有次最近邻自旋的和 (在有 $N/2$ 自旋的晶格中), 带三个撇的和则是对围绕正方形相邻四个自旋的所有集合的和.

注意所发生的事情. 我们已去除了系统的自由度, 且由于二维系统的拓扑结构——即高度的连通性, 导致剩余自由度之间的有效相互作用比原始问题中的相互作用更加复杂. 这在非平凡相互作用系统中是很常见的事情. 我们研究流体时还将看到这个情况. 由于这些更加复杂的相互作用, 上述方程不是可以精确地进行重正化群计算的形式. 为进行下去, 我们必须对已部分求和的配分函数的被加式作这样一种方式的近似, 使得已部分求和的量类似于未求和的函数. 最简单的近似是完全忽略 K_2、K_3, 这将给出

$$Q(K, N) \approx [f(K)]^{N/2} Q(K_1, N/2),$$

其中

$$K_1 = \frac{1}{4} \ln \cosh(4K).$$

这些方程与在一维分析中得到的方程等价, 它们预言系统没有相变.

为得到更好的结果, 至少必须计及 K_2. 进行这种处理的一个简单方案是做平均场近似, 试图将非最近邻相互作用的影响与改变最近邻之间的耦合相结合起来:

$$K_1 \sum_{ij}{}' s_i s_j + K_2 \sum_{lm}{}'' s_l s_m \approx K'(K_1, K_2) \sum_{ij}{}' s_i s_j.$$

由这个近似可得

$$Q(K, N) = [f(K)]^{N/2} Q[K'(K_1, K_2), N/2].$$

令 $g(K) = N^{-1} \ln Q(K, N)$ 表示每个自旋的自由能. 因此, 有

$$g(K) = \frac{1}{2} \ln f(K) + \frac{1}{2} g(K'),$$

或

$$g(K') = 2g(K) - \ln \left\{ 2 \left[\cosh(2K) \right]^{1/2} \left[\cosh(4K) \right]^{1/8} \right\}. \tag{b}$$

练习 5.15 导出这些公式.

通过考虑所有自旋排成一列时系统的能量可以估算 K'. 在有 $N/2$ 个自旋的二维立方晶格中, 有 N 个最近邻的键, 也有 N 个次最近邻键, 则当所有自旋排成一列时,

$$K_1 \sum_{ij}{}' s_i s_j = N K_1, \quad K_2 \sum_{lm}{}'' s_l s_m = N K_2.$$

因此, 可以估算出

$$K' \approx K_1 + K_2,$$

或者由 $K(K_1)$ 和 $K(K_2)$ 的方程可得

$$K' = \frac{3}{8} \ln \cosh(4K). \tag{c}$$

方程 (c) 有一个非平凡不动点. 即存在一个有限的 K_c, 满足关系

$$K_c = \frac{3}{8} \ln \cosh(4K_c).$$

确实, 有

$$K_c = 0.50698.$$

方程 (c) 和 (b) 是重正化群方程, 它们可以迭代求解而预言二维伊辛模型的热力学性质. 在该情况下, 流图分为两个部分:

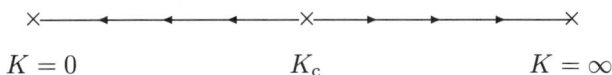

练习 5.16 证明若 $K < K_c$, 方程 (c) 将给出 $K' < K$. 类似地, 证明若 $K > K_c$, 方程 (c) 将给出 $K' > K$.

因为迭代将远离 K_c, 这个非平凡不动点称为不稳定不动点. 然而, 在 0 和 ∞ 处的平凡不动点称为稳定不动点.

为了实现重正化群方程 (b) 和 (c), 它们的逆是有用的:

$$K = \frac{1}{4} \cosh^{-1} \left(\mathrm{e}^{8K'/3} \right), \tag{c'}$$

以及

$$g(K) = \frac{1}{2} g(K') + \frac{1}{2} \ln \{ 2 \mathrm{e}^{2K'/3} [\cosh(4K'/3)]^{1/4} \}. \tag{b'}$$

练习 5.17 导出这些方程.

根据在 $K = K_c$ 附近的泰勒展开式, 可以发现热容量

$$C = \frac{\mathrm{d}^2}{\mathrm{d}K^2} g(K),$$

在 $K \to K_c$ 时按如下幂次律发散:

$$C \propto |T - T_c|^{-\alpha},$$

其中 $T = (J/k_B K)$ 且

$$\alpha = 2 - \frac{\ln 2}{\ln\left(\mathrm{d}K'/\mathrm{d}K \mid_{K=K_c}\right)}$$

$$= 0.131.$$

练习 5.18 证明这个结果.

于是, 我们将不动点 K_c 与相变联系了起来. 临界温度由下式给出

$$\frac{J}{k_B T_c} = 0.50698.$$

它接近于由昂萨格的解得出的下列精确值,

$$\frac{J}{k_B T_c} = 0.44069.$$

重正化群对弱发散热容量的预言与昂萨格的以下结果定性地一致,

$$C \propto -\ln|T - T_c|.$$

这一应用表明, 即使是非常粗略的近似, 重正化群理论也提供了一个考察多体问题的强有力的方法. 然而, 在结束本节之前, 让我们总结一下本节中所作出的几点观察. 其一是, 随着积掉的自由度越来越多, 产生合作性以及相变的连通性或拓扑也导致越来越复杂的相互作用. 例如, 再次考虑本节开头画出的方晶格, "积掉" 自旋 5 意味着已对那个自由度的可能涨落进行了玻尔兹曼抽样. 由于自旋 5 直接与自旋 1、3 及 4 耦合, 对自旋 5 涨落 (即它的位型态) 的玻尔兹曼加权求和依赖于其它四个自旋各自的特定态. 因而, 比方说, 自旋 4 通过自旋 5 的涨落 "感觉到" 了自旋 1 的态. 在积掉最初 $N/2$ 自旋后剩余下的晶格中, 1 和 4 不是最近邻, 1 和 3 也不是.

然而在重正化群步骤的第二个阶段中它们也是明显地耦合的. 这是有复杂的相互作用的缘由. 这些新的耦合显然是模型的连通性所固有的. 在一维情况, 缺乏这个连通度, 通过去除自由度并不能产生更复杂的相互作用, 因而也没有相变出现.

事实上, 当我们试图用重正化群的步骤而忽略复杂的相互作用时, 我们无法在二维模型中预言存在相变. 一种考虑去除自由度后相互作用发生变化的方式是, 设想有一个耦合常数 $K_1, K_2, K_3, \cdots$ 构成的多维相互作用参数空间. 在这种情况下, 配分函数依赖于所有这些参数, 即

$$Q = Q(K_1, K_2, K_3, \cdots ; N),$$

其中 $\cdots$ 用来表示所有可以想到的相互作用 (比如说, 包含 6 个自旋的相互作用) 的耦合常数. 实际所感兴趣的配分函数为 $Q(K, 0, 0, \cdots ; N)$, 但是重正化群过程中的第一个相互作用给出

$$Q(K, 0, 0, \cdots ; N) = [f(K)]^{N/2} Q(K_1, K_2, K_3, 0, \cdots ; N/2).$$

因此, 为了用重正化群方法计算配分函数, 我们必须考虑多维空间中耦合常数的变换. 正是仅仅通过近似, 我们将流局限在这个参数空间中的一条线上.

在即将结束本节时, 我们注意到, 重正化群这个理论最初是为研究二级相变而提出的, 但是长度标度和卡丹诺夫变换, 哈密顿量的流或者耦合参数空间中的流以及不动点等概念已远远超出这个应用, 正逐渐进入物理、化学以及工程等学科的许多分支领域中.

§5.8 二能级量子力学系统和伊辛模型之间的同构

统计力学技术, 例如重正化群方法, 对于物理学的各种不同领域都是非常重要的, 原因之一是量子理论与经典统计力学之间有同构性. 这里我们将通过二态量子系统的统计行为如何同构于经典伊辛模型的行为来阐释这种联系.

我们考虑练习 3.21 中描述的模型. 特别是, 我们想象一个量子力学粒子 (一个在混合价键化合物中的电子) 在两个不同的局域态之间涨落或共振. 随着这个粒子从一个位置移动到另一个位置, 系统的偶极矩对其平均值的偏离改变符号. 偶极矩的这个可变性使得周围介质的瞬时电场与系统耦合. 采用矩阵形式, 这个二态系统的哈密顿量和偶极算符为:

$$\mathcal{H}_0 = \begin{bmatrix} 0 & -\Delta \\ -\Delta & 0 \end{bmatrix} \text{ 和 } m = \begin{bmatrix} \mu & 0 \\ 0 & -\mu \end{bmatrix}.$$

练习 5.19 证明上述哈密顿量的本征能量是 $\pm\Delta$ (即两个能级之间的间隔是 2Δ), 且本征矢量与 $(1, \pm1)$ 成正比.

偶极矩与电场 $\mathscr{E}$ 的耦合导致总哈密顿量为

$$\mathscr{H}_0 - \mathscr{E}m.$$

我们将假定周围的介质与量子力学系统相比是比较惰性的, 这意味着 $\mathscr{E}$ 不是动力学量, 因此 $\mathscr{E}$ 不是算符. 对于给定的 $\mathscr{E}$, 二能级系统的配分函数为

$$Q(\mathscr{E}) = \mathrm{Tr}\, \mathrm{e}^{-\beta(\mathscr{H}_0 - m\mathscr{E})},$$

其中迹 Tr 是对量子系统的两个态求的.

下一步是至关重要的技巧. 我们将玻尔兹曼算符分成 P 个全同的因子

$$Q(\mathscr{E}) = \mathrm{Tr}\left[\mathrm{e}^{-(\beta/P)(\mathscr{H}_0 - m\mathscr{E})}\right]^P. \tag{a}$$

对于足够大的 P, 我们可以使用下列结果

$$\mathrm{e}^{-(\beta/P)(\mathscr{H}_0 - m\mathscr{E})} = \mathrm{e}^{-(\beta/P)\mathscr{H}_0}\mathrm{e}^{(\beta/P)m\mathscr{E}}[1 + O(\beta/P)^2]. \tag{b}$$

练习 5.20 将指数算符展开, 验证该方程的左右两边到 β/P 的一阶项是一致的, 而二阶项的偏离中包含对易子 $[\mathscr{H}_0, m]$.

这样, 通过取足够大的 P, 我们能避免数学上与非交换算符有关的困难. 然而相应地, 我们必须考虑 P 个独立的玻尔兹曼算符 $\exp[-(\beta/P)(\mathscr{H}_0 - m\mathscr{E})]$. 这些算符中每一个的矩阵元可以分析如下: 令 $u = \pm1$ 表示量子系统的状态. 我们有

$$\langle u|m|u'\rangle = \delta_{uu'}\mu u, \tag{c}$$

以及

$$\langle u|\mathscr{H}_0|u'\rangle = -(1 - \delta_{uu'})\Delta = \frac{1}{2}(uu' - 1)\Delta. \tag{d}$$

因此, 由 (d) 可得,

$$\left\langle u\left|\mathrm{e}^{-\varepsilon\mathscr{H}_0}\right|u'\right\rangle = \begin{cases} 1 + O(\varepsilon^2), & u = u' = \pm1, \\ \varepsilon\Delta + O(\varepsilon^3), & u \neq u' = \pm1, \end{cases}$$

或者

$$\left\langle u\left|\mathrm{e}^{-\varepsilon\mathscr{H}_0}\right|u'\right\rangle = \sqrt{\varepsilon\Delta}\,\mathrm{e}^{-uu'\ln\sqrt{\varepsilon\Delta}}[1 + O(\varepsilon^2)]. \tag{e}$$

另外, 由 (c) 得

$$\langle u|e^{\varepsilon m \mathscr{E}}|u'\rangle = \delta_{uu'} e^{\varepsilon \mu u \mathscr{E}} \tag{f}$$

因此, 综合 (b),(e) 和 (f) 可得

$$\left\langle u|e^{-\varepsilon(\mathscr{H}_0 - m\mathscr{E})}|u'\right\rangle = \sqrt{\varepsilon \Delta} \exp\left[-uu' \ln \sqrt{\varepsilon \Delta} + \varepsilon \mu \mathscr{E} u\right] \left[1 + O(\varepsilon^2)\right], \tag{g}$$

这里我们引入了小的温度倒数

$$\varepsilon = \frac{\beta}{P}.$$

式 (a) 中的迹可以用通常的矩阵乘法规则计算, 也就是

$$\mathrm{Tr}\, A^P = \sum_{u_1, u_2, \cdots, u_p} A_{u_1 u_2} A_{u_2 u_3} \cdots A_{u_p u_1}.$$

于是, 使用 (g) 式我们得到

$$Q(\mathscr{E}) = \lim_{P \to \infty} \sum_{u_1, u_2, \cdots, u_P = \pm 1} (\varepsilon \Delta)^{P/2} \exp\left[\sum_{i=1}^{P} (\kappa u_i u_{i+1} + h u_i)\right],$$

其中 $\kappa = -\ln \sqrt{\varepsilon \Delta}$, $h = \varepsilon \mu \mathscr{E}$, 并且应用了周期边界条件 $u_{P+1} = u_1$. 极限 $P \to \infty$ 是必须的以确保 (g) 式中的 ε^2 阶项可以被忽略. 这关于 $Q(\mathscr{E})$ 的上述公式证明了同构性, 因为公式的右边确实与有磁场的一维伊辛磁体的配分函数完全相同.

我们在导出同构时所用的方法与 20 世纪 40 年代由理查德·费曼所引入的导出他的量子力学路径积分形式的方法相同. 事实上, 对于同构的伊辛磁体位形的求和就是对二态量子力学系统的量子路径的求和. 在同构磁体中的相邻反向平行自旋对应于跃迁或隧穿事件, 其中量子粒子从一个空间态移动到其它态, 也就是, 在混合价键化合物中的电子在两个核之间共振. 图 5.11 说明了这种同构. 图的上部画出了量子系统在 $u = +1$ 和 $u = -1$ 的态之间移动时的一条路径. 图的下部画出了同构伊辛磁体的对应位形. 伊辛磁体中的无序与共振或者量子隧穿一致. 另一方面, 有序的同构伊辛磁体与不发生隧穿的空间定域态对应.

在练习 5.26 中将考虑这个二态模型与一个缓变涨落电场的耦合如何引起定域化的发生或是隧穿效应的抑制, 并且在同构的伊辛磁体中这种定域化对应于有序–无序转变. 作为对那个练习的绪论, 让我们考虑一下这个问题的能量本征值. 对于 $\mathscr{E}$ 的一个给定值, 2×2 哈密顿量的对角化可以得出以下两个能级 (参见练习 3.21):

$$\pm \sqrt{\Delta^2 + \mu^2 \mathscr{E}^2}.$$

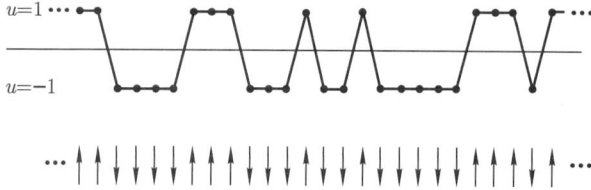

图 5.11   量子路径 (上图) 与对应的同构伊辛磁体的位形 (下图)

现在设想不存在二态系统时, 电场缓慢地涨落并且按照高斯概率分布

$$P(\mathscr{E}) \propto \exp(-\beta \mathscr{E}^2/2\sigma),$$

这里 σ 是一个确定典型电场涨落大小的参数; 确实, 在没有二态系统时,

$$\langle \mathscr{E} \rangle = 0,$$

并且

$$\langle \mathscr{E}^2 \rangle = \frac{\sigma}{\beta}.$$

这个信息再加上与电场耦合的二态系统的能级允许我们可以写出整个系统的能量

$$E_\pm(\mathscr{E}) = \frac{\mathscr{E}^2}{2\sigma} \pm \sqrt{\Delta^2 + \mu^2 \mathscr{E}^2}.$$

我们有两个能量 $E_\pm(\mathscr{E})$, 因为改变场 $\mathscr{E}$ 的可逆功取决于这个二态系统是处于它的基态还是激发态. 注意, 我们假定 $\mathscr{E}$ 的涨落是缓慢的实际上是假定这些涨落不会引起在两个稳定量子态之间的跃迁. 在通常的量子力学术语中, 这个假定被称为绝热近似 (adiabatic approximation). 在第四章当我们讨论玻恩–奥本海默近似时, 我们在一个不同的背景下考虑过这种近似. 在图 5.12 中, 与这个问题相应的能量曲面图表明, 当 $\mathscr{E}$ 的涨落足够大时——即当 $\sigma\mu^2 > \Delta$ 时——则 $\mathscr{E} = 0$ 的位形在基态是不稳定的. 稳定基态的极小值对应于二态系统与一个净电场耦合的情况. 这个电场破坏了二态系统的偶极对称性, 导致了非零偶极矩的产生. 同时, 这个净极性对应于偶极矩的局域化或者隧穿的抑制.

这个类相变 (phase transition-like) 行为在包括电子转移过程的各种凝聚量子现象中起着重要的作用. 在研究了练习 5.26 后, 读者可能会希望用下列方式重新考虑这种现象: 由于共振偶极矩在从一个位形过渡到另一个位形时符号交替变化, 它与电场的耦合程度不如非共振的局域偶极矩那样强. 强的相互作用在能量上也是一个有利的相互作用, 因为对于足够大的

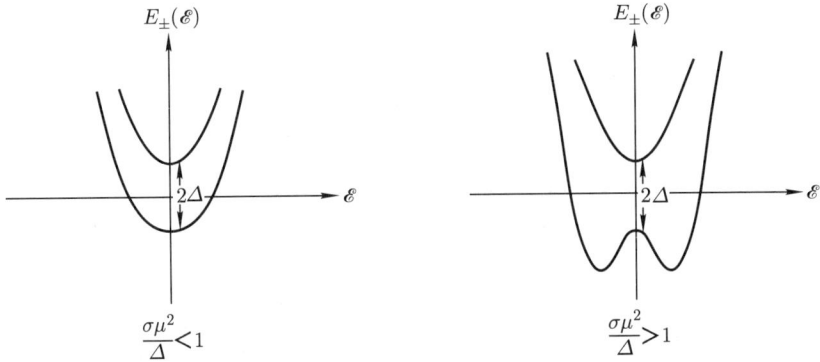

图 5.12 与场耦合的二态系统的能量

σ, 易受影响的电场会涨落并沿平行于偶极矩的方向取向. 正是这种趋向于强的并且能量上有利的相互作用的偏向性导致在这个模型中以及自然界中发现的许多分子系统的行为中观察到的破缺对称性和局域化. 这种类形的局域化现象常称为自俘陷 (self-trapping).

在结束这一节前的最后一个评述是一个建议, 这是一个小心谨慎的言词, 也是一个鼓励性的言词: 尝试推广我们已经导出的二态量子系统和伊辛磁体之间的同构性. 特别是, 考虑有三 (或更多) 态的量子系统. 你会发现量子路径的抽样确实可以映射为一个经典统计力学问题. 但是现在, 一般地, 在多态 "自旋" 之间的最近邻耦合涉及复数. 这个特征意味着我们必须进行有交替变化符号的玻尔兹曼加权求和. 换句话说, 有三 (或更多) 态的量子系统与其中某些态有负 "概率" 的经典类伊辛系统同构. 你可能会思考二态模型中的什么特征使其避免了这个难题, 然后你可能会试图发明一种方法去避免三或多态系统的负概率的问题. 如果对一般情况你成功了, 发表你的成果!

附加练习

5.21. 在外磁场中一维伊辛磁体的正则配分函数为:

$$Q = \sum_{\substack{s_1, s_2, \cdots, s_N \\ = \pm 1}} \exp\left[\sum_{i=1}^{N}(h s_i + K s_i s_{i+1})\right],$$

其中 $h = \beta\mu H, K = \beta J$, 同时我们使用了周期边界条件, 即 $s_1 = s_{N+1}$.

(a) 证明 Q 可以表示为

$$Q = \text{Tr} q^N,$$

其中 q 是矩阵

$$q = \begin{bmatrix} \exp(-h+K) & \exp(-K) \\ \exp(-K) & \exp(h+K) \end{bmatrix}.$$

[提示: 注意到 Q 的指数中的被加式可以重写为 $h(s_i+s_{i+1})/2+Ks_is_{i+1}$.]

(b) 注意到矩阵的迹与表象无关, 证明 Q 可以表示为

$$Q = \lambda_+^N + \lambda_-^N,$$

其中 λ_+, λ_- 分别是矩阵 q 的最大和最小本征值.

(c) 确定这两个本征值, 并证明在热力学极限 $(N \to \infty)$ 下

$$\frac{\ln Q}{N} = \ln \lambda_+ = K + \ln \left\{ \cosh(h) + [\sinh^2(h) + e^{-4K}]^{1/2} \right\}.$$

这种计算配分函数的方法叫做转移矩阵法 (transfer matrix method).

(d) 求平均磁化强度并证明随着 $h \to 0^+$ 磁化强度趋于零. [提示: 可以将 $N^{-1} \ln Q$ 对 h 微分确定 $\langle s_1 \rangle$.]

5.22. 考虑有外磁场的一维伊辛模型. 采用适当的约化变量, 正则配分函数为

$$Q(K,h,N) = \sum_{s_1,s_2,\ldots,s_N} \exp\left[h \sum_{i=1}^{N} s_i + K \sum_{i=1}^{N-1} s_is_{i+1} \right].$$

(a) 对所有偶数自旋求和, 证明

$$Q(K,h,N) = [f(K,h)]^{N/2} Q(K',h',N/2),$$

其中

$$h' = h + \frac{1}{2} \ln\left[\frac{\cosh(2K+h)}{\cosh(-2K+h)} \right],$$

$$K' = \frac{1}{4} \ln\left[\frac{\cosh(2K+h)\cosh(-2K+h)}{\cosh^2(h)} \right],$$

以及

$$f(K,h) = 2\cosh(h) \left[\frac{\cosh(2K+h)\cosh(-2K+h)}{\cosh^2(h)} \right]^{1/4}.$$

(b) 讨论二维参数空间 (K,h) 中的重正化方程 $h' = h'(h,K), K' = K'(h,K)$ 的流图.

(c) 从在 $K = 0.01$ 的估计值

$$g(0.01,h) \approx g(0,h)$$

开始, 对几个 h 值观测重正化群变换的流, 同时通过重正化群方程估算 $g(1,1)$ 的值.

5.23. (a) 证明伊辛模型中每自旋的磁化强度如何对应于晶格气体中的密度 $\sum_i \langle n_i \rangle / V$.

(b) 对二维晶格气体, 在温度 – 密度平面内画出带标记的共存曲线图形.

5.24. 假设一个系统由 N 个 "隔板" 组成 (它形成一闭环以消除端点效应). 该系统的一小部分如图 5.13 所示. 每一 "晶胞" 包含两个且仅是两个 (氢) 原子——一个在顶部, 另一个在底部. 然而, 每个原子可以占有两个位置之一: "晶胞" 的左侧 (例如, "晶胞" jk 的底部原子) 和 "晶胞" 的右侧 (例如, "晶胞" ij 的底部原子或者晶胞 mn 的顶部原子). 所有可能位形 (具有与其相关联原子的一块 "隔板") 的能量由以下规则给出.

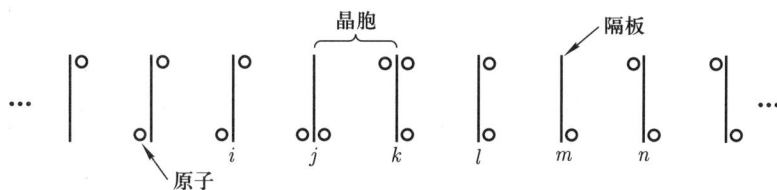

图 5.13 显示相变的大系统中的一部分

(i) 除非正好有两个原子与一块隔板相关联, 否则那个位形的能量是 (正) 无穷 (例如, $\varepsilon_k - \varepsilon_m - +\infty$).

(ii) 如果两个原子在一块隔板的同一侧, 则这种位形的能量为 0 (例如, $\varepsilon_l = 0$).

(iii) 如果两个原子在一块隔板的异侧, 则这种位形的能量为 ε (例如, $\varepsilon_i = \varepsilon_n = \varepsilon$).

(a) 根据以上规则, 由 N 块隔板以及与其关联的原子组成的系统有哪些可能的能级?

(b) 对于每个能级, 存在多少个态? 即每个能级的简并度是多少?

(c) 证明系统的正则配分函数由下列表示式之一给出:

$$Q = 2 + 2^N e^{-\beta N \varepsilon},$$

$$Q = 2 + 2N e^{-\beta \varepsilon}, \qquad \beta = \frac{1}{k_B T}$$

$$Q = 2^N + 2 e^{-\beta N \varepsilon}.$$

(d) 计算热力学极限下的单粒子自由能, 并且证明内能在某一温度 (记作 T_0) 变为不连续的. [提示: 对非常大的 m, α^m 在哪些 α 值处不连续?]

(e) 用 ε 和基本常数表示 T_0.

[你所求解的这个问题表示 KH_2PO_4 晶体中的 (铁电) 相变. 参见 Am. J. Phys. **36** (1968), 1114. 上文中的 "隔板" 表示 PO_4 基团.]

5.25. 根据文中讨论的平均场理论预测的热容量导出零场热容量的行为, 确定其在临界温度之上和之下的精确值.

5.26. 在本练习中, 考虑一个与二态量子系统同构的伊辛磁体. 假设电场 $\mathscr{E}$ 是具有下列高斯概率分布的一个随机涨落场,

$$P(\mathscr{E}) \propto \exp[-\beta \mathscr{E}^2 / 2\sigma].$$

(a) 对 $\mathscr{E}$ 进行积分, 证明可以得到配分函数

$$Q = \int_{-\infty}^{+\infty} \mathrm{d}\mathscr{E} \mathrm{e}^{-\beta \mathscr{E}^2 / 2\sigma} Q(\mathscr{E})$$

$$= \sqrt{\frac{2\pi\sigma}{\beta}} \lim_{P \to \infty} \left\{ (\varepsilon \Delta)^{P/2} \sum_{\{u_i\}} \exp \left[\sum_{i=1}^{P} \kappa u_i u_{i+1} + \frac{\beta \mu^2 \sigma}{2P^2} \sum_{i,j=1}^{P} u_i u_j \right] \right\},$$

这是具有长程相互作用的一维伊辛磁体的配分函数. 这里, 2Δ 是未受扰动的二态系统的能量间隔, $\varepsilon = \beta/P$ 以及 $\kappa = -\ln\sqrt{\varepsilon\Delta}$. 参见第 5.8 节.

(b) 由对电场涨落积分产生的长程相互作用可以诱导出一种抑制隧穿的相变, 即环境中的涨落引起量子系统的空间局域化. 通过下列步骤证明这个相变确实发生: 先求 $Q(\mathscr{E})$, 然后再证明对 $\mathscr{E}$ 的高斯加权积分得到的 Q 当 $\beta \to \infty$ 时是 σ 的非解析函数. 通过考虑 $\langle (\delta m)^2 \rangle$ 在何处发散确定发生相变时 σ 的临界值. [提示: 平方涨落 $\langle (\delta m)^2 \rangle$ 是 $\ln Q$ 的一个二阶导数.] 注意, 非零温度下, $\beta\Delta$ 是有限的. 同构的伊辛磁体在此情况下实际上是一个有限的系统, 没有局域化的转变发生.

5.27. 考虑在一个涨落磁场 h 中的一维伊辛磁体. 这个所考虑的特定模型具有配分函数

$$Q(\beta, N) = \int_{-\infty}^{+\infty} \mathrm{d}h \sum_{s_1, \ldots, s_N = \pm 1}$$

$$\times \exp \left\{ -\beta N h^2 / 2\sigma + \sum_{i=1}^{N} [\beta h s_i + \beta J s_i s_{i+1}] \right\},$$

其中 $s_{N+1} = s_1$. 注意, 当该系统很大时 (即 $N \to \infty$), h 的典型量值非常小. 尽管如此, 这个小涨落场的存在导致这个一维系统的有序–无序相变.

(a) 在 h 保持不变的情况下对涨落的自旋进行积分, 由此确定关于 h 的可逆功函数 $\widetilde{A}(h;\beta,N)$.

(b) 证明低于某一温度 (即高于某一 β 值) 时, 自由能 $\widetilde{A}(h;\beta,N)$ 变为 h 的双稳函数.

(c) 导出临界温度的方程, 在该温度之下系统显示对称破缺的现象.

参考文献

关于相变的现代理论, 有几篇优秀的评论, 例如

B. Widom, in *Fundamental Problems in Statistical Mechanics*, Vol. III, ed. by E. D. G. Cohen (North-Holland, 1975) pp. 1-45.

M. E. Fisher,in *Critical Phenomena*, Lecture Notes in Physics, Vol.186, ed by F. J. W. Hahne (Springer-Verlag, N. Y., 1983).

K. G. Wilson, Rev., Mod. Phys. **55**, 583 (1983).[1]

上面最后一篇评论是以威耳孙的诺贝尔奖获奖演讲为基础的, 它包括了对重正化群理论的简单评述, 也包括了作者对这一理论的发展历史的描述.

已故马上庚 (Shang-Keng Ma) 的著作中包含了关于伊辛模型, 相变中的边界和表面效应以及关于平均场理论的诸多有用的思想:

S. K. Ma, *Statistical Mechanics* (World Scientific, Philadelphia, 1985). [2]

长度标度变换下的自相似性或不变性是重正化群理论的核心, 也是 "分形" (fractal)理论的核心. 分形是不规则的几何结构 (如同海岸线). 对分形理论的通俗描述可参考曼德布罗特 (Mandelbrot) 的著作:

B. B. Mandelbrot, *The Fractal Geometry of Nature* (Freeman,San Francisco, 1982).[3]

关于相变这个专题的通用教材是斯坦利 (Stanley) 不久将要修订的著作[4]:

H. E. Stanley, *Introduction to Phase Transitions and Critical Phenomena* (Oxford University Press, London, 1972).

在本章的最后一节, 我们介绍了路径积分以及欧几里得 (虚) 时间的量子理论和统计力学之间的联系. 关于这个专题的标准教材是

R. P. Feynman and A. R. Hibbs, *Quantum Mechanics and Path Integrals* (McGraw Hill, N. Y., 1965).[5]

---

[1]部分内容有中译文, 重正化群和临界现象, 杨展如译, 物理, 1984 年第 5 期第 257 页. ——译注

[2]该书原为中文, 马上庚, 统计力学, 台湾: 环华出版事业股份有限公司, 1982. ——译注

[3]中译本, 大自然的分形几何学, 陈守吉等译, 上海远东出版社, 1998. ——译注

[4]事实上, 该著作自出版以来至今尚未修订. ——译注

[5]中译本, 量子力学与路径积分, 张邦固, 韦秀清译, 科学出版社, 1986. ——译注

第六章

统计力学中的蒙特卡罗方法

随着高性能计算机的出现和广泛应用,计算机模拟方法已成为研究多体系统的一种无处不在的手段. 这些方法的基本思想是: 借助计算机,人们可以明确地对包含 10^2 或 10^3 甚至 10^4 个自由度的系统的轨迹进行跟踪. 如果系统是恰当地构造的——就是说,如果使用物理上有意义的边界条件和粒子间的相互作用,轨迹将可用于模拟实际粒子集合的行为,对轨迹的统计分析将对粒子集合的性质作出有意义的预测.

这些方法的重要性在于,原则上它们可以给出所研究的哈密顿量的精确结果. 由此,模拟法为近似处理由相互作用粒子组成的非平凡系统提供了不可或缺的参考. 通常,模拟法本身是非常有效的,可以容易地对感兴趣的所有情形进行模拟,因而没有必要诉诸近似的和计算上更简单的处理方法. 然而,模拟法有一些重要的限制. 计算机 (在存储和时间两者) 的有限容量意味着人们仅可以考虑有限数量的粒子,只能跟踪有限长度的轨迹. 后一限制对人们可能获得的统计精度设置了上限,而前者阻止了大尺度标度涨落的研究. 随着我们越来越具体于一些特定的说明,这些问题也会变得越来越明晰.

有两类一般的模拟方法,一类叫做分子动力学方法 (molecular dynamics method). 这种方法考虑原子和分子的经典动力学模型,通过对牛顿运动方程积分形成轨迹. 这种处理过程给出了动力学信息以及平衡统计性质. 另一类方法叫做蒙特卡罗方法 (Monte Carlo method). 这种处理过程可以比分子动力学有更广泛的应用,因为它不仅可以用来研究经典的分子集合,也可以研究量子系统以及晶格模型. 然而,蒙特卡罗方法没有给出一个直截了当的方法以获得依赖于时间的动力学信息. 在本章中,我们对蒙特卡罗方法的讨论将集中于晶格模型, 伊辛磁体以及晶格气体, 这是一些我们已经具有一些经验的系统. 对这些系统进行的解释说明可以很容易地推广到更复杂的问题中.

在本章和后面几章中给出了几个计算机程序, 它们都是用 BASIC 语言编写的, 可在微型计算机上运行. 学生应该用这些程序以及练习里概述的推广进行实验. 对于获得对模拟计算的优势和限制的定性理解来说, 实验是必不可少的. 在所有情况下, 本章所分析的模型的许多性质从精确的解析结果中已经知道. 这些精确的结果给实验提供了指导, 而且在大胆尝试进入了解很少的领域之前, 用这些结果来测试模拟算法总是很有用的. 在第七章, 我们确实进入那样的领域, 对一个液体模型 (尽管是二维的模型) 给出了一个蒙特卡罗程序以及有关的计算.

§6.1 轨迹

轨迹是一个系统位形的时间变化序列. 例如, 晶格气体或伊辛磁体的位形是自旋变量的列表 $s_1, s_2, \cdots, s_N$. 令 $\nu = (s_1, s_2, \cdots, s_N)$ 是这个 N 维位形空间的一个点的缩写. 现在想象通过这个空间的一个路径. 令 $\nu(t)$ 代表这个路径上的第 t 步的列表 $s_1, s_2, \cdots, s_N$. 那么路径函数 $\nu(t)$ 就是一条轨迹. 作为示意, 我们可以将图 6.1 中的图形想象为一条轨迹的前八步. 字母 a, b, c, d 代表不同的位形. 例如, 或许 $u = (1, 1, -1, 1, \cdots), b = (1, -1, -1, 1, \cdots), c = (-1, -1, -1, 1, \cdots), d = (1, -1, 1, -1, \cdots)$.

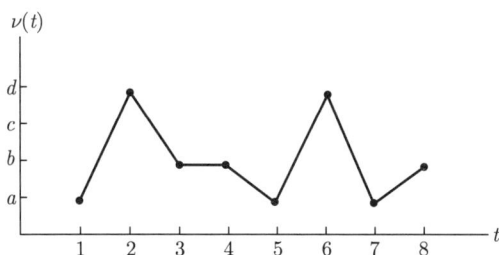

图 6.1　轨迹

系统的位形性质随着轨迹的延伸而改变, 对在有 T 步的一段轨迹所历经的位形, 性质 $G_\nu = G(s_1, s_2, \cdots, s_N)$ 的平均是

$$\langle G \rangle_T = \frac{1}{T} \sum_{t=1}^{T} G_{\nu(t)}.$$

在蒙特卡罗计算中, 通常使用热平衡平均 $\langle G \rangle$ 由下式给出的轨迹

$$\langle G \rangle = \lim_{T \to \infty} \langle G \rangle_T .$$

也就是轨迹是各态遍历的 (ergodic), 并且构造轨迹使得玻尔兹曼分布律和历经不同位形的相对频率是一致的. 实际上, 仅对有限的持续时间求得了这些轨迹, 因而对于位形的平均也仅是给出了 $\langle G \rangle$ 的一个估计值.

通过考虑作为时间 T 的函数的累积平均 (cumulative average), 我们可以将一个有限时间平均的有限统计精度可视化出来. 参见图 6.2. 围绕 $\langle G \rangle$ 的振荡的大小是与平均值的统计不确定性相一致的. 这一点可以这样理解, 将一个长轨迹分割成若干段相继的短轨迹. 如果短轨迹不是太短, 那么对这些子轨迹的每一个的平均可以视为统计独立的观测, 比较这些平均可以用来估计标准偏差. 这个思想可以用分割为长度 L 的增量的时间线这个图形来示意地说明:

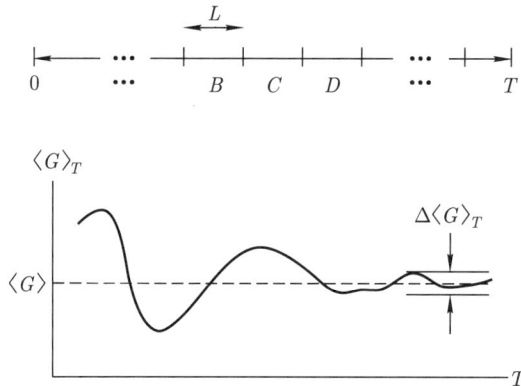

图 6.2 累积平均

将 $G_{\nu(t)}$ 对第 B 个增量的平均记为 $\langle G \rangle^{(B)}$. 显然,

$$\langle G \rangle_T = \frac{L}{T} \sum_{I=A,B,\cdots} \langle G \rangle^{(I)} .$$

进而, 对标准方差的计算可得到统计不确定性的估计值为

$$\Delta \langle G \rangle_T = \left[\left(\frac{L}{T} \right)^2 \sum_I \left(\langle G \rangle^{(I)} - \langle G \rangle_T \right)^2 \right]^{1/2} .$$

随着 $T \to \infty$, 该统计误差以 $T^{-1/2}$ 的方式趋近于零.

练习 6.1 试证明该公式所给出的 $\Delta \langle G \rangle_T$ 确实是描述累积平均 $\langle G \rangle_T$ 的图中所显示的振荡大小的估计值.

不幸的是, 直接应用这种类型的分析方法并不总是能可靠地得到统计误差. 当轨迹在可及位形空间中缓慢移动, 或者轨迹被俘陷于可及位形空间的一个子空间中, 在这种意义上系统是惰性的, 此时上述分析方法会出现问题. 这种惰性行为可能是由于系统的物理性质导致的, 也有可能是计算轨迹所采用的算法所导致的结果. 在轨迹仅仅在可及位形空间的一个子集中抽样这个准各态遍历的 (quasi-ergodic) 情况下, 我们可以想象一个大的势垒将系统限制在这个区域里. 当系统是惰性的时, 轨迹的两统计独立部分之间的时间或者步数 L 将会变得很大. 对于这种情况, 人们可能会误以为已经得到了完美的统计, 然而事实上系统仅通过了允许涨落的一个子集.

这种统计独立性的检验可以通过计算下列类型的关联函数

$$\frac{L}{T} \sum_I \left(\langle G \rangle^{(I)} - \langle G \rangle_T \right) \left(\langle G \rangle^{(I+1)} - \langle G \rangle_T \right)$$

并将该量的平方根与 $\langle G \rangle_T$ 比较而得到. 然而, 对于某个特定的性质 G, 即使该比值很小时, 仍然有可能某一其它 (缓变) 的性质在相继的增量之间有重要的关联, 当使用模拟时, 总是应该关注这些想法. 总需要一定程度的实验以表明统计结果是否是可靠的. 尽管各种迹象可能很令人信服, 但它们决不是决定性的.

练习 6.2 描述一个模型系统, 你可以设想这样的情形, 粒子的牛顿轨迹是准各态遍历性的. 一个例子可能是填入固定体积和亚稳态晶格位形的圆球粒子系统. 注意, 如果容器的体积可以涨落和变形, 在其中生成的轨迹有可能最终移动到稳定的晶格位形上.

§6.2 蒙特卡罗轨迹

现在我们来考虑产生一条轨迹的规则或者算法. 这种算法不对应于真实的动力学. 然而, 它是实现通过位形空间的无规行走的一种方法. 进一步, 我们将表明在没有准各态遍历问题的前提下, 对这些统计轨迹的平均确实对应于平衡系综的平均. 这种方法称为蒙特卡罗方法. (这个名字的来源确实与使用随机数序列有关——一种在那个欧洲城市[1]中玩轮盘赌时所

---

[1] 即摩洛哥赌城蒙特卡罗. ——译注

遇到的那种类型的序列.)

对于任一大的非平凡系统,可能位形的总数是巨大的天文数字,对所有这些位形作直接的抽样是不现实的. 民意调查者们想要估计一大群人的爱好时会遇到类似的情形. 在这种情况下,研究者们设计了一种有效的方法,就是从总人数的一个相对小但是有代表性的部分中获得估计值. 蒙特卡罗计算也是如此. 通过系统完成在位形空间中的无规行走,其访问各位形的相对频率与平衡系综分布一致,这样可以产生代表性的态或者位形的一个抽样. 对于一个仅仅有 $20 \times 20 = 400$ 个自旋的小二维伊辛磁体,总的位形数是 $2^{400} > 10^{100}$. 然而蒙特卡罗过程仅成功地抽取 10^6 个位形就能按常规处理这样的系统. 原因在于,是依照这样的方式设计蒙特卡罗方案的,轨迹主要探测那些统计上最重要的态. 这 2^{400} 个态中的绝大多数态处于能量极高的状态,在玻尔兹曼分布中它们的权可以忽略不计,因此不用对它们进行抽样.重要性抽样 (importance sampling) 这个词用来描述这样的方案,它偏向于探测位形空间中统计上重要的区域.

因为蒙特卡罗过程并不是真正的动力学过程,我们有很大的灵活性来选择实现无规行走的特定算法. 在这里,我们将针对伊辛磁体给出一个合理的方法. 我们先赋予系统一个初始位形. 然后我们在这个集合中随机挑选出一个自旋. 自旋的随机选择可以借助于伪随机数生成器 (pseudo-random number generator)(一种算法,它生成在 0 和 1 区间中均匀分布的一长串随机数列) 完成[1]. 由于这 N 个自旋或许可以用 $s(I)$ $(1 \leqslant I \leqslant N)$ 来标记,我们可以将与产生的随机数乘以 N 最接近的整数选为 I 来指定一个自旋. 也可以采用其它的方法. 比方说,在二维伊辛模型中,最方便的标记方法是用矢量 $s(I, J)$ 来标记自旋,其中 $1 \leqslant I, J \leqslant \sqrt{N}$. 在该情况下,我们可以生成两个随机数 x 和 y,并且分别用与 $\sqrt{N}x$ 和 $\sqrt{N}y$ 最接近的整数作为 I 和 J.

已经随机选取了一个自旋,我们接下来考虑新的位形 ν',它由旧位形 ν 翻转一个随机选定的自旋而产生. 比如,$\nu \to \nu'$ 可以对应于:

$$(\cdots, 1, -1, 1, 1, \cdots) \longrightarrow (\cdots, 1, 1, 1, 1, \cdots)$$

↑   ↑
随机选定的自旋   随机选定的自旋

改变位形也就改变了系统的能量,能量改变量为

$$\Delta E_{\nu\nu'} = E_{\nu'} - E_{\nu}.$$

这个能量差通过玻尔兹曼分布决定了各个位形的相对概率,通过是否接受

---

[1]用数字计算机作为标准软件和/或硬件通常可得到伪随机数生成器.

或拒绝向新位形的移动的一个舍取判据, 可以将这个概率加入到蒙特卡罗轨迹中.

特别地, 如果能量变化 $\Delta E_{\nu\nu'}$ 是负的或者为 0, 就接受移动, 即系统可以变到新的位形. 然而, 如果 $\Delta E_{\nu\nu'}$ 是正的, 我们就在 0 和 1 之间抽取一个随机数 x, 仅当有 $\exp(-\beta\Delta E_{\nu\nu'}) \geqslant x$, 接受移动. 否则, 在下一步中系统到新位形的移动就被拒绝. 换句话说, 对于

$$\nu(t) = \nu,$$

我们有,

$$\nu(t+1) = \nu', \quad \text{当 } \Delta E_{\nu\nu'} \leqslant 0 \text{ 时},$$

以及当 $\Delta E_{\nu\nu'} > 0$ 时,

$$\nu(t+1) = \begin{cases} \nu', & \exp(-\beta\Delta E_{\nu\nu'}) \geqslant x, \\ \nu, & \exp(-\beta\Delta E_{\nu\nu'}) < x. \end{cases}$$

我们将这个过程重复几百万次, 因而形成一条通过位形空间中的长轨迹.

这种生成轨迹的算法常称为米特罗波利斯 (Metropolis) 蒙特卡罗, 以对科学家 N. 米特罗波利斯, A. 罗森布鲁斯 (Rosenbluth), M. 罗森布鲁斯 (Rosenbluth), A. 泰勒 (Teller) 和 E. 泰勒 (Teller) 工作的认可, 他们在 1953 年首先发表了这种类型的计算法则[1]. 很容易确证这种过程的确提供了计算平衡统计平均的一种方法. 为看清这点, 我们可以用转移概率矩阵来解释这个过程. 这就是, 令

$w_{\nu\nu'} = $ 如果系统处于态 ν, 它将转移到态 ν' 的单位时间概率.

如果按照与该比率或转移矩阵相关联的一阶动力学关系, 我们有方程

$$\dot{p}_\nu = \sum_{\nu'} [-w_{\nu\nu'}p_\nu + w_{\nu'\nu}p_{\nu'}],$$

这里 p_ν 给出了轨迹在给定的时间处于态 ν 的概率.(这种形式的动力学方程常称为主方程 (master equation).) 平衡时, 在正则系综中 $\dot{p}_\nu = 0$ 并且

$$\frac{p_{\nu'}}{p_\nu} = \exp(-\beta\Delta E_{\nu\nu'}).$$

[1]N. Metropolis, A. W. Rosenbluth, M. N. Rosenbluth, A. H. Teller, E. Teller, Equation of State Calculations by Fast Computing Machines, Journal of Chemical Physics, **21** (6) (1953) 1087. ——译注

这些方程给出了细致平衡条件 (condition of detailed balance)

$$\frac{w_{\nu\nu'}}{w_{\nu'\nu}} = \frac{p_{\nu'}}{p_\nu} = \exp(-\beta\Delta E_{\nu\nu'}).$$

只要轨迹算法服从这个条件, 从轨迹中得到的统计与平衡正则系综的那些统计完全一致. 在米特罗波利斯算法中,

$$w_{\nu\nu'} \propto \begin{cases} 1, & \Delta E_{\nu\nu'} \leqslant 0, \\ \exp(-\beta\Delta E_{\nu\nu'}), & \Delta E_{\nu\nu'} \geqslant 0. \end{cases}$$

也就是, 当移动引起能量降低时, 接受移动的概率为 1; 而当能量的变化为正时, 则以指数概率接受移动. (注意: 均匀随机数分布与玻尔兹曼因子的比较产生该指数概率分布.) 给定了 $w_{\nu\nu'}$ 的这个公式, 显然米特罗波利斯蒙特卡罗方法将形成一条轨迹, 它按照位形的正则玻尔兹曼分布对位形抽样.

练习 6.3　构造并描述一个算法, 它使用一个随机数生成器并对伊辛磁体的态进行抽样. 态的抽样与下列分布一致

$$P_\nu \propto \exp(-\beta E_\nu + \xi M_\nu),$$

其中 M_ν 是自旋位形为 ν 的伊辛模型的磁化强度.

练习 6.4　描述一个蒙特卡罗算法, 对具有下列能级的模型的正则平衡态进行抽样

$$E_\nu = -(J/100)\sum_{ij}{}' s_i s_j, \quad \nu = (s_1, s_2, \cdots, s_N),$$

其中带撇的和是对方晶格的最近邻求的, 自旋 s_i 可以取一些整数值:

$$-10 \leqslant s_i \leqslant 10.$$

证明这个算法确实满足细致平衡条件. 注意, 当构建此算法时, 你必须指定尝试移动的步长大小. 考虑 $\Delta s_i = s_i(t+1) - s_i(t)$ 的量值大于 1 时各种尝试步长的可能性. 试问尝试移动的平均接受率是否依赖于 Δs_i 的平均大小?

本章末尾有一个用 BASIC 语言编写的针对有 $20 \times 20 = 400$ 个自旋的二维方晶格伊辛磁体的蒙特卡罗算法程序, 它使用了由 IBM PC 计算机提供的随机数生成器.

图 6.3 显示了数千步蒙特卡罗轨迹的演化过程. 为了诠释这张图, 注意到使用了周期边界条件. 当温度低于临界温度 ($k_B T_c/J \approx 2$) 时, 两相分

离仍然保持稳定. 但除了温度很低的情况, 分界面以不定型的方式明显地涨落. 在高温时, 轨迹迅速移动到高度无序的态. 将这种无序与在临界温度附近观测到的那些涨落的类型作比较, 可以注意到在 $T \approx T_c$ 附近涨落形成的图案与温度 T 远高于临界温度 T_c 时形成的图案有很大不同. 研究空间不同点的涨落之间的关联提供了一种量化这种图案识别的方法. 顺带说一下, 通过一个蒙特卡罗模拟轨迹得到合理的统计结果, 仅仅几千步

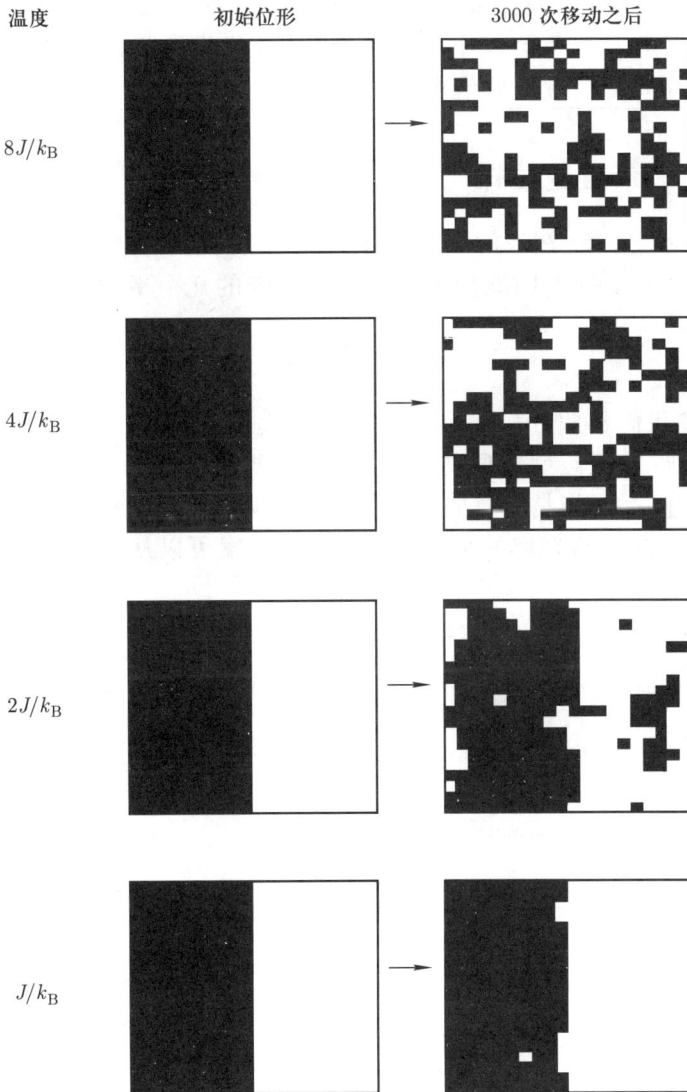

图 6.3　20×20 伊辛模型的一条蒙特卡罗轨迹中的位形

的移动是远远不够的. 此外, 如果我们对得到临界涨落的定量结果真正感兴趣, 400 个自旋的系统是太小的系统. 尽管如此, 这个系统足够简单, 可以用微型计算机进行检验, 是一个很有说明意义的教学工具.

练习 6.5   在计算机上运行这个蒙特卡罗程序. 计算自旋的平均值 (对轨迹上每隔一百步, 程序列出向上自旋的分数值). 证明当温度高于临界值时平均自旋为 0, 并通过证明当温度低于临界温度时平均自旋不为 0 来显示自发性对称破缺现象. 探讨你的观察结果对磁体的初始位形 (程序中已为你提供了初始位形的三个直接选择, 只需稍作修改就能扩大这种变化) 以及对抽样的持续时间的依赖关系.

---

§6.3   非玻尔兹曼抽样

假设对能量为 $E_\nu^{(0)}$ 的系统产生一条蒙特卡罗轨迹是很方便的, 但我们实际上对有下列不同能量关系的一个系统的几个平均值感兴趣

$$E_\nu = E_\nu^{(0)} + \Delta E_\nu.$$

例如, 假设我们希望分析一个推广的伊辛模型, 它不仅有最近邻之间的耦合, 也有某些非最近邻之间的耦合. 于是方便的轨迹可能对应于简单伊辛磁体的轨迹, ΔE_ν 将是所有非最近邻相互作用的和. 那么, 我们该如何从方便的轨迹去进行感兴趣的平均值的计算? 答案可以从如下玻尔兹曼因子的因子化中得到,

$$\mathrm{e}^{-\beta E_\nu} = \mathrm{e}^{-\beta E_\nu^{(0)}} \mathrm{e}^{-\beta \Delta E_\nu}.$$

利用这个简单的性质, 我们得到

$$Q = \sum_\nu \mathrm{e}^{-\beta E_\nu} = Q_0 \sum_\nu \mathrm{e}^{-\beta E_\nu^{(0)}} \mathrm{e}^{-\beta \Delta E_\nu} / Q_0$$
$$= Q_0 \langle \mathrm{e}^{-\beta \Delta E_\nu} \rangle_0,$$

这里 $\langle \cdots \rangle_0$ 表示是对能量 $E_\nu^{(0)}$ 所取的正则系综平均. 在第 5.5 节考虑热力学微扰理论方法时我们已经遇到过这种结果. 由于玻尔兹曼因子的因子化, 我们可以得到一个类似的结论

$$\langle G \rangle = Q^{-1} \sum_\nu G_\nu \mathrm{e}^{-\beta E_\nu} = \frac{Q_0}{Q} \langle G_\nu \mathrm{e}^{-\beta \Delta E_\nu} \rangle_0$$
$$= \frac{\langle G_\nu \mathrm{e}^{-\beta \Delta E_\nu} \rangle_0}{\langle \mathrm{e}^{-\beta \Delta E_\nu} \rangle_0}.$$

这些公式是称之为非玻尔兹曼抽样以及伞形抽样 (umbrella sampling) 的蒙特卡罗过程的基础. 特别地, 因为具有能量 $E_\nu^{(0)}$ 的一条米特罗波利斯蒙特卡罗轨迹可以用来计算记为 $\langle \cdots \rangle_0$ 的平均值, 我们可以使用因子化公式计算 $\langle G \rangle$ 和 (Q_0/Q), 即使使用 $E_\nu^{(0)}$ 的抽样与玻尔兹曼分布 $e^{-\beta E_\nu}$ 并不一致.

在这方面, 人们可能有的最简单的想法是, 通过取 $E_\nu^{(0)} = 0$ 从 $\ln(Q_0/Q)$ 计算总的自由能. 然而, 这个想法通常不是一个好的想法, 因为轨迹将是无偏的, 在探测能量为 E_ν 时位形空间的不可及区域时, 轨迹中的许多部分可能是未被充分利用的. 蒙特卡罗方法的特点是可以避免这种无效的探测. 当参考能量或者未被扰动的能量 $E_\nu^{(0)}$ 产生一条接近于能量 E_ν 的轨迹时, 非玻尔兹曼抽样是非常强有力的工具.

练习 6.6 考虑处于温度 T 以及另一个不同温度 T' 的两个伊辛磁体. 证明两者的单位温度自由能之差可以通过对处于两个温度之一的系统的一条蒙特卡罗轨迹求下列量的平均计算出来

$$\exp\left[-E_\nu \left(\frac{1}{k_B T'} - \frac{1}{k_B T} \right) \right].$$

非玻尔兹曼抽样在消除产生准各态遍历问题的瓶颈以及在关注稀有事件 (rare events) 方面也可以是非常有用的. 先考虑前者. 假定有一个大的激活势垒 (activation barrier) 将位形空间中的一个区域与另一个区域分隔开来, 再假定这个势垒可以被确认并且位于一个位形或一组位形上. 于是, 我们可以建立参考系统, 其中势垒已被移去. 即, 我们可以取

$$E_\nu^{(0)} = E_\nu - V_\nu,$$

其中 V_ν 在 E_ν 有势垒的区域中很大, 而在其它地方等于零. 基于能量 $E_\nu^{(0)}$ 的那些轨迹在势垒区域中确实耗费时间, 但是它们也会从势垒一侧穿越到另一侧, 这就为解决准各态遍历问题提供了一个方案.

我们所说的另一个情况发生在当我们对相对稀有的事件感兴趣的时候. 例如, 假定已知 $n \times n$ 集团中的自旋完全排列一致, 我们想要分析其周围自旋的行为. 这样的集团确实自发形成, 并且它们的出现可能会催生某些有意义的事情, 那么在蒙特卡罗轨迹形成的过程中, 这种完全排列一致的 $n \times n$ 集团的自然出现可能是非常稀有的事件.

练习 6.7 考虑在溶液理论中遇到的一个类似问题. 两个溶质溶于 400 个溶剂分子的液体中去模拟一个低溶质浓度的溶液. 假设这两个溶质之间强烈地相互作用, 并且我们感兴趣于研究这些相互作用, 因为它们由溶剂

来传递. 然后我们仅仅对溶质之间相互接近的那些位形感兴趣. 使用晶格模型并估计在整个系统中溶质接近到一起的可及位形的分数 (该分数是非常小的一个数).

对这些稀有事件我们是如何得到有意义的统计的, 而没有浪费时间在那些不相关的尽管是可及位形上的? 答案如下:

生成一条非玻尔兹曼抽样的蒙特卡罗轨迹, 其能量为

$$E_\nu^{(0)} = E_\nu + W_\nu,$$

这里 W_ν 对有意义的那些类别的位形为零, 在所有其它类别的位形, W_ν 很大. 这样的能量 W_ν 于是称为伞形势 (umbrella potential). 它使得蒙特卡罗轨迹偏倚于仅对有意义的稀有位形进行抽样. 以这种方式进行的非玻尔兹曼抽样称为伞形抽样.

为了说明这种方法, 我们在本节的余下部分考虑自由能函数 $\widetilde{A}(M)$ 的计算 (参见第 5.3 节). 对伊辛磁体, 该函数定义为

$$\exp\left[-\beta\widetilde{A}(M)\right] = \sum_\nu \Delta\left(M - \mu\sum_{i=1}^N s_i\right)\exp\left(-\beta E_\nu\right),$$

其中 $\Delta(x)$ 是克罗内克 (Kronecker) δ 函数 (当 $x = 0$ 时函数值为 1, 否则函数值为 0). 即 $\exp[-\beta\widetilde{A}(M)]$ 是对净磁化强度为 M 的那些态的玻尔兹曼加权和. 显然

$$\exp\left[-\beta\widetilde{A}(M)\right] \propto P(M) = \left\langle \Delta\left(M - \mu\sum_{i=1}^N s_i\right)\right\rangle,$$

其中 $P(M)$ 是观察到伊辛磁体的磁化强度为 M 的概率.[在无限大系统的极限下, 不同 M/μ 值之间的整数间隔与 M/μ 的在 $-N$ 到 N 之间的总范围相比变为无限小的间隔. 在这个极限下, 克罗内克 δ 函数可以用狄拉克 δ 函数代替, 因而 $P(M)$ 将才是一个概率分布.]

在关于 $\widetilde{A}(M)$ 的直接计算中, 人们将分析一条蒙特卡罗轨迹中一给定磁化强度的态所历经的次数. 通过这样的分析得出的频率分布和 $P(M)$ 成正比, 其对数确定 $\widetilde{A}(M)$. 在多数情况下, 这样一种计算过程是完全令人满意的. 然而, 如果我们考虑对称性破缺的情形 (即当 $T < T_c$ 时), 并且想要对一个比较大的 M 值的范围计算 $\widetilde{A}(M)$, 我们立即会遇到一个严重的问题. 特别地, 对于 $T < T_c$, $\widetilde{A}(M)$ 是 M 的一个双稳函数, 并且对于一个大的系统, 与 $M \approx \pm Nm\mu$ (这里 $m\mu$ 是每个自旋的自发磁化强度) 的那些态相比, 绝大多数态有可以忽略不计的统计权重. 例如, 即使对于有 $20 \times 20 = 400$

自旋这样相对小的系统, 在 $k_B T/J \approx 1$ 时, 表面能约为 $10k_B T$, 因而 $M = 0$ 态的概率大约仅为那些具有对称性破缺态的概率的 $\exp(-10)$. 因此, 历经 $M = 0$ 的态是稀有事件, 正因如此, 对这些稀有历经的区域将得到相对比较差的统计.

然而, 伞形抽样的方法可以避免这个困难. 我们选取一组伞形势或者窗口势

$$W_\nu = 0, \quad \text{当 } M_i - \frac{w}{2} \leqslant \mu \sum_{j=1}^{N} s_j \leqslant M_i + \frac{w}{2} = \infty, \quad \text{其它情况.}$$

对这些势中的每一个, 也即对每一个 M_i, 均进行一次模拟. 在每个窗口内, 对频率分布的分析用以确定磁化强度在 $M_i - \frac{w}{2}$ 到 $M_i + \frac{w}{2}$ 范围内的概率. 当磁化强度的整个范围均以这种方式研究后 [这需要最少 $(N\mu/w)$ 次的独立模拟], 通过要求 $P(M)$ 和 $\tilde{A}(M)$ 这些函数中的后者在从一个窗口变到下一个窗口时是连续的函数, 整个 $P(M)$ 并因而 $\tilde{A}(M)$ 就可以确定了. 这里, 注意到通过这个过程, $\tilde{A}(M)$ 在每个窗口中在相差一个可加常数的意义上被确定了. 这个常数的存在 (该常数从一个窗口到下一个窗口必须进行调整) 是这样的事实的一个结果, 即频率分布在相差一个归一化常数时确定了每个窗口中的概率.

图 6.4 是这个过程的示意图. 图 (a) 显示了一个窗口势;(b) 和 (c) 分别描述了一组概率和自由能 $\tilde{A}(M) = -\beta^{-1} \ln P(M)$, 它们是在埋想情形下从各窗口所得到的; 图 (d) 示出了一条连续曲线, 它是在假定各个窗口与其相邻窗口有公共点的情况下连接各个区域的 $\tilde{A}(M)$ 得到的.

考虑这个过程的一种途径是, 通过从一个窗口到下一个窗口的移动, 人们驱动系统可逆地通过各个相关的态. 它是 "可逆的", 这是因为在每个窗口内, 对所有态或者涨落按照玻尔兹曼分布进行抽样. 只要在每个窗口中 $\tilde{A}(M)$ 的变化不超过 1 或 $2k_B T$, 人们应该能够 (在足够长的轨迹上) 在每个窗口中精确地抽取统计量. 令 τ 表示在每个窗口内获得这样的统计量所需要的计算机时间. 那么, 确定 $\tilde{A}(M)$ 的总计算时间就是 $n\tau$, 这里 n 是跨越 M 的总范围所需的窗口数. 注意到[1]

$$\tau \propto w^2.$$

因此, 通过伞形抽样方法来确定 $\tilde{A}(M)$ 所需的总计算时间为

$$t_{\text{CPU}} \propto nw^2.$$

---

[1]在建立该正比性的论证中, 要求我们知道下列结果: 在随机游动或扩散过程 (例如蒙特卡罗) 中, 在时间 t 中通过的方均距离正比于 t. 在第八章我们将讨论扩散运动.

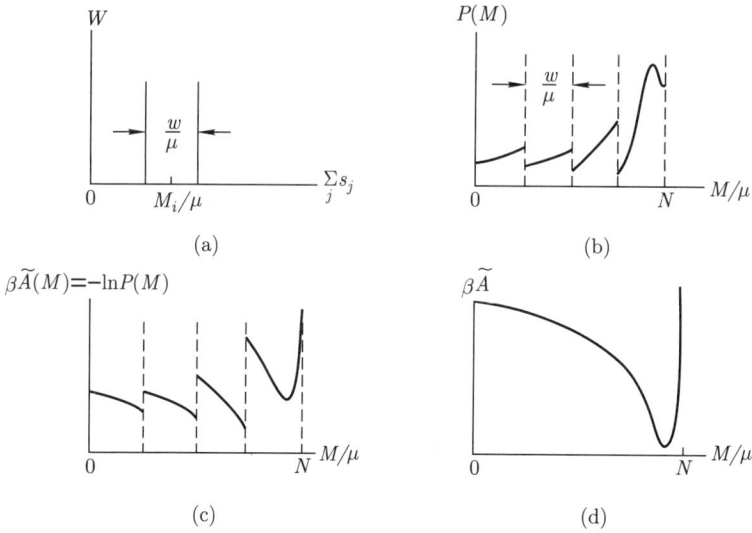

图 6.4　伞形抽样方法

现在, 如果我们不使用这种方法, 需要花费多长时间呢? 作为一个下限, 我们假定 $\widetilde{A}(M)$ 在 M 的整个范围内的改变不超过几个 $k_{\mathrm{B}}T$. 这个范围的大小为 nw. 因此, 对这个范围抽样的时间正比于 $(nw)^2 = nt_{\mathrm{CPU}}$. 所以, 没有窗口时的计算时间将是有 n 个窗口时的计算时间的 n 倍. 当 M 的范围内有相对高的 $\widetilde{A}(M)$ 值并从而有相对低的概率时, 伞形抽样的优点 (即较小的计算时间) 当然比这个更大.

练习 6.8　这个论证可能暗示, 通过选取非常狭窄的窗口将得到极限效率. 为什么这种论证是不正确的? [提示: 考虑蒙特卡罗轨迹中步的接受率.]

已经修改了 400 自旋伊辛磁体的 BASIC 程序用来进行伞形抽样计算 $\widetilde{A}(M)$. 图 6.5 呈现了用这种方法得到的一些代表性的结果.

这个计算采用的窗口宽度为 40μ, 即在 $M = 0$ 到 $M = 400\mu$ 之间使用了 10 个窗口. 在每个窗口中, 生成了长轨迹. 这里的算法和第 6.2 节给出的程序是相同的, 除了使用了一个附加的舍弃判据 (rejection criteria). 特别是, 如果总的磁化强度 $\mu\sum_i s_i$ 落在指定的窗口之外, 移动将被拒绝. 否则, 舍取判据 (acceptance-rejection criteria) 与米特罗波利斯方案完全相同. 在图中所提及的 "迭代 (pass)" 数指的是在每个窗口中生成的轨迹的长度. 一次迭代表示 $N = 400$ 次的尝试移动. 因此, 100 次迭代指的是一条 40000 步的轨迹. 从这个轨迹获得的统计显然没有从 5000 次迭代得到的统计那样好.

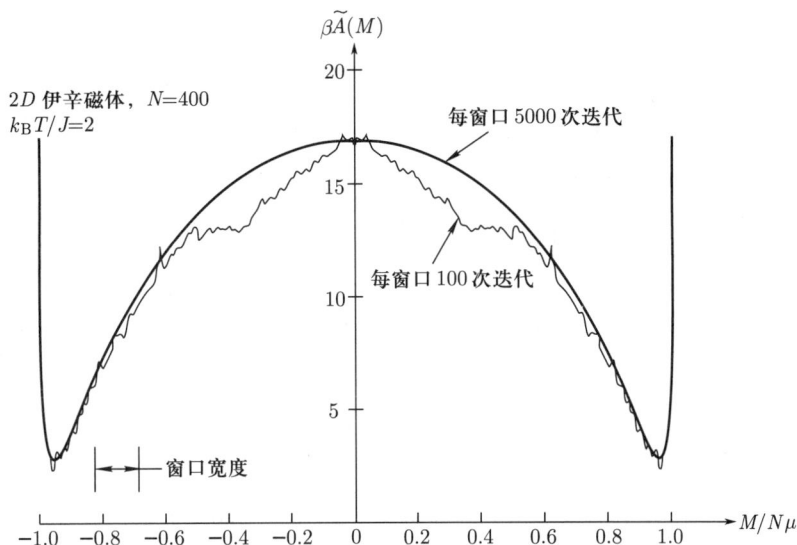

图 6.5 伞形抽样方法计算的 $\widetilde{A}(M)$

在结束这一节之前, 考虑我们已经计算出的自由能 $\widetilde{A}(M)$ 的定性行为是非常有趣的. 通过观察图 6.5, 我们发现计算确实显示了存在 $M \neq 0$ 的稳定态这个破缺对称性的特征, 进一步, 我们发现势垒非常平坦, 势阱非常狭窄. 你能预言这些特征是如何依赖于系统的大小的吗? 首先让我们考虑稳定态. 如果将 $\beta\widetilde{A}(M)$ 看成 $M/N\mu$ 的函数作图, 则 $\beta\widetilde{A}(M)$ 的最小值将随着 N 的增加而变小. 原因是, 对于稳定态之一, 势阱的宽度确定了序参数的自发涨落的典型大小, 并且因为 $\langle(\delta M)^2\rangle = \dfrac{\partial\langle M\rangle}{\partial\beta H}$, $M/N\mu$ 的方均根涨落是 $1/\sqrt{N}$ 的量级.

现在, 关于分隔稳定态的势垒又将如何呢? 这里, 随着 N 增加, 如图 6.5 中所见的势垒应该变得既高而又更平坦. 这种预测背后的分析推理集中于形成表面和表面激发的能量关系——这作为疑问留给学生思考.(提示: 首先考虑将有序伊辛磁体的一个区域改变为相反自旋的区域所涉及的能量. 要做到这一点, 必须产生一个表面, 而净磁化强度的大小将会降低. 其次, 考虑进一步降低 M 所需的表面激发的能量.)

§6.4 量子蒙特卡罗方法

在第 5.8 节, 我们介绍了离散量子路径的概念, 并说明了在这种表述下, 量子力学是如何与多自由度离散经典系统中对涨落的玻尔兹曼加权抽样同构的. 由于这样的抽样可以通过蒙特卡罗方法实现, 这种映射为进行量子蒙特卡罗计算奠定了基础. 在本节中处理的这种特定方法通常完整地称为路径积分量子蒙特卡罗方法 (path integral quantum Monte Carlo), 以区别于用来生成薛定谔方程数值解的许多其它蒙特卡罗抽样方案. 路径积分蒙特卡罗方法是研究非零温度量子系统所选取的方法.

通过只考虑一个模型——与高斯涨落场耦合的二态量子系统, 我们将讨论保持在一个相对简单的水平上. 这个模型已在第 5.8 节和练习 5.26 中考察过, 它是可以进行解析分析的系统. 将精确地解析处理与量子蒙特卡罗过程进行比较, 可以作为蒙特卡罗抽样是非常便利的方法的一个有用说明.

按照在第 5.8 节和练习 5.26 中给出的对模型的分析, 量子涨落是由下列分布进行抽样的

$$W\left(u_1, \cdots, u_P; \mathscr{E}\right) \propto \exp\left[\mathscr{S}\left(u_1, \cdots, u_P; \mathscr{E}\right)\right],$$

其中

$$\mathscr{S} = -\frac{\beta \mathscr{E}^2}{2\sigma} + \frac{\beta}{P}\mu \sum_{i=1}^{P} u_i \mathscr{E} - \frac{1}{2}\ln\left(\frac{\beta\Delta}{P}\right)\sum_{i=1}^{P} u_i u_{i+1}.$$

这里,

$$u_i = \pm 1$$

指定了量子路径上第 i 个点量子系统的态, 有 P 个这样的点, 并且周期性要求 $u_{P+1} = u_1$. 正如第 5.8 节中提到的, 参数 μ 和 Δ 分别对应偶极矩的大小和二态系统的隧穿分裂的一半. 电场 $\mathscr{E}$ 是一个在 $-\infty$ 到 ∞ 之间变动的连续变量. 但由于 σ 是有限值, $\mathscr{E}$ 值的大小相当常见地接近于 $\sqrt{\sigma/\beta}$.

量 $\mathscr{S}$ 常称为作用量 (action). 它是量子路径上 P 个点 $(u_1, \cdots, u_P)$ 的函数. 在路径上点的数目趋向无穷大, 即 $P \to \infty$ 的连续极限下, 量子路径的离散表示变为精确的. 在这种极限下, 路径从 P 个变量即 u_1 到 u_P 的一个集合变为一个连续变量的函数. 于是作用量为一个其值依赖于函数的量, 这样的量称为泛函 (functional).

在本章末给出了用 BASIC 语言编写的可在 IBM 个人计算机上运行的计算机程序, 它由下列过程抽样确定离散权函数 $W\left(u_1, \cdots, u_P; \mathscr{E}\right)$: 由一个给定的位形开始. 随机指定 u_1 到 u_P 以及 $\mathscr{E}$ 这 $P+1$ 个变量中的一个变量, 并且改变这个指定的变量. 例如, 如果这个变量是 u_i, 改变对应于 $u_i \to -u_i$. 另一方面, 如果所指定的变量是场 $\mathscr{E}$, 那么这种变化是 $\mathscr{E} \to \mathscr{E} + \Delta\mathscr{E}$, 这里 $\Delta\mathscr{E}$ 的大小是从借助伪随机数生成器产生的连续数集合中随机抽取的.

这种变化是引起作用量变化 $\Delta \mathscr{S}$ 的变量之一. 例如, 如果 $u_i \to -u_i$, 那么

$$\Delta \mathscr{S} = \mathscr{S}(u_1, \cdots, -u_i, \cdots; \mathscr{E}) - \mathscr{S}(u_1, \cdots, u_i, \cdots; \mathscr{E}).$$

将与这种变化相联系的玻尔兹曼因子 $\exp(\Delta \mathscr{S})$ 和从在 0 到 1 之间的均匀分布中所取的一个随机数 x 相比较. 如果

$$\exp(\Delta \mathscr{S}) > x,$$

则这个移动被接受. (注意, 如果 $\Delta \mathscr{S} > 0$, 则不需要明确地比较, 因为在这种情况下 $\exp(\Delta \mathscr{S}) > 1$.) 然而, 如果

$$\exp(\Delta \mathscr{S}) < x,$$

移动被拒绝. 一个被接受的移动意味着系统的新位形是变化了的位形. 一个被拒绝的移动意味着系统的新位形与原来的位形相同.

与第 6.2 节中所研究的伊辛模型一样, 对蒙特卡罗步 (step) 的这种标准米特罗波利斯过程 一遍又一遍地重复产生一条轨迹, 它按照统计权 $W(u_1, \cdots, u_P; \mathscr{E})$ 对位形空间进行抽样. 通过对这些轨迹求性质的平均得到的典型结果示于图 6.6 中. 图中所考虑的特殊性质是溶剂化能 (solvation energy), 它对应于电场和量子偶极矩之间的耦合的平均值, 即

$$E_{\text{solv}} = \left\langle \frac{1}{P} \sum_{i=1}^{P} \mu \mathscr{E} u_i \right\rangle.$$

图 6.6 说明了平均的收敛性, 因为它取决于有限的模拟步数以及有限的离散路径积分点的数目. 在这两种情况下, 只有当这两个数趋于无穷时原则上才能获得精确的结果.

注意该模型由两个无量纲量所完全表征: 约化温度倒数

$$\overline{\beta} = \beta \Delta$$

和局域化参数

$$L = \frac{\sigma \mu^2}{\Delta}.$$

正如第五章所讨论的, 当 $L > 1$ 时该模型显示出局域化的类相变行为. 在练习 6.14 中, 要求你运行量子蒙特卡罗程序, 并尝试观察这个现象.

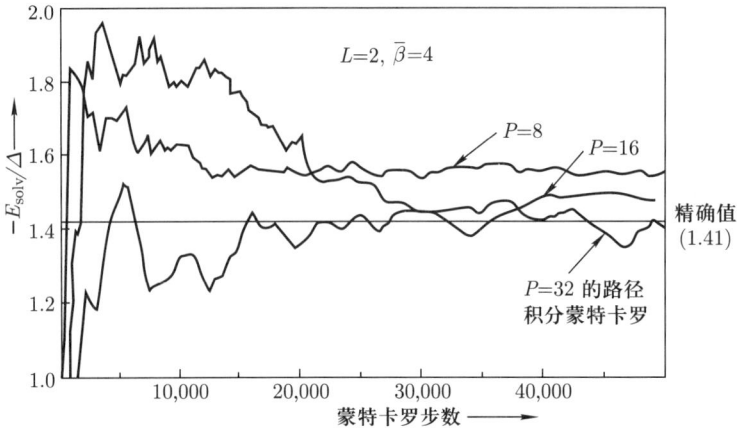

图 6.6   按路径积分量子蒙特卡罗计算的溶剂化能的累积平均

练习 6.9   证明在这个模型中平均耦合能的精确结果由下式给出:

$$E_{\text{solv}} = \frac{-\overline{\beta}\Delta \displaystyle\int_{-\infty}^{\infty} d\overline{\mathscr{E}} e^{-\overline{\beta}\,\overline{\mathscr{E}}^2/2L\overline{\mathscr{E}}^2} \sinh(\overline{\beta}\sqrt{1+\overline{\mathscr{E}}^2})}{\displaystyle\int_{-\infty}^{\infty} d\overline{\mathscr{E}} e^{-\overline{\beta}\,\overline{\mathscr{E}}^2/2L\overline{\mathscr{E}}^2} \cosh(\overline{\beta}\sqrt{1+\overline{\mathscr{E}}^2})}.$$

本章末给出了在量子路径上对 $P=32$ 个点产生这些结果的计算机程序.

附加练习

对于那些需要统计累积的问题, 你可能想用一个编译过的 BASIC 程序, 或者重写程序以在比 IBM 个人计算机更快的计算机上运行. 还要注意的是, IBM 个人计算机所载的最大整数是 32767. 因此, 当在那种机器上运行宏大的项目时, 你将要改变步长计数器来列出数百次的移动而不是单一的移动.

6.10. 对一个有 $20 \times 20 = 400$ 自旋并具有周期性边界条件的二维伊辛磁体构建米特罗波利斯蒙特卡罗程序. 运行程序并从轨迹中收集统计数据分析自旋统计. 尤其是, 计算

$$\langle s_i \rangle = \lim_{T \to \infty} \left\langle \frac{1}{N} \sum_{i=1}^{N} s_i \right\rangle_T$$

并且对自旋 i 和 j 之间的各种间隔计算关联函数

$$\langle s_i s_j \rangle - \langle s_i \rangle \langle s_j \rangle = \lim_{T \to \infty} \left[\left\langle \frac{1}{N_{ij}} \sum_{lm}^{(ij)} s_l s_m \right\rangle_T - \langle s_i \rangle_T^2 \right],$$

这里 $\sum_{lm}^{(ij)}$ 是对晶格中 l 和 m 之间分隔的距离与 i 和 j 之间的距离相同的所有自旋对的求和, N_{ij} 是晶格中这样的自旋对的总数. 对在临界点之上以及之下的温度进行这些计算. 尝试证明在临界点附近长程关联以及在临界温度以下自发对称性破缺的存在.

6.11. 考虑存在附加外场的二维伊辛模型, 附加场的能量为

$$\sum_{i=1}^{N} h_i s_i,$$

其中对位于方晶格首行左半部分的自旋 $h_i = +h$, 对方晶格首行左半部分的自旋 $h_i = -h$, 对所有其它位置 $h_i = 0$. 对于足够大的 h 以及 $T < T_c$ 的情况, 这个场将使界面偏向于接近方晶格的中部和边列的位置.

　　(a) 修改附录中给出的蒙特卡罗程序使它包含上述外场, 并使用修改后的程序观察界面的涨落.

　　(b) 利用修改的蒙特卡罗程序, 在一个远低于 T_c 的温度 (例如 $T \approx \frac{1}{2} T_c$), 确定处于方晶格左右列之间的中间列 (即 20×20 晶格的第 10 列) 上的自旋对的自旋–自旋关联函数.

　　(c) 进行与 (b) 相同的蒙特卡罗计算, 但现在是对从左数第五列上的自旋对.

　　(d) 画出 (b) 和 (c) 中得出的 $\langle s_i s_j \rangle - \langle s_i \rangle \langle s_j \rangle$ 随自旋之间距离变化的函数图形. 对你的观察进行评析. 如果系统的大小变成一个 40×40 的晶格, 并且抽样的列数分别变为第 10 列和第 20 列, 所得的结果将如何变化?

6.12. 你的计算机中包含能够产生均匀分布在 0 和 1 之间的 (近乎) 随机数序列 x 的伪随机数生成器. 设计一个算法, 它使用该随机数生成器产生随机数的一个高斯分布. 高斯分布为:

$$p(x) = \sqrt{\frac{\alpha}{\pi}} e^{-\alpha x^2},$$

它的前几个矩为

$$\langle x \rangle = \langle x^3 \rangle = 0,$$

$$\langle x^2 \rangle = \frac{1}{2\alpha},$$
$$\langle x^4 \rangle = 3\langle x^2 \rangle^2.$$

研究你的算法可以再现这些矩所要求的数值精度和收敛性. (注意, 有多种方法可以计算出该练习. 一种方法使用类似于米特罗波利斯蒙特卡罗算法的舍取过程. 另一种可能更为有效的过程采用变量变换的方法.)

6.13. 在蒙特卡罗轨迹中, 每一个成功的移动一般来说有两步. 第一阶段是进行一个试探性的移动, 第二阶段是测试以查看是否应该接受该移动. 因此, 转移概率 $w_{\nu\nu'}$ 可以写为

$$w_{\nu\nu'} = \pi_{\nu\nu'} \times A_{\nu\nu'},$$

其中

$$\pi_{\nu\nu'} = \text{在一给定的步中, 如果系统处于态 } \nu,$$
$$\text{它将试探性地转移到态 } \nu' \text{ 的概率},$$

以及

$$A_{\nu\nu'} = \text{如果系统已发生试探性地从态 } \nu \text{ 到 } \nu' \text{ 的转移},$$
$$\text{则移动将被接受的概率}.$$

(a) 给出 $\pi_{\nu\nu'}$ 的一个任意形式, 写出 $A_{\nu\nu'}$ 的形式, 它使系统保持细致平衡, 并且使得 $A_{\nu\nu'}$ 与 $A_{\nu'\nu}$ 中有且仅有一个等于 1, 而不是两者均等于 1.

(b) 考虑这样的系统, 它有如下能级

$$E = \hbar\omega\left(\nu + \frac{1}{2}\right), \quad \nu \text{ 为整数}$$

且转移概率为

$$\pi_{\nu\nu'} = \begin{cases} p, & \nu' = \nu + 1, \\ 1-p, & \nu' = \nu - 1, \end{cases}$$

而对所有其它的 ν 和 ν', $\pi_{\nu\nu'} = 0$. 如果系统处于态 ν, 它将有一定的概率不发生转移, 找出使该概率有最小值的 p 值. p 的一个好的选择将使该概率为 0, 在这种情况下任何移动均将被接受. 诸如这样的方案在蒙特卡罗计算中经常使用, 因为它们保持系统持续移动, 因而减少了得到良好统计所需的计算长度. 这种特定的方法是一种称为 "力偏倚" 蒙特卡罗或者 "灵巧" 蒙特卡罗方案的简化版本.

6.14. 考虑在第 5.8 节和 6.4 节中讨论的与高斯电场 $\mathscr{E}$ 耦合的二态量子系统, 并设想施加一个无涨落静态场 $\mathscr{E}_{\mathrm{app}}$. 于是, 总的哈密顿量是

$$\mathscr{H} = \mathscr{H}_0 - m(\mathscr{E} + \mathscr{E}_{\mathrm{app}}) + \frac{\mathscr{E}^2}{2\sigma},$$

其中

$$\mathscr{H}_0 = \begin{bmatrix} 0 & -\Delta \\ -\Delta & 0 \end{bmatrix},$$

以及

$$m = \begin{bmatrix} \mu & 0 \\ 0 & -\mu \end{bmatrix}.$$

量 Δ、μ 以及 σ 都是常数.

(a) 证明该系统的平均偶极矩 $\langle m \rangle$ 由下式给出:

$$\langle m \rangle = \frac{\displaystyle\int_{-\infty}^{+\infty} \mathrm{d}\overline{\mathscr{E}}\, \exp(-\overline{\beta}\,\overline{\mathscr{E}}^2/2L) \sinh(\overline{\beta}\xi)(\overline{\mathscr{E}} + \overline{\mathscr{E}}_{\mathrm{app}})/\xi}{\displaystyle\int_{-\infty}^{+\infty} \mathrm{d}\overline{\mathscr{E}}\, \exp(-\overline{\beta}\,\overline{\mathscr{E}}^2/2L) \cosh(\overline{\beta}\xi)},$$

其中 $\xi^2 = [1 + (\overline{\mathscr{E}} + \overline{\mathscr{E}}_{\mathrm{app}})^2]$, $\overline{\mathscr{E}}_{\mathrm{app}} = (\mu/\Delta)\mathscr{E}_{\mathrm{app}}$, $\overline{\beta} = \beta\Delta$ 以及 $L = \sigma\mu^2/\Delta$.

(b) 对 (a) 中的积分进行数值计算并说明图 6.7 中 $\langle m \rangle$ 的行为. (注意, 当 $\overline{\beta} \to \infty$ 时, 该积分可以用最陡下降法解析地求出.) 注意, 对于 $L > 1$, 当 $\overline{\beta} \to \infty$ 时系统会显示局域化相变. 这种现象在第 5.8 节和练习 5.26 中进行过讨论.

(c) 修改第 6.4 节中给出的蒙特卡罗程序来研究这种局域化现象. 特别地, 尝试通过对蒙特卡罗轨迹求平均再现图中给出的结果.

6.15. 设计并实施一种方法, 通过蒙特卡罗方法来计算与高斯电场耦合的二态量子系统的溶剂化自由能. [提示: 你需要在保持其它参数不变时计算各种偶极矩量值 μ 下的溶剂化能 E_{solve}.] 比较蒙特卡罗方法得到的结果和计算下列一维数值积分得到的精确结果:

$$Q = (2\Delta/\mu) \int_{-\infty}^{+\infty} \mathrm{d}\overline{\mathscr{E}}\, \exp(-\overline{\beta}\,\overline{\mathscr{E}}^2/2L) \cosh(\overline{\beta}\sqrt{1 + \overline{\mathscr{E}}^2}).$$

6.16. 修改 400 自旋伊辛模型的蒙特卡罗程序, 进行第 6.3 节中所描述的 $\tilde{A}(M)$ 的伞形抽样计算. 完成各种温度下的这种计算, 并用 $\tilde{A}(M)$ 取最小值时的 M 值作为自发磁化强度的估计值. 将这样得到的结果与无

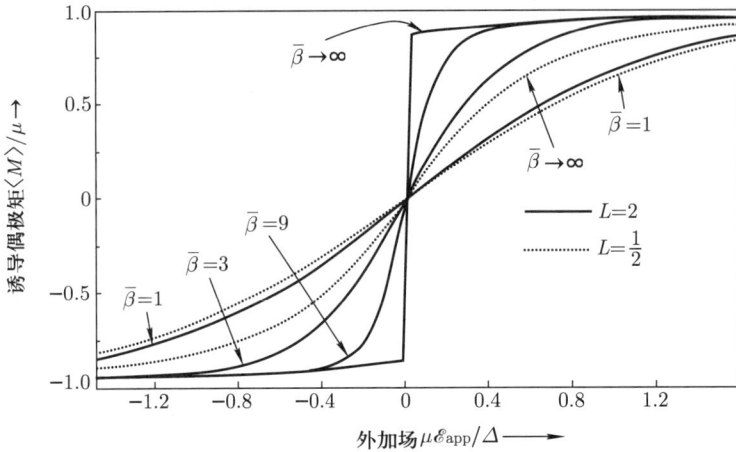

图 6.7　量子涨落偶极矩的局域化

限正方二维伊辛模型的自发磁化强度的精确解进行比较. 精确的结果
(最先由杨振宁在 20 世纪 50 年代给出导出过程[1]) 为

$$m(T) = \begin{cases} 0, & T > T_c, \\ (1+z^2)^{1/4}(1-6z^2+z^4)^{1/8}(1-z^2)^{-1/2}, & T < T_c, \end{cases}$$

其中 $z = \exp(-2\beta J)$, T_c 对应于 $z_c = \sqrt{2} - 1$.

参考文献

文献中包含了对蒙特卡罗方法有用的几篇评述, 例如:

K. Binder, in *Monte Carlo Methods in Statistical Physics*, ed. by K. Binder (Springer-Verlag, N. Y., 1979).

K. Binder, in *Applications of the Monte Carlo Method*, ed. by K. Binder (Springer-Verlag, N. Y., 1983).

J. P. Valleau and S.G. Whittington, in *Statistical Mechanics Part A*, ed. by B. J. Berne (Plenum, N. Y., 1977).

J. P. Valleau and G. M. Torie, 同上.

有关蒙特卡罗方法的进一步讨论以及为微机设计的软件可在下列文献中找到:

S. E. Koonin, *Computational Physics* (Benjamin-Cummings, Menlo Park, Calif.,

---

[1]C. N. Yang,The Spontaneous Magnetization of a Two-Dimensional Ising Model, Phys. Rev., **85** (1952) 808. ——译注

1986).[1]

Koonin 也给出一个附录, 概要介绍了 Basic 语言.

我们没有讨论分子动力学, 关于这个技术的两篇评述文章是

A. Rahman, in *Correlation Functions and Quasi-Particle Interactions in Condensed Matter*, ed. by J. W. Halley (Plenum, N.Y., 1978).

I. R. McDonald, in *Microscopic Structure and Dynamics of Liquids*, ed. by J. DuPuy and A. J. Dianoux (Plenum, N.Y., 1977).

利用并观察本章描述的蒙特卡罗程序生成的轨迹有助于发展对一个两相系统中界面涨落的理解和直觉能力, 这些涨落有时称为界面波 (capillary waves). 利用晶格气体和伊辛模型的蒙特卡罗模拟来处理表面涨落的内容可在下列书中找到,

S. K. Ma(马上庚), *Statistical Mechanics* (World Scientific, Philadelphia, 1985).

---

[1]中译本, 计算物理学, 秦克诚译, 高等教育出版社, 1992. 1990 年该书出版了 Fortran 版本, S. E. Koonin, D. C. Meredith, *Computational Physics — Fortran Version* (Addison-Wesley Pub. Com., 1990). ——译注

附　　录[1]

二维伊辛模型的蒙特卡罗程序[2]

```
10    DEFINT A,S,I,J,K,M,N
20    DIM A(22,22),SUMC(5),KI(5),KJ(5)
30 ON KEY(1) GOSUB 40
40    ICOUNT=0 'initialize counter
50 CLS:KEY OFF
60 LOCATE 25,50: PRINT"-PRESS F1 TO RESTART-"
70 COLOR 15,0: LOCATE 2,15: PRINT "MONTE CARLO ISING MODEL "
80 COLOR 7: PRINT:PRINT "Monte Carlo Statistics for a 20X20 ISING MODEL with"
90 PRINT "          periodic boundary conditions."
100 PRINT: PRINT" The critical temperature is approximately 2.0."
110 PRINT:PRINT "CHOOSE THE TEMPERATURE FOR YOUR RUN.  Type a number between "
120 INPUT"     0.1 and 100, and then press  'ENTER'.",T
130 IF T<.1 THEN T=.1 ELSE IF T>100 THEN T=100
140 PRINT ">>>>> temperature=" T: T=1/T
150 KEY(1) ON
160 PRINT:PRINT "DO YOU WANT TO STUDY THE CORRELATION FUNCTION (Y OR N)?"
170 COR$=INPUT$(1)
180 IF COR$="y" THEN COR$="Y"
190 IF COR$="Y" THEN PRINT ">>>> correlation data will be shown" ELSE PRINT
        ">>>> no correlation data will be shown"
200 PRINT:PRINT "PICK THE TYPE OF INITIAL SPIN CONFIGURATION"
210 PRINT,"TYPE c FOR 'CHECKERBOARD' PATTERN, OR"
220 PRINT,"TYPE i FOR 'INTERFACE' PATTERN"
230 PRINT,"TYPE u FOR 'UNEQUAL INTERFACE' PATTERN"
240 X$=INPUT$(1)
250 IF X$="C" OR X$="c" GOTO 370
260 IF X$="u" THEN X$="U"
270 IF X$="i" THEN X$="I"
280 IF X$="I" OR X$="U" THEN 290 ELSE 210 'ROUTING TO PROPER INITIAL SETUP
290 CLS 'initial INTERFACE setup
300    IF X$="U" THEN MAXJ=14 ELSE MAXJ=10
310    FOR I=0 TO 22
320    FOR J=0 TO MAXJ: A(I,J)=+1: NEXT
330    FOR J=MAXJ+1 TO 22: A(I,J)=-1: NEXT
340    A(I,0)=-1: A(I,21)=1:
350    NEXT
```

---

[1]本章以及下一章所附程序可以从下列网站下载: http://gold.cchem.berkeley.edu/Pubs/
IMSM/IMSM.html——译注

[2]该程序由 Elaine Chandler 编写.

```
360 GOTO 420
370 CLS 'INITIAL checkerboard PATTERN
380   A(0,0)=1
390   FOR I=0 TO 20: A(I+1,0)=-A(I,0)
400   FOR J=0 TO 20: A(I,J+1)=-A(I,J):NEXT
410   NEXT
420 REM initial display:
430       LOCATE 25,50:PRINT"-PRESS F1 TO RESTART-"
440       FOR I=1 TO 20
450       FOR J=1 TO 20
460       FOR JZ=2*J-1 TO 2*J
470       LOCATE I,JZ: IF A(I,J)=1 THEN PRINT CHR$(219) ELSE PRINT CHR$(176)
480       NEXT JZ,J,I
490       LOCATE 10,50: PRINT"TEMP="1/T
500 TIME$="00:00:00"
510 IF X$="U" THEN NPLUS=280 ELSE NPLUS=200
520 IF COR$="Y" THEN GOSUB 710
530 M=INT(20*RND+1):N=INT(20*RND+1): S=-A(N,M): ICOUNT=ICOUNT+1 '**flip a spin
540 B=T*S*(A(N-1,M)+A(N+1,M)+A(N,M-1)+A(N,M+1))*2
550 IF EXP(B)<RND GOTO 620                        'test against random#
560 A(N,M)=S: NPLUS=NPLUS+S
570 IF N=1 THEN A(21,M)=S ELSE IF N=20 THEN A(0,M)=S
580 IF M=1 THEN A(N,21)=S ELSE IF M=20 THEN A(N,0)=S
590  FOR IX=2*M-1 TO 2*M  'update the display
600  LOCATE N,IX:IF A(N,M)=1 THEN PRINT CHR$(219) ELSE PRINT CHR$(176)
610  NEXT
620 LOCATE 23,21: PRINT ICOUNT: LOCATE 23,30: PRINT TIME$
630 IF (ICOUNT MOD 100)=0 THEN GOSUB 670
640 IF COR$="Y" AND (ICOUNT MOD 400)=0 THEN GOSUB 750
650 GOTO 530
660 END
670 LOCATE 12,50: PRINT "AT "ICOUNT;
680 XN=NPLUS/400!
690 PRINT USING "  N+/N=.###";XN
700 RETURN
710 LOCATE 14,47: PRINT "Correlation Function:"
720 LOCATE 15,51: PRINT "d  <s(0)s(d)>": LOCATE 16,50: PRINT"-------------"
730 GOSUB 750
740 RETURN
750 FOR M=1 TO 5: SUMC(M)=0:    'Correlation calculation
760 LOCATE 14,69: PRINT"(at "ICOUNT")"
770 FOR I=1 TO 20
780 FOR J=1 TO 20:KJ=(J+M) MOD 20: KI=(I+M) MOD 20: CC%=A(KI,J)+A(I,KJ)
```

```
790 IF CC%=0 THEN GOTO 810
800 SUMC(M)=SUMC(M)+A(I,J)*CC%
810 NEXT J,I
820 LOCATE 16+M,50: PRINT M: LOCATE 16+M,54: PRINT USING "+#.###"; SUMC(M)/800
830 NEXT M: RETURN
```

与涨落场耦合的二能级系统的量子蒙特卡罗程序[1]

```
10 REM PROGRAM TO SIMULATE A TWO-LEVEL SYSTEM  COUPLED TO
20 REM AN ADIABATIC GAUSSIAN FLUCTUATING FIELD
30 REM version#1 on DEC 09 85 by FARAMARZ RABII at U of Penn
40 ON KEY(2) GOSUB 80
50 KEY(2) ON
60 DIM SIGMA%(32)
70 DIM ESOL!(2000)
80 REM RESTART FROM HERE
90 CLS
100 GOSUB 1330
110 PRINT"Would you like an introduction to the methods used here ?"
120 INPUT"*** YES, or NO ***";K$
130 IF (K$<>"yes") AND (K$<>"YES") AND (K$<>"no") AND (K$<>"NO") THEN GOTO 110
140 IF (K$="yes") OR (K$="YES") THEN GOSUB 2190
150 CLS
160 RANDOMIZE(310941!)
170 KEY(2) ON
180 LOCATE 1,1
190 PRINT "ENTER THE LOCALIZATION PARAMETER 'L'"
200 INPUT "***BETWEEN 0.01 AND 10 ***";LOCAL!
210 IF LOCAL!<.01 GOTO 200
220 IF LOCAL!>10 GOTO 200
230 PRINT "ENTER THE REDUCED TEMPERATURE 'BETA'";
240 INPUT "***BETWEEN 0.01 AND 16 ***";RBETA!
250 IF RBETA!<.01 GOTO 240
260 IF RBETA!>16 GOTO 240
270 INPUT "TOTAL NUMBER OF STEPS (INTEGER BELOW 1E+20)";MOVE!
280 IF MOVE!<0 THEN GOTO 270
290 IF MOVE!<>INT(MOVE!) THEN GOTO 270
300 IF MOVE!>1E+20 THEN GOTO 270
310 IVAR!=RBETA!/(2*LOCAL!)
320 FSTEP!=IVAR!
330 KAY!=-.5*LOG(RBETA!/32)
340 TKAY!=KAY!*2
350 LAMBDA!=RBETA!/32
```

---

[1]该程序由 Faramarz Rabii 编写. 这里根据网络提供的版本作了更新.

```
360 TLAMBDA!=2*LAMBDA!
370 NEWENERGY!=0
380 FILD!=0
390 ESOLV!=0
400 AVDIP!=0
410 FOR I=1 TO 32
420 IF I/2=INT(I/2) THEN SIGMA%(I)=1 ELSE SIGMA%(I)=-1
430 NEXT I
440 CLS
450 GOSUB 1680
460 GOSUB 1070
470 GOSUB 950
480 FOR IRUN!=1 TO MOVE!
490 LOCATE 16,45
500 PRINT "STEP =";IRUN!
510 JAY%=INT(RND*39)+1
520 IF JAY%>32 THEN GOTO 560
530 OLDSIGMA%=SIGMA%(JAY%)
540 IF OLDSIGMA%=1 THEN SIGMA%(JAY%)=-1 ELSE SIGMA%(JAY%)=1
550 GOTO 590
560 GOSUB 1560
570 OLDFILD!=FILD!
580 FILD!=FILD!+FSTEP!*(.5-RND)
590 OLDENERGY!=NEWENERGY!
600 OLDESOLV!=NEWESOLV!
610 GOSUB 1140
620 IF NEWENERGY!<OLDENERGY! THEN GOTO 670
630 REM accept move unit probability
640 IF JAY%<33 THEN DIP!=NEWDIP!
650 GOSUB 1450
660 GOTO 760
670 PROB!=EXP(NEWENERGY!-OLDENERGY!)
680 IF RND>PROB! THEN GOTO 720
690 IF JAY%<33 THEN DIP!=NEWDIP!
700 GOSUB 1450
710 GOTO 760
720 IF JAY%>32 THEN FILD!=OLDFILD! ELSE SIGMA%(JAY%)=OLDSIGMA%
730 NEWENERGY!=OLDENERGY!
740 NEWESOLV!=OLDESOLV!
750 GOSUB 1450
760 ESOLV!=ESOLV!+NEWESOLV!
770 TST!=IRUN!/100
780 IF TST!<>INT(TST!) THEN GOTO 920
```

```
790 ESOL!(TST!)=ESOLV!/IRUN!
800 LOCATE 17,22
810 PRINT "                    "
820 LOCATE 17,3
830 PRINT "SOLVATION ENERGY = ";-NEWESOLV!/RBETA!
840 LOCATE 18,3
850 PRINT "(IN UNITS OF DELTA)"
860 LOCATE 19,14
870 PRINT "                    "
880 LOCATE 19,3
890 PRINT"DIPOLE = ";DIP!/32
900 LOCATE 20,3
910 PRINT "(IN UNITS OF MU)"
920 IF IRUN!>MOVE! THEN GOTO 2010
930 NEXT IRUN!
940 GOTO 2010
950 REM OUT PUT CONFIGURATION
960 DIP!=0
970 LOCATE 11,3
980 FOR INDEX%=1 TO 32
990 IF SIGMA%(INDEX%)=1 THEN PRINT CHR$(176);CHR$(176);
                    ELSE PRINT CHR$(219);CHR$(219);
1000 DIP!=DIP!+SIGMA%(INDEX%)
1010 NEXT INDEX%
1020 LOCATE 12,3
1030 FOR INDEX%=1 TO 32
1040 IF SIGMA%(INDEX%)=1 THEN PRINT CHR$(219);CHR$(219);
                    ELSE PRINT CHR$(176);CHR$(176);
1050 NEXT INDEX%
1060 RETURN
1070 REM subsection to compute overall energy
1080 NEWENERGY!=0
1090 FOR I=1 TO 32
1100 IF I=32 THEN J=1 ELSE J=I+1
1110 NEWENERGY!=NEWENERGY!+KAY!*SIGMA%(I)*SIGMA%(J)
1120 NEXT I
1130 RETURN
1140 REM SUBSECTION TO QUICKLY COMPUTE NEW ENERGY
1150 IF JAY%=1 THEN JAYM1%=32 ELSE JAYM1%=JAY%-1
1160 IF JAY%=32 THEN JAYP1%=1 ELSE JAYP1%=JAY%+1
1170 IF JAY%>32 THEN GOTO 1290
1180 IF SIGMA%(JAY%)=1 THEN GOTO 1240
1190 NEWESOLV!=OLDESOLV!-FILD!*TLAMBDA!
```

```
1200 NEWENERGY!=OLDENERGY!-OLDESOLV!+NEWESOLV!
1210 NEWENERGY!=NEWENERGY!-TKAY!*(SIGMA%(JAYP1%)+SIGMA%(JAYM1%))
1220 NEWDIP!=DIP!-2
1230 GOTO 1320
1240 NEWESOLV!=OLDESOLV!+FILD!*TLAMBDA!
1250 NEWENERGY!=OLDENERGY!-OLDESOLV!+NEWESOLV!
1260 NEWENERGY!=NEWENERGY!+TKAY!*(SIGMA%(JAYP1%)+SIGMA%(JAYM1%))
1270 NEWDIP!=DIP!+2
1280 GOTO 1320
1290 NEWENERGY!=OLDENERGY!+IVAR!*(OLDFILD!*OLDFILD!-FILD!*FILD!)
1300 NEWESOLV!=LAMBDA!*DIP!*FILD!
1310 NEWENERGY!=NEWENERGY!-OLDESOLV!+NEWESOLV!
1320 RETURN
1330 REM SUBSECTION FOR INTRODUCTION
1340 PRINT "        SIMULATION OF A TWO-LEVEL SYSTEM COUPLED"
1350 PRINT "            TO A GAUSSIAN FIELD"
1360 PRINT
1370 PRINT "                    BY:"
1380 PRINT
1390 PRINT "            FARAMARZ RABII"
1400 PRINT
1410 PRINT"    This  program simulates a quantum mechanical one dimensional"
1420 PRINT"dipole  coupled to an adiabatically  fluctuating  field  obeying"
1430 PRINT"gaussian statistics."
1440 RETURN
1450 REM update display
1460 IF (IRUN!/4)<>INT((IRUN!/4)) THEN RETURN
1470 IF JAY%>32 THEN GOTO 1520
1480 LOCATE 11,2*JAY%+1
1490 IF SIGMA%(JAY%)=1 THEN PRINT CHR$(176);CHR$(176) ELSE PRINT CHR$(219);CHR$(219)
1500 LOCATE 12,2*JAY%+1
1510 IF SIGMA%(JAY%)=1 THEN PRINT CHR$(219);CHR$(219) ELSE PRINT CHR$(176);CHR$(176)
1520 RETURN
1530 LOCATE INDEX%+12,75
1540 PRINT " "
1550 NEXT INDX%
1560 REM SUBSECTION TO OUT-PUT EXTERNAL FIELD
1570 OLDFLDMAG%=FLDMAG%
1580 FLDMAG%=-INT(FILD!/FSTEP!)
1590 IF ABS(FLDMAG%)>9 THEN FLDMAG%=9*SGN(FLDMAG%)
1600 IF ABS(FLDMAG%)>=ABS(OLDFLDMAG%) THEN GOTO 1640
1610 LOCATE OLDFLDMAG%+11,74
1620 PRINT CHR$(219);CHR$(219);CHR$(219)
```

```
1630 GOTO 1670
1640 LOCATE FLDMAG%+11,74
1650 PRINT CHR$(176);CHR$(176);CHR$(176)
1660 GOTO 1670
1670 RETURN
1680 REM SUBSECTION TO DRAW A BOX AROUND THE FIELD OUT-PUT
1690 FOR I=1 TO 19
1700 LOCATE I+1,73
1710 PRINT CHR$(179);CHR$(219);CHR$(219);CHR$(219);CHR$(179)
1720 NEXT I
1730 LOCATE 1,73
1740 PRINT "-----"
1750 LOCATE 21,73
1760 PRINT "-----"
1770 LOCATE 11,70
1780 PRINT "0.0"
1790 LOCATE 2,70
1800 PRINT "9.0"
1810 LOCATE 20,69
1820 PRINT "-9.0"
1830 LOCATE 11,74
1840 PRINT CHR$(176);CHR$(176);CHR$(176)
1850 LOCATE 22,75
1860 PRINT CHR$(24)
1870 LOCATE 23,63
1880 PRINT "FLUCTUATING FIELD";
1890 LOCATE 23,9
1900 PRINT "TO RESTART PRESS F2"
1910 REM DISPLAY INITIAL CONDITIONS
1920 LOCATE 3,1
1930 PRINT "LOCALIZATION PARAMETER L=";LOCAL!
1940 PRINT
1950 PRINT "REDUCED TEMPERATURE BETA=";RBETA!
1960 LOCATE 9,29
1970 PRINT "THE QUANTUM PATH"
1980 LOCATE 10,36
1990 PRINT CHR$(25)
2000 RETURN
2010 REM OUT-PUT SOLVATION ENERGY VALUES
2020 LPRINT "RESULTS FOR THE SIMULATION OF A TWO-LEVEL SYSTEM COUPLED"
2030 LPRINT "TO AN ADIABATIC FIELD."
2040 LPRINT
2050 LPRINT "INITIAL CONDITIONS ARE:"
```

```
2060 LPRINT
2070 LPRINT "LOCALIZATION PARAMETER  L = ";LOCAL!
2080 PRINT
2090 LPRINT "REDUCED TEMPERATURE BETA = ";RBETA!
2100 LPRINT
2110 LPRINT "#OF STEPS","AVERAGE SOLVATION ENERGY IN UNITS OF DELTA"
2120 LPRINT
2130 IMAX%=MOVE!/100
2140 FOR I=1 TO IMAX%
2150 LPRINT I*100,-ESOL!(I)/RBETA!
2160 NEXT I
2170 LOCATE 23,1
2180 END
```

第七章

经典流体

在流体相和固体相中, 原子和分子的相对排列常常用经典统计力学的原理准确地描述. 当然, 在这些系统中有围绕原子核的电子, 而电子的行为在本质上无疑是量子力学的. 然而在对这些量子涨落取平均之后, 剩余的问题是对核的统计位形进行抽样, 该核处于我们已经积分求出的由电子诱导的有效相互作用中. 这些有效相互作用的一个例子是在第四章中所考虑的玻恩–奥本海默势.

这种过程大致如下. 在配分函数

$$Q = \sum_{\nu} \exp(-\beta E_{\nu})$$

中, 态 ν 可以由原子核的位形 (用符号 R 表示) 和电子态 i(用 R 参数化) 所表征. 然后方便的是, 按照核的位形因子化或分割各态或涨落, 即

$$Q = \sum_{R} \left\{ \sum_{i(R)} \exp\left[-\beta E_{R,i(R)}\right] \right\}$$

$$= \sum_{R} \exp(-\beta \widetilde{E}_R),$$

其中 $i(R)$ 表示当原子核的位形 (原子的中心) 被保持固定在 R(该位形变量 R 实际上是确定所有原子中心位置所必须的所有坐标的一个巨大集合) 时电子的第 i 个态. 量 $\widetilde{E}_R$ 通过求花括号内的玻尔兹曼加权和而得到, 它是决定核位形的统计性质的有效能量或自由能.

当然, 前段中的讨论是高度概略的. 但是, 我们从第 5.8 节和第 6.4 节确实知道, 对电子涨落或电子态求玻尔兹曼加权和至少有一个方法就是去

计算量子路径和. 对 $i(R)$ 的和于是就表示这样的一个过程. 一般情况下, 我们看到 $\tilde{E}_R$ 是一个依赖于温度的自由能. 但是, 系统的电子态常常由最低能级所支配. 在那种情况下, 对电子的量子涨落取平均的结果产生一个 $\tilde{E}_R$, 它对所有核而言必定是基态玻恩–奥本海默能量面. 为简化我们的讨论, 我们将假定这个基态支配性对我们在本章中所考察的系统是一个非常精确的近似.

剩下的问题是研究核的空间位形. 这个问题常常可用一个经典力学模型来很好地近似, 理由 (将在本章后面更精确化) 是核比电子重得多. 相当高的质量意味着核位置的量子不确定性相对很小, 因而在考虑这些系统中核的空间涨落时, 量子色散 (即波函数的宽度) 变得无关紧要.

经典流体模型不适用的一个重要例外是低温氦. 我们将不讨论这类系统. 相反, 我们将考虑像氩、苯或水这样的流体的速率分布的意义和分子间的结构. 这里, 在对与电子态相联系的涨落取平均之后, 经典模型是精确的.

§7.1 相空间中的平均

当采用经典模型的时候, 系统的微观状态由相空间的点所表征. 也就是说, 列出系统中所有经典自由度的坐标以及共轭动量就指定了一个态:

$$(\boldsymbol{r}_1, \boldsymbol{r}_2, \cdots, \boldsymbol{r}_N; \boldsymbol{p}_1, \boldsymbol{p}_2, \cdots, \boldsymbol{p}_N) = (r^N, p^N) = N \text{ 个粒子系统的相空间中的点.}$$

这里 $\boldsymbol{r}_i =$ 粒子 i 的位置, $\boldsymbol{p}_i =$ 粒子 i 的动量, r^N 和 p^N 分别是位形空间和动量空间中点的缩写.

为了对经典模型进行统计力学计算, 我们必须能够计算如下列正则配分函数之类对象的经典对应量,

$$Q(\beta, N, V) = \sum_\nu \exp(-\beta E_\nu).$$

与相空间中的点相联系的能量是哈密顿量, 即

$$E_\nu \to \mathscr{H}(r^N, p^N) = K(p^N) + U(r^N),$$

其中 $K(p^N)$ 表示经典自由度的动能, $U(r^N)$ 是势能. 这后一部分能量可以这样得到, 对在经典模型中不明显处理的所有量子自由度取平均. 换句话说, 势能函数 $U(r^N)$ 必须从对量子电子结构的计算中确定. 最后, 我们注

意到, 在一个保守牛顿系统中, 动能仅是动量的函数, 而势能仅是坐标的函数[1].

因为相空间中的点形成一个连续体, 经典正则配分函数必定是如下列形式的函数

$$Q = (?) \int \mathrm{d}r^N \int \mathrm{d}p^N \exp[-\beta \mathscr{H}(r^N, p^N)],$$

其中 $\int \mathrm{d}r^N \int \mathrm{d}p^N$ 是

$$\int \mathrm{d}\boldsymbol{r}_1 \int \mathrm{d}\boldsymbol{r}_2 \cdots \int \mathrm{d}\boldsymbol{r}_N \int \mathrm{d}\boldsymbol{p}_1 \int \mathrm{d}\boldsymbol{p}_2 \cdots \int \mathrm{d}\boldsymbol{p}_N$$

的缩写. 但是相空间积分有作用量的 DN 次幂 ($D=$ 维度) 的量纲. 因此, 在方程中必须有一个相乘的因子 (用 (?) 表示), 它使得 Q 无量纲. 这应该是一个普适的因子. 因此, 我们可以详细研究一个特殊的系统来确定这个因子. 对于无结构粒子的理想气体, 有

$$\mathscr{H}(r^N, p^N) = \sum_{i=1}^{N} \frac{p_i^2}{2m}.$$

因此

$$Q = (?) V^N \left[\int \mathrm{d}\boldsymbol{p} \exp(-\beta p^2/2m) \right]^N.$$

将该结果和我们在第 4.7 节 (对经典理想气体的讨论) 中计算所得的结论进行比较, 可得

$$(?) = \frac{1}{N! h^{3N}}.$$

于是, 有

$$Q = \sum_{\nu} \mathrm{e}^{-\beta E_\nu} \to \frac{1}{N! h^{3N}} \int \mathrm{d}r^N \int \mathrm{d}p^N \exp \left[-\beta \mathscr{H}(r^N, p^N) \right].$$

注意到 N 个全同粒子应该是不可区分的, $N!$ 这个因子可以得到理解. 因此相空间积分多计算了态 $N!$ 次 (这是可以重新标记所有粒子的不同方式数). 为了避免这种多计算的态数, 我们必须除以 $N!$. 至于因子 h^{3N} 的出现, 理由不是那么明晰 (除了它有作用量的 $3N$ 次幂的量纲外). 一个粗略的论证是注意到不确定原理, $\delta r^N \delta p^N \sim h^{3N}$. 因此, 我们期望相空间中的微分体积元像 h^{3N} 那样标度, 也就是

$$\sum_{\nu} = \frac{1}{N!} \sum_{\delta r^N, \delta p^N} \to \frac{1}{N! h^{3N}} \int \mathrm{d}r^N \mathrm{d}p^N.$$

---

[1]具有完整约束的经典拉格朗日系统确实可以有依赖于位形的动能.然而, 这样的依赖关系是完整约束造成的, 而对自然界找到的任何系统是没有完整约束的.

练习 7.1 对于一个由 A, B, C 三种不同类型粒子组成的系统, 证明经典配分函数为

$$Q = \frac{1}{N_A! N_B! N_C! h^{3(N_A + N_B + N_C)}} \int \mathrm{d}r^N \mathrm{d}p^N \exp\left[-\beta \mathscr{H}(r^N, p^N)\right],$$

这里 (r^N, p^N) 是在 $(N_A + N_B + N_C)$ 个粒子系统的相空间中的点的简写.

通常, 存在一些系统其中的每个原子中有一些量子自由度, 它们不与经典变量相耦合, 所以不会影响势 $U(r^N)$. 在这种情况下,

$$Q = \frac{1}{N! h^{3N}} q_{量子}^N(\beta) \int \mathrm{d}r^N \int \mathrm{d}p^N \exp\left[-\beta \mathscr{H}_{经典}\right],$$

其中 $q_{量子}^N(\beta)$ 是那些没有耦合的量子力学自由度的配分函数.

经典系统中一个态的概率为 $f(r^N, p^N)\mathrm{d}r^N\mathrm{d}p^N$, 其中

$$f(r^N, p^N) = 在相空间中点 (r^N, p^N) 处观测一个系统的概率分布.$$

显然,

$$f(r^N, p^N) = \frac{\exp\left[-\beta \mathscr{H}(r^N, p^N)\right]}{\int \mathrm{d}r^N \int \mathrm{d}p^N \exp\left[-\beta \mathscr{H}(r^N, p^N)\right]}.$$

由于哈密顿函数可分为两部分, $K(p^N)$ 和 $U(r^N)$, 则相空间概率分布可因了化为

$$f(r^N, p^N) = \Phi(p^N) P(r^N),$$

其中

$$\Phi(p^N) = \frac{\exp[-\beta K(p^N)]}{\int \mathrm{d}p^N \exp[-\beta K(p^N)]}$$
$$= 在动量空间中点 p^N 处观测一个系统的概率分布,$$
$$P(r^N) = \frac{\exp[-\beta U(r^N)]}{\int \mathrm{d}r^N \exp[-\beta U(r^N)]}$$
$$= 在位形空间中点 r^N 处观测一个系统的概率分布.$$

练习 7.2 证明上述结果.

练习 7.3 证明经典配分函数以下列方式因子化

$$Q = Q_{理想} Q_{位形},$$

其中 $Q_{理想}$ 是理想气体的配分函数, 且[1]

$$Q_{位形} = V^{-N} \int \mathrm{d}r^N \exp\left[-\beta U(r^N)\right].$$

更进一步, 因为动能是各单粒子的动能之和 $\sum_i p_i^2/2m$, 则可以把动量概率分布因子化, 因此

$$\Phi(p^N) = \prod_{i=1}^{N} \phi(\boldsymbol{p}_i),$$

其中

$$\phi(\boldsymbol{p}_i) = \frac{\mathrm{e}^{-\frac{\beta p_i^2}{2m}}}{\int \mathrm{d}\boldsymbol{p}\, \mathrm{e}^{-\frac{\beta p^2}{2m}}}.$$

[注意, $p_i^2 = (p_{ix}^2 + p_{iy}^2 + p_{iz}^2)$, 这里 $p_{i\alpha}$ 是第 i 个粒子的动量在 α 方向的笛卡儿分量.] 单粒子动量分布 $\phi(\boldsymbol{p})$ 通常称为麦克斯韦–玻尔兹曼 (MB) 分布. 对在热动平衡系统中质量为 m 的粒子, 这是正确的动量分布函数. 这个系统可以处于任何相 (气体、液体或者固体), 分布仍然是成立的, 只要经典力学是精确的. 一个推论是, 在液体和气体中 (只要温度相同) 粒子的平均速度 (或平均动量) 是相同的. 当然, 在液体中粒子碰撞的频率要远高于在气体中的. 因为这个原因, 一个分子在气相中比在凝聚相中单位时间内要运动得更远, 即使单分子速度分布在两个相中是完全相同的.

对于 MB 分布, 我们可以进行的一些典型计算是

$$\langle|\boldsymbol{p}|\rangle = \frac{\int \mathrm{d}\boldsymbol{p}|\boldsymbol{p}| \exp(-\beta p^2/2m)}{\int \mathrm{d}\boldsymbol{p} \exp(-\beta p^2/2m)} = \frac{4\pi \int_0^\infty \mathrm{d}p\, p^3 \exp(-\beta p^2/2m)}{\left[\int_{-\infty}^\infty \mathrm{d}p \exp(-\beta p^2/2m)\right]^3} = \left(\frac{8k_\mathrm{B}Tm}{\pi}\right)^{\frac{1}{2}},$$

以及

$$\langle p^2\rangle = \langle p_x^2\rangle + \langle p_y^2\rangle + \langle p_z^2\rangle = 3\langle p_x^2\rangle = 3mk_\mathrm{B}T.$$

练习 7.4　证明这些结果.

练习 7.5　证明经典配分函数为

$$Q = \frac{1}{N!\lambda_T^{3N}} \int \mathrm{d}r^N \exp[-\beta U(r^N)],$$

[1]这里的 $Q_{位形}$ 常称为位形积分 (configuration integral), 有时也称为位形配分函数 (configurational partition function). ——译注

其中

$$\lambda_T = \frac{h}{\sqrt{2\pi m k_{\mathrm{B}} T}}$$

称为热波长.

练习 7.6 已知对典型的液体密度 $\rho\sigma^3 \approx 1$($\rho = N/V$, 且 σ 是分子直径), 估计室温下液体中分子的平均自由程和碰撞频率. 将这些数值与气相中的值作比较.

我们可用 MB 分布来评估不采用薛定谔方程而是使用经典力学来描述系统的微观状态是否是一个好的近似. 当德布罗意波长

$$\lambda_{\mathrm{DB}} = \frac{h}{p}$$

与相关的分子之间的长度标度相比很小时, 经典力学描述是精确的. λ_{DB} 的典型值的一个估计为

$$\lambda_{\mathrm{DB}} \sim \frac{h}{\langle|p|\rangle} = \frac{h}{\sqrt{8k_{\mathrm{B}}Tm/\pi}} \approx \lambda_T.$$

这个长度是一个典型的距离, 在这个距离范围内, 由于海森伯原理, 粒子的精确位置仍然是不确定的. 当 λ_T 与任一相关的长度标度相比都很小时, 涨落的量子性质变得不重要. 对于稀薄气体, 相关的长度为 $\rho^{-1/3}$(两粒子之间的典型距离) 和 σ(粒子的直径). 在这里

$$\lambda_T < \sigma$$

将似乎足以作为经典统计力学有效的一个判据. 然而, 一般而言, 人们必须考虑用来表征所研究的空间最小涨落的距离标度. 对典型的涨落, λ_T 量级的分子间距离的变化引起势能的变化, 如它与 $k_{\mathrm{B}}T$ 相比很小, 此时经典模型是有效的. 因此, 在液体密度, 量度量子力学重要性的参数是 $\beta\lambda_T\langle|F|\rangle$, 这里 $|F|$ 是相邻粒子对之间力的大小. 当这个参数很小时, 经典模型是精确的; 当这个参数很大时, 必须考虑涨落的量子性质.

练习 7.7 当液氮处在三相点时, 比较 λ_T 和氮气分子的 "直径"(大约 4×10^{-10}m).

压强可由自由能对体积 V 微分求出, 也就是

$$p = -\left(\frac{\partial A}{\partial V}\right)_{T,N}.$$

由于配分函数的因子化,这个关系表明,状态方程可以从配分函数的位形部分求出,即

$$\beta p = \left(\frac{\partial \ln Q}{\partial V}\right)_{N,\beta} = \frac{\partial}{\partial V} \ln \int dr^N \exp[-\beta U(r^N)].$$

除了那些将系统局限在空间特定体积中的相互作用外,我们忽略了边界与系统的所有相互作用. 因此, 位形积分对体积的依赖仅仅在积分的上下限中. 同样注意到随着体积的增加, 位形积分也必然会增加, 因为被积函数总是正的. 因此, 得到 p 的导数总为正的. 从而在我们这里所探究的那类模型中, 平衡系统的压强总是正的.

注意, 对经典模型, 我们预测配分函数的位形部分是与粒子的动量和质量无关的. 因此, 状态方程 $p = p(\beta, \rho)$ 是与系统中粒子的质量无关的. 从而, 如果水分子的平动和转动由经典力学很好地描述, 那么液体 H_2O 和 D_2O 的状态方程将是相同的. 然而, 实验结果是它们有显著的差别. 例如, 在一个大气压下密度 $\rho(T)$ 的最大值对 H_2O 出现在 $4°C$, 而对 D_2O 则出现在 $10°C$. D_2O 也比 H_2O 在更高的温度下结冰. 在物理基础上考虑这个现象, 你能想象到量子力学所起的作用是, 在距离 $\sqrt{\beta \hbar^2/m}$ 的范围内原子的位置是不确定的. 对于室温下的一个质子, 这相应于大约 $0.3Å$ 的长度. 水分子的直径大概是 $3Å$. 由于质子受氧原子很强的束缚, 位置的不确定性大多是与水分子的振动相关. 随着原子质量的增加, 原子位置的弥散性减少, 流体变得更有序. 这就解释了为什么例如 D_2O 冰比 H_2O 冰在更高的温度融化.

§7.2 约化位形分布函数

因为势能 $U(r^N)$ 将所有的坐标耦合到一起, 位形分布 $P(r^N)$ 并不能因子化为单粒子函数的积. 然而, 通过对除了感兴趣的粒子相关的那些坐标之外的所有其它坐标进行积分, 我们仍然能讨论几个粒子的分布函数. 例如,

$$P^{(2/N)}(\boldsymbol{r}_1, \boldsymbol{r}_2) = \int d\boldsymbol{r}_3 \int d\boldsymbol{r}_4 \cdots \int d\boldsymbol{r}_N P(r^N)$$
$$= \text{在位置 } \boldsymbol{r}_1 \text{ 找到粒子 1 并在位置 } \boldsymbol{r}_2 \text{ 找到粒子 2 的}$$
$$\text{联合概率分布.}$$

这个分布函数称为特殊概率分布 (specific probability distribution), 因为它明确要求粒子 1(而不是其它粒子) 处在 $\boldsymbol{r}_1$, 并且类似地, 粒子 2 必须处在 $\boldsymbol{r}_2$. 对于一个由 N 个不可分辨的粒子组成的系统, 这样的要求从物理上来说

并不是恰当的. 此外, 随着 N 增加到一个合理的宏观值 (比如 10^{23}) 时, 该特殊约化分布必须小到趋于零[1].

更有意义的量是一般约化分布函数. 例如, 令

$\rho^{(2/N)}(\boldsymbol{r}_1, \boldsymbol{r}_2) =$(在 N 个粒子系统中) 在位置 $\boldsymbol{r}_1$ 找到一个 (任一) 粒子并

在 $\boldsymbol{r}_2$ 找到任一其它粒子的联合分布函数.

注意到选取 (在 $\boldsymbol{r}_1$ 的) 第一个粒子有 N 种可能的方式, 选取第二个粒子有 $N-1$ 种方式, 于是

$$\rho^{(2/N)}(\boldsymbol{r}_1, \boldsymbol{r}_2) = N(N-1)P^{(2/N)}(\boldsymbol{r}_1, \boldsymbol{r}_2).$$

一般而言

$\rho^{(n/N)}(\boldsymbol{r}_1, \boldsymbol{r}_2, \cdots, \boldsymbol{r}_n) =$在 N 个粒子系统中, 在 $\boldsymbol{r}_1$ 将找到一个粒子,

在 $\boldsymbol{r}_2$ 找到另一个, $\cdots$, 再在 $\boldsymbol{r}_n$ 找到另一个粒子

的联合分布函数

$$= \frac{N!}{(N-n)!} \frac{\int \mathrm{d}r^{N-n} \exp[-\beta U(r^N)]}{\int \mathrm{d}r^N \exp[-\beta U(r^N)]},$$

其中 $\mathrm{d}r^{N-n}$ 是 $\mathrm{d}\boldsymbol{r}_{n+1}\mathrm{d}\boldsymbol{r}_{n+2}\cdots\mathrm{d}\boldsymbol{r}_N$ 的缩写. 对各向同性流体, 我们有

$$\rho^{(1/N)}(\boldsymbol{r}_1) = \rho = \frac{N}{V}.$$

在理想气体中, 不同的粒子是无关联的. 因而, 理想气体的二粒子联合分布 $P^{(2/N)}(\boldsymbol{r}_1, \boldsymbol{r}_2)$ 可因子化为 $P^{(1/N)}(\boldsymbol{r}_1)P^{(1/N)}(\boldsymbol{r}_2)$. 所以, 对理想气体,

$$P^{(2/N)}(\boldsymbol{r}_1, \boldsymbol{r}_2) = \frac{N(N-1)}{V^2} = \rho^2(1 - N^{-1}) \approx \rho^2,$$

其中最后一个等式忽略了 $N-1$ 与 N 的差别.[有这样的情况 (本教材中未予处理), $N-1$ 与 N 之间的微小差别实际上变为非常重要的.] 考虑到理想气体关于 $P^{(2/N)}(\boldsymbol{r}_1, \boldsymbol{r}_2)$ 的结果, 引入

$$g(\boldsymbol{r}_1, \boldsymbol{r}_2) = \rho^{(2/N)}(\boldsymbol{r}_1, \boldsymbol{r}_2)/\rho^2$$

---

[1]如果流体的密度为 $\rho = N/V$, 则微观体积元 Ω 中的平均粒子数为 $\rho\Omega$. (假设 $\Omega = 1\,\text{Å}^3$, 则在液体中 $\rho\Omega \sim 10^{-2}$, 在气体中 $\rho\Omega \sim 10^{-4}$.) 粒子 1 明确地在那个体积中的概率是 $N^{-1}\rho\Omega \sim 10^{-23}\rho\Omega$.

或者

$$h(\boldsymbol{r}_1, \boldsymbol{r}_2) = [\rho^{(2/N)}(\boldsymbol{r}_1, \boldsymbol{r}_2) - \rho^2]/\rho^2$$
$$= g(\boldsymbol{r}_1, \boldsymbol{r}_2) - 1$$

似乎是合适的, 它是对真实的二粒子分布函数作理想气体近似所产生的相对偏离. 对于各向同性流体, 这些函数仅仅依赖于 $|\boldsymbol{r}_1 - \boldsymbol{r}_2| = r$, 即

$$g(\boldsymbol{r}_1, \boldsymbol{r}_2) = g(r),$$
$$h(\boldsymbol{r}_1, \boldsymbol{r}_2) = h(r) = g(r) - 1.$$

量 $g(r)$ 称为径向分布函数 (radial distribution function). 它也常称为对关联函数 (pair correlation function) 或者对分布函数 (pair distribution function). 量 $h(r)$ 也称为对关联函数.

正如已经注意到的, 对于均匀系统, $\rho^{(1/N)}(\boldsymbol{r}_1) = \rho$. 从而

$$\rho^{(2/N)}(0, \boldsymbol{r})/\rho = \rho g(r)$$
$$= 在 \ r \ 处发现一个粒子而给定另外一个粒子$$
$$位于原点的条件概率密度.$$

得到这个结果的推理是基于概率统计的一条定理: 如果 x 和 y 是有联合分布 $P(x, y)$ 的随机变量, 那么给定 x 的一个特定值时 y 的条件概率分布是 $P(x, y)/p(x)$, 这里 $p(x)$ 是 x 的概率分布. 换句话说,

$$\rho g(r) = 给定标记粒子位于原点, 在 \ \boldsymbol{r} \ 处的平均粒子密度.$$

当使用 "液体结构" 这样的术语时, 所指的便是诸如 $g(r)$ 的一些量. 和晶体不同, 流体的单粒子分布是平凡的, 它只不过是体性质即密度. 各向同性的对称性必须被破缺 (比如, 通过指出一个粒子处在一个特定的位置上). 一旦对称性破缺, 就会出现有意义的微观结构. 因此, 对于流体, 人们考虑原子或分子的相对排列而不是绝对排列. 为了获得关于对关联函数是什么形式的感性认识, 我们来考虑一个类似氩的简单原子液体. 图 7.1 中显示了液体的示意图 (为了艺术上的方便画成二维图形). 在该图中, σ 是范德瓦尔斯直径[1] (对氩原子大约为 3.4Å), 画有斜影线的原子就是我们要取为原点的原子. 这些原子画的彼此很靠近, 因为典型的液体密度 $\rho\sigma^3 \sim 1$. 由于流体是稠密的, 有很大的可能性在 $r = \sigma$ 附近发现第一近邻壳层. 构成第一配位壳层 (first coordinate shell) 的最近邻往往阻止次最近邻进入 $r \approx (3/2)\sigma$

---

[1]粗略地定义为在物理 (非化学) 碰撞过程中两原子之间最接近的距离.

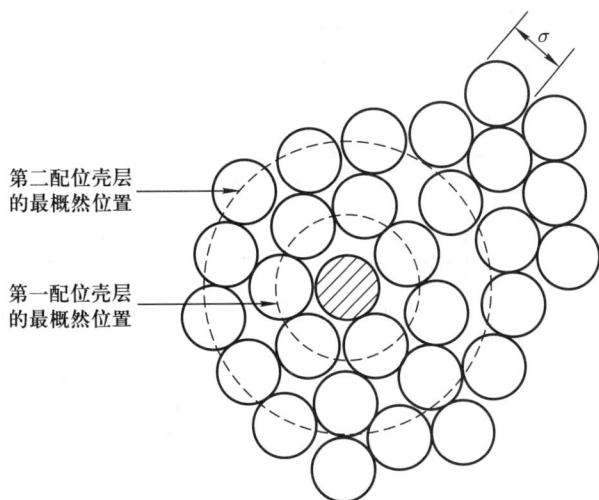

图 7.1   简单的液体结构

附近的中间区域. 从而, $g(r)$ 在该区域中将小于 1, 在接近 $r = 2\sigma$ 处的无关
联结果之上取峰值. 事实上, 图 7.2 显示了简单原子液体的 $g(r)$ 的变化情
况. 第二个峰对应于次最近邻的最概然位置. 这些近邻构成第二配位壳层.
这种成层性表明液体的颗粒性 (非连续本质), 它由 $g(r)$ 的振荡形式显现
出来, 一直持续到 r 远大于关联长度 (在稠密液体中典型的是几个分了直
径). 在稀薄的气相中, 关联长度仅仅是分子间对势的范围, 因而没有分层
性. [后面我们将会回到气相 $g(r)$ 的讨论, 在那里我们将导出它为什么看上
去像我们在图中所画出的那样.]

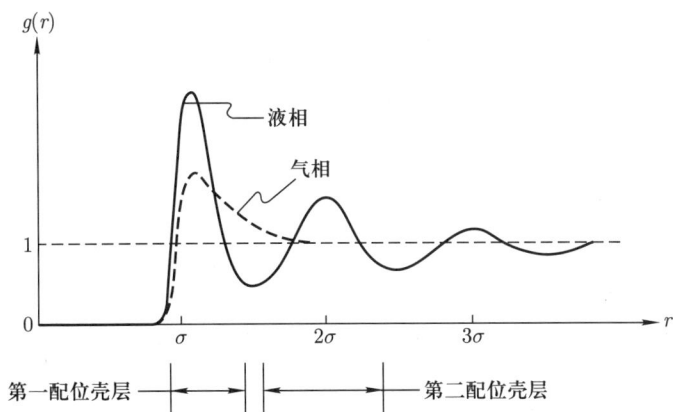

图 7.2   简单流体的径向分布函数

注意到在液体的图像中和在 $g(r)$ 的图形中, 均有有限的粒子密度, 甚至在如 $r = (3/2)\sigma$ 这样的 "不太可能" 区域中也是如此. 这是区分液体和晶体的特征之一. 没有这个特征, 扩散的可能性将会大大地减小.

一个关于固体的示意图 (又是画为二维的) 如图 7.3 所示. 一个三维 (面心立方 (fcc) 或体心立方 (bcc)) 低温固体的径向分布函数示于图 7.4 中. 这个函数是 $g(r)$ 对角度的平均. 注意, 固体中第一配位壳层的有序性允许第二最近邻位于距离标记原子 $\sqrt{2}\sigma$(或者二维情况下为 $\sqrt{3}\sigma$) 的地方. 这种对 2σ 距离的减小可以解释下列事实: 对于简单系统, 固相的体密度要比液相的来得大.

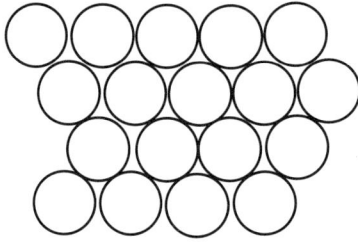

图 7.3　球形粒子的二维晶体阵列

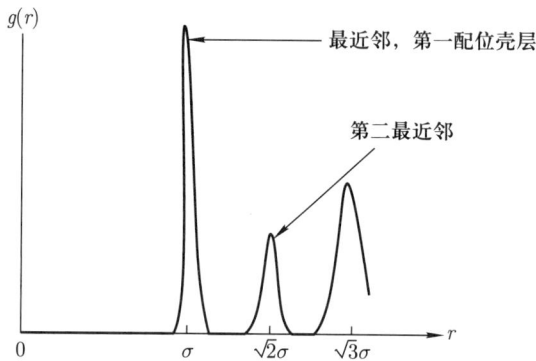

图 7.4　高度有序固体的径向分布函数

对于液氩和固氩在其三相点 (它们分别对应于低温液体和高温晶体) 的 $g(r)$ 的定量比较如图 7.5 所示.

读者可能会想, 是否最近邻的密度在固体中也比在液体中大. 在距离中心原子 r 的范围内的近邻原子数为

$$n(r) = 4\pi\rho \int_0^r x^2 g(x)\mathrm{d}x.$$

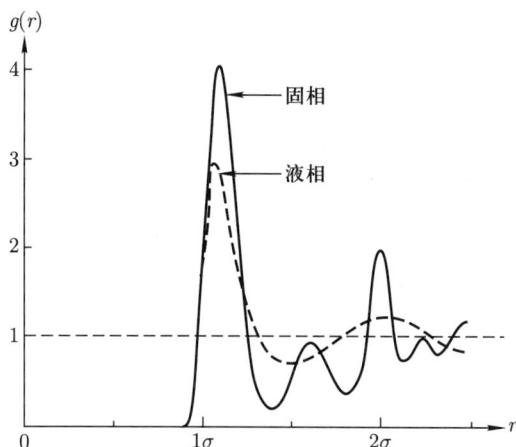

图 7.5　三相点处液氩和固氩的径向分布函数 ($\sigma = 3.4\text{Å}$)

练习 7.8 证明这个公式.

当对第一配位壳层积分, 对于固体和液体, 由该公式得到

$$n(\text{第一配位壳层}) \approx 12$$

(这是三维情况的结果, 如果是二维又是多少呢?) 此外, 相对于液体而言, 固体的 $g(r)$ 函数通常在稍为更大一点的距离 r 处达到峰值. 由此, 如果使用这些判据, 则液体的最近邻密度并不比固体的最近邻密度小. 固液两相的差别来源于第一配位壳层的有序性. 这种有序性允许第二配位壳层更接近. 它也阻止粒子在第一和第二配位壳层之间有显著的聚集. 这种行为导致在固体中出现长程序 (在液体中是不存在的), 并且它强烈地抑制了扩散.

§7.3　可逆功定理

约化分布函数与亥姆霍兹自由能由下列重要的定理联系起来

$$g(r) = \mathrm{e}^{-\beta w(r)},$$

式中 $w(r)$ 是将两个标记粒子在系统内从相距无穷远移到相对距离为 r 这一过程中所需要做的可逆功. 很显然,

$$w(r) = w(r; \beta, \rho).$$

因为该过程是在 N, V, T 保持不变时可逆地进行的, 所以 $w(r)$ 就是该过程中亥姆霍兹自由能的变化.

为了证明这一定理, 我们考虑一对粒子 (比如 1 和 2) 之间的溶剂平均力. 这里, 所谓 "溶剂" 是指系统中除了那些标记粒子之外的其它所有粒子. 通过对将粒子 1 和 2 分别固定在 r_1 和 r_2 的所有位形求平均, 得到平均力为[1]

$$-\left\langle \frac{\mathrm{d}}{\mathrm{d}\boldsymbol{r}_1}U(r^N)\right\rangle_{\boldsymbol{r}_1,\boldsymbol{r}_2\text{固定}}$$

$$= \frac{-\int \mathrm{d}\boldsymbol{r}_3\cdots\mathrm{d}\boldsymbol{r}_N\,(\mathrm{d}U/\mathrm{d}\boldsymbol{r}_1)\,\mathrm{e}^{-\beta U}}{\int \mathrm{d}\boldsymbol{r}_3\cdots\mathrm{d}\boldsymbol{r}_N\mathrm{e}^{-\beta U}}$$

$$= +k_{\mathrm{B}}T\left[\frac{\mathrm{d}}{\mathrm{d}\boldsymbol{r}_1}\int \mathrm{d}\boldsymbol{r}_3\cdots\mathrm{d}\boldsymbol{r}_N\mathrm{e}^{-\beta U}\right]\Big/\int \mathrm{d}\boldsymbol{r}_3\cdots\mathrm{d}\boldsymbol{r}_N\mathrm{e}^{-\beta U}$$

$$= k_{\mathrm{B}}T\frac{\mathrm{d}}{\mathrm{d}\boldsymbol{r}_1}\ln \int \mathrm{d}\boldsymbol{r}_3\cdots\mathrm{d}\boldsymbol{r}_N\mathrm{e}^{-\beta U}$$

$$= k_{\mathrm{B}}T\frac{\mathrm{d}}{\mathrm{d}\boldsymbol{r}_1}\ln\left[N(N-1)\int \mathrm{d}\boldsymbol{r}_3\cdots\mathrm{d}\boldsymbol{r}_N\mathrm{e}^{-\beta U}\Big/\int \mathrm{d}r^N\mathrm{e}^{-\beta U}\right]$$

$$= k_{\mathrm{B}}T\frac{\mathrm{d}}{\mathrm{d}\boldsymbol{r}_1}\ln g(\boldsymbol{r}_1,\boldsymbol{r}_2).$$

这个结果表明, 函数 $-k_{\mathrm{B}}T\ln g(|\boldsymbol{r}_1-\boldsymbol{r}_2|)$ 的梯度给出了粒子 1 和 2 之间的平均作用力, 该平均是对所有其它粒子的平衡分布进行的. 对平均力求积分可得到可逆功. 因此, $w(r) = -k_{\mathrm{B}}T\ln g(r)$ 确实是上面所描述的可逆功. 如同导出该结果时所表明的, $w(r)$ 常称为平均力势 (potential of mean force).

§7.4　$g(r)$ 与热力学性质

到此为止, 我们还没有指定 $U(r^N)$ 的形式. 最简单的可能性是

$$U(r^N) = \sum_{i>j=1}^{N} u(|\boldsymbol{r}_i-\boldsymbol{r}_j|),$$

其中 $u(r)$ 是对势 (pair potential), 如图 7.6 所示, 这里我们已取 $u(\infty)$ 为能量零点. $U(r^N)$ 的对分解形式即使对原子而言也仅是一个近似. 这是因为原子的内部结构包含了有涨落的电荷分布 (量子电子). 这个仅表示为核坐标的函数的势能是在以某种方式将核内电荷涨落积分掉以后产生的. 如果涨

---

[1]注意, 在第四个等式中添加了与 r_1 无关的因子 $N(N-1)$ 以及 $\int \mathrm{d}r^N\mathrm{e}^{-\beta U}$. ——译注

落在尺度上很大的话, 那么得到的能量函数将会变得复杂, 因为不仅是粒子对耦合在一起. 然而, 对于大多数原子, 电荷涨落相对而言是比较小的, 因此对分解是好的近似. 通常使用的对势 $u(r)$ 两参数表示式是伦纳德–琼斯 (Lennard–Jones) 势

$$u(\boldsymbol{r}) = 4\varepsilon \left[\left(\frac{\sigma}{r} \right)^{12} - \left(\frac{\sigma}{r} \right)^{6} \right].$$

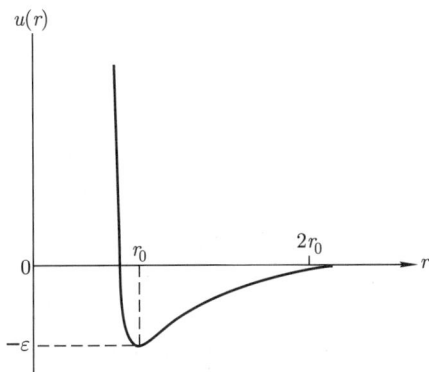

图 7.6 对势

练习 7.9 证明伦纳德–琼斯势的最小值位于 $r_0 = 2^{1/6}\sigma$, 且 $u(r_0) = -\varepsilon$.

当粒子之间的距离大于 r_0 时, $u(r)$ 是吸引的; 当粒子之间的距离小于 r_0 时, $u(r)$ 是排斥的. 这个吸引的相互作用是由于在相互分离的原子中电荷涨落的偶极–偶极耦合的结果. 在这里, 注意到孤立原子的平均偶极矩为零. 瞬时涨落有非球形对称性, 一个原子中的有效偶极矩可以与另一个原子中的有效偶极矩相互耦合导致吸引的相互作用. 这样的相互作用称为伦敦色散势 (London dispersion potentials), 并且这些势正比于 r^{-6}. 对于两原子之间的小距离的排斥力有完全不同的起源. 在 r 比较小时, 两原子的电子云必定发生畸变以避免泡利不相容原理所排除的空间重叠. 通过使电子分布发生畸变, 原子的能量增加因而导致两原子之间的排斥.

伦纳德–琼斯势中有一个吸引的部分, 它渐近于 r^{-6}, 但是特定的 6–12 代数形式并不是基本的. 伦纳德–琼斯对势的最重要特征是它与长度标度有关. 特别是, r_0 大约比 σ 大 10%, 这是 $u(r) = 0$ 的距离. 此外, $u(r)$ 的范围大约是 $2r_0$. 这个范围从经验上来说适用于大部分惰性气体原子和少部分如 N_2 和 O_2 这样的一些简单分子.

借助对分解近似, 我们可以计算内能为:

$$\langle E \rangle = \langle K(p^N) \rangle + \langle U(r^N) \rangle$$

$$= N \left\langle \frac{p^2}{2m} \right\rangle + \left\langle \sum_{i>j=1}^{N} u(|\boldsymbol{r}_i - \boldsymbol{r}_j|) \right\rangle.$$

上式右边第一项是 $(3/2)Nk_{\rm B}T$. 第二项是 $N(N-1)/2$ (独立粒子对的数目) 个等价的贡献之和, 每一个贡献的值为 $\langle u(r_{12}) \rangle$, 其中 $r_{12} = |\boldsymbol{r}_1 - \boldsymbol{r}_2|$. 因此, 有

$$\left\langle \sum_{i>j=1}^{N} u(r_{ij}) \right\rangle = \frac{1}{2} N(N-1) \langle u(r_{12}) \rangle$$

$$= \frac{1}{2} \frac{N(N-1) \int {\rm d}r^N u(r_{12}) \exp[-\beta U(r^N)]}{\int {\rm d}r^N \exp[-\beta U(r^N)]}$$

$$= \frac{1}{2} \int {\rm d}\boldsymbol{r}_1 \int {\rm d}\boldsymbol{r}_2 u(r_{12}) N(N-1) \frac{\int {\rm d}r^{N-2} {\rm e}^{-\beta U(r^N)}}{\int {\rm d}r^N {\rm e}^{-\beta U}}$$

$$= \frac{1}{2} \int {\rm d}\boldsymbol{r}_1 \int {\rm d}\boldsymbol{r}_2 \rho^{(2/N)}(\boldsymbol{r}_1, \boldsymbol{r}_2) u(r_{12}).$$

对于一个均匀系统, $\rho^{(2/N)}(\boldsymbol{r}_1, \boldsymbol{r}_2) = \rho^2 g(r_{12})$. 这样, 将积分变量从 $(\boldsymbol{r}_1, \boldsymbol{r}_2)$ 变为 $(\boldsymbol{r}_{12}, \boldsymbol{r}_1)$ 是非常方便的. 对于 $\boldsymbol{r}_1$ 的积分可以自由地求出, 这给出体积 V. 于是

$$\left\langle \sum_{i>j=1}^{N} u(r_{ij}) \right\rangle = \frac{1}{2} V \rho^2 \int {\rm d}\boldsymbol{r} g(r) u(r)$$

$$= \frac{1}{2} N \int {\rm d}\boldsymbol{r} \rho g(r) u(r).$$

我们可以在物理基础之上来理解这个结果. 对于每个粒子来说, 在半径为 r, 厚度为 ${\rm d}r$ 的球壳上, 有 $4\pi r^2 \rho g(r) {\rm d}r$ 个近邻, 中心粒子与这些近邻粒子之间的相互作用能为 $u(r)$. 因子 $\frac{1}{2}$ 是对称数, 修正重复的计数.

把这些结果综合起来, 可以得到

$$\frac{\langle E \rangle}{N} = \frac{3}{2} k_{\rm B}T + \frac{1}{2} \rho \int {\rm d}\boldsymbol{r} g(r) u(r).$$

练习 7.10 当势函数为

$$U(r^N) = \sum_{i>j=1} u(r_{ij}) + \sum_{i>j>l=1} u^{(3)}(\boldsymbol{r}_i - \boldsymbol{r}_j, \boldsymbol{r}_j - \boldsymbol{r}_l)$$

时, 用约化分布函数表示内能.

练习 7.11[*] 当 $U(r^N)$ 可以对分解时, 证明压强由下式给出

$$\frac{\beta p}{\rho} = 1 - \frac{\beta \rho}{6} \int \mathrm{d}\boldsymbol{r} g(r) r \frac{\mathrm{d}u(r)}{\mathrm{d}r}.$$

这个公式称为位力定理状态方程 (virial theorem equation of state)[1]. [提示: 在位形配分函数中, 对于 $1 \leqslant i \leqslant N$, 将坐标变为 $\boldsymbol{x}_i = V^{-1/3}\boldsymbol{r}_i$, 这样 $\mathrm{d}\boldsymbol{x}_i = V^{-1}\mathrm{d}\boldsymbol{r}_i$, 而积分限将不再依赖于体积.]

为了能够看出热力学性质的公式是如何起作用的, 我们需要一个有关 $g(r)$ 的理论. 一种估计 $g(r)$ 的方式是考虑平均力势 $w(r)$. 我们可以将 $w(r)$ 分解成为两个部分:

$$w(r) = u(r) + \Delta w(r).$$

对势 $u(r)$ 描述在真空中移动粒子所做的可逆功. 因此, $\Delta w(r)$ 是系统中周围粒子对于 $w(r)$ 的贡献, 即 $\Delta w(r)$ 是将粒子 1 和 2 从 $|\boldsymbol{r}_1 - \boldsymbol{r}_2| = \infty$ 移到 $|\boldsymbol{r}_1 - \boldsymbol{r}_2| = r$ 而导致的溶剂的亥姆霍兹自由能的变化. 显然, 在低密度极限下,

$$\lim_{\rho \to 0} \Delta w(r) = 0.$$

因而,

$$g(r) = \mathrm{e}^{-\beta u(r)} \left[1 + O(\rho)\right].$$

对于密度较高的情况, 必须要注意 $\Delta w(r)$ 对零的偏离. 在最为成功的方法中, 用 $\rho g(r)$ 和 $u(r)$ 来估计 $\Delta w(r)$. 这些方法产生关于 $g(r)$ 的积分方程, 它们本质上是平均场理论. 我们在这里不再讨论这些更为高等的处理方法. 相反, 我们只考虑低密度极限.

从能量方程我们有

$$\begin{aligned}
\frac{\Delta E}{N} &= \frac{\rho}{2} \int \mathrm{d}\boldsymbol{r} g(r) u(r) \\
&= \frac{\rho}{2} \int \mathrm{d}\boldsymbol{r} \mathrm{e}^{-\beta u(r)} u(r)[1 + O(\rho)],
\end{aligned}$$

---

[1]文献中常称为压强方程或位力状态方程.——译注

在这里我们已经用了 $g(r)$ 的低密度结果, 同时 ΔE 定义为 $E - E_{理想}$. 注意到

$$\frac{\Delta E}{N} = \frac{\partial(\beta\Delta A/N)}{\partial\beta},$$

其中 ΔA 是 (相对于理想气体的) 过量亥姆霍兹自由能, 即

$$-\beta\Delta A = \ln(Q/Q_{理想}).$$

于是, 对分子表示式[1]相对于 β 进行积分, 得到

$$-\frac{\beta\Delta A}{N} = \frac{\rho}{2}\int \mathrm{d}\boldsymbol{r}\,f(r) + O(\rho^2),$$

其中

$$f(r) = \mathrm{e}^{-\beta u(r)} - 1.$$

由自由能的这个表示式, 通过关系

$$\rho^2\frac{\partial(\beta\Delta A/N)}{\partial\rho} = \beta p - \rho$$

可以得到压强 p. 求偏微分后得到

$$\beta p = \rho + \rho^2 B_2(T) + O(\rho^3),$$

其中

$$B_2(T) = -\frac{1}{2}\int \mathrm{d}\boldsymbol{r}\,f(r),$$

称为第二位力系数 (second virial coefficient).

练习 7.12 将 $g(r) \approx \exp[-\beta u(r)]$ 代入位力定理中, 证明可以得到第二位力系数的相同方程. [提示: 需要采用分部积分法.]

练习 7.13 求下列系统的第二位力系数.

硬球系统:

$$\begin{aligned} u(r) &= \infty, \quad r < \sigma, \\ &= 0, \quad r > \sigma, \end{aligned}$$

方阱系统:

$$\begin{aligned} u(r) &= \infty, \quad r < \sigma, \\ &= -\varepsilon, \quad \sigma < r < \sigma', \\ &= 0, \quad r > \sigma'. \end{aligned}$$

估计玻意尔温度 (Boyle temperature) T_{B} [即 $B_2(T)$ 为零时的温度].

练习 7.14 对伦纳德–琼斯势作出 $B_2(T)$ 的图形.

---

[1]即上面从能量方程给出的 $\frac{\Delta E}{N}$ 的表示式. ——译注

§7.5 衍射法测量 $g(r)$

现在, 让我们考虑如何来测量对关联函数. 这个测量将必须探测小于等于几个埃量级的距离. 那么, 如果使用辐射来测量, 它的波长必须比 1Å 要小, 可以用 X 射线或中子获得这样短的波长. X 射线散射的基本理论与中子的类似, 这里我们处理 X 射线.

X 射线散射实验的示意图如图 7.7 所示. 由于来自位于 $\boldsymbol{R}_\mathrm{s}$ 处原子的散射, 检测器上的散射波是

$$[原子散射因子] |\boldsymbol{R}_\mathrm{D} - \boldsymbol{R}_\mathrm{s}|^{-1} \exp\{\mathrm{i}[\boldsymbol{k}_\mathrm{in} \cdot \boldsymbol{R}_\mathrm{s} + \boldsymbol{k}_\mathrm{out} \cdot (\boldsymbol{R}_\mathrm{D} - \boldsymbol{R}_\mathrm{s})]\}.$$

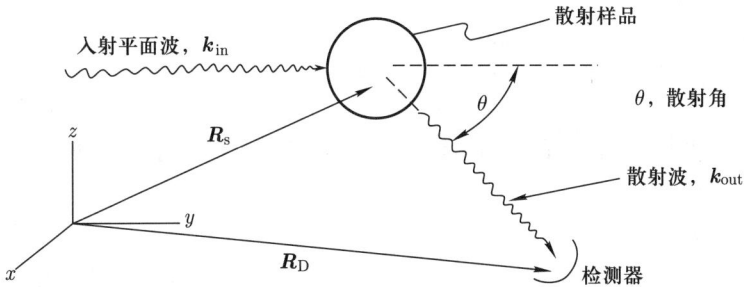

图 7.7   X 射线散射

(这是球面波, 一级玻恩近似.) 如果检测器距散射中心很远, 即

$$|\boldsymbol{R}_\mathrm{D} - \boldsymbol{R}_\mathrm{s}| \approx |\boldsymbol{R}_\mathrm{D} - \boldsymbol{R}_\mathrm{c}|,$$

其中 $\boldsymbol{R}_\mathrm{c}$ 是散射晶胞中心的位矢. 在这种情况下, 检测器上的散射波是

$$f(k) |\boldsymbol{R}_\mathrm{D} - \boldsymbol{R}_\mathrm{c}|^{-1} \mathrm{e}^{\mathrm{i}\boldsymbol{k}_\mathrm{out} \cdot \boldsymbol{R}_\mathrm{D}} \mathrm{e}^{-\mathrm{i}\boldsymbol{k} \cdot \boldsymbol{R}_\mathrm{s}},$$

其中

$$\boldsymbol{k} = \boldsymbol{k}_\mathrm{out} - \boldsymbol{k}_\mathrm{in}$$

是散射 X 射线的动量转移 (相差因子 $\hbar$), $f(k)$ 是原子散射因子. (它取决于 $\boldsymbol{k}$. 为什么?) 现在考虑图 7.8 的矢量图. 因为光子散射几乎是弹性散射, 则 $|\boldsymbol{k}_\mathrm{out}| \approx |\boldsymbol{k}_\mathrm{in}|$. 因此,

$$k = |\boldsymbol{k}| = \frac{4\pi}{\lambda_\mathrm{in}} \sin\frac{\theta}{2}.$$

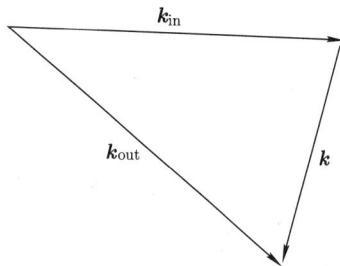

图 7.8   矢量加法

练习 7.15 对弹性散射导出这个公式.

由于系统中每个原子都会发生散射, 则在检测器中有波的叠加:

$$(总散射波) = f(k)\frac{e^{i\mathbf{k}_{out}\cdot\mathbf{R}_D}}{|\mathbf{R}_c - \mathbf{R}_D|}\sum_{j=1}^{N}e^{-i\mathbf{k}\cdot\mathbf{r}_j},$$

其中 $\mathbf{r}_j$ 是第 j 个原子的位矢. 强度是总散射波的幅值的平方, 而观察到的强度是这个平方的系综平均:

$$I(\theta) = 检测器上观测到的强度 = \left[|f(k)|^2/|\mathbf{R}_c - \mathbf{R}_D|^2\right]NS(k),$$

其中

$$S(k) = N^{-1}\left\langle\sum_{l,j=1}^{N}\exp\left[i\mathbf{k}\cdot(\mathbf{r}_l - \mathbf{r}_j)\right]\right\rangle.$$

量 $S(k)$ 称为结构因子 (structure factor), 它与 $g(r)$ 的傅里叶变换有一个简单的关系.

为看出其原因, 将 $S(k)$ 中对所有粒子的求和分成两部分: 对自身的部分, 即 $l = j$, 和不同粒子的部分, 即 $l \neq j$. 前者有 N 项, 后者有 $N(N-1)$ 项, 于是有

$$\begin{aligned}
S(k) &= 1 + N^{-1}N(N-1)\left\langle e^{i\mathbf{k}\cdot(\mathbf{r}_1-\mathbf{r}_2)}\right\rangle \\
&= 1 + N^{-1}\frac{N(N-1)\int dr^N e^{i\mathbf{k}\cdot(\mathbf{r}_1-\mathbf{r}_2)}e^{-\beta U}}{\int dr^N e^{-\beta U}} \\
&= 1 + N^{-1}\underbrace{\int d\mathbf{r}_1\int d\mathbf{r}_2}_{\int d\mathbf{r}_1\int d\mathbf{r}_{12}}\underbrace{\rho^{(2)}(\mathbf{r}_1,\mathbf{r}_2)}_{\rho^2 g(r_{12})}e^{i\mathbf{k}\cdot(\mathbf{r}_1-\mathbf{r}_2)} \\
&= 1 + \rho\int d\mathbf{r}g(r)e^{i\mathbf{k}\cdot\mathbf{r}}.
\end{aligned}$$

因而, 所测量的结构因子决定着 $g(r)$ 的傅里叶变换. 因为傅里叶变换是唯一的, 由 $S(k)$ 可以反过来确定 $g(r)$.

练习 7.16 验证推导过程中的代数细节并进一步简化以证明下式

$$S(k) = 1 + \frac{4\pi\rho}{k}\int_0^\infty dr\sin(kr)rg(r).$$

---

§7.6 液体中的溶剂化作用与化学平衡

在生物物理与化学领域中液态科学最重要的方面之一是: 液态环境在影响溶液中溶质的构象平衡 (conformational equilibria) 与化学平衡中的作用如何. 这是溶剂化作用的研究对象, 并且这里约化分布函数也与溶剂化作用的实验观测紧密相关.

为了描述这种关系, 我们从推导简单无结构的溶质物质的化学势的一个公式开始, 该物质溶解于低溶质浓度的流体中. 总的配分函数为

$$Q = Q_S^{(\mathrm{id})} Q_A^{(\mathrm{id})} V^{-(N_A+N_S)} \int \mathrm{d}r^{N_A} \int \mathrm{d}r^{N_S} \exp\left[-\beta U_S(r^{N_S}) - \beta U_{AS}(r^{N_S}, r^{N_A})\right],$$

其中 $Q_S^{(\mathrm{id})} Q_A^{(\mathrm{id})}$ 是溶质–溶剂混合物的理想气体的配分函数 (它分别依赖于溶质与溶剂的分子数 N_A 和 N_S, 体积 V 以及温度 T), 势能 U_S 是纯溶剂的势能 (它是溶剂位形 r^{N_S} 的函数), U_{AS} 表示由于溶剂物质和溶质物质相耦合引起的对势能的贡献. 在配分函数的这个方程中, 我们没有考虑不同溶质物质之间的相互作用对势能的贡献. 当溶质浓度足够低时, 这些相互作用可以忽略不计, 因为在这种情况下, 不同溶质之间的相互作用仅在位形空间中的几乎可以忽略不计的一小部分区域中发生. 然而, U_{AS} 这一项不能忽略, 因为溶质实际上总被溶剂物质包围并与其发生相互作用.

为了分析 U_{AS} 这一项的影响, 我们采用一个称之为耦合参数法 (coupling parameter method) 的技巧. 特别地, 我们令

$$Q_\lambda = Q_s^{(\mathrm{id})} Q_A^{(\mathrm{id})} V^{-(N_A+N_S)} \int \mathrm{d}r^{N_A} \int \mathrm{d}r^{N_S} \exp\left[-\beta U_S(r^{N_S}) - \beta\lambda U_{AS}(r^{N_S}, r^{N_A})\right],$$

其中 $0 \leqslant \lambda \leqslant 1$ 是耦合参数. 当 $\lambda = 0$ 时, 溶剂与溶质表现为彼此相互独立; 当 $\lambda = 1$ 时, Q_λ 是总的配分函数. 现在我们考虑由于 λ 的改变引起的 $\ln Q_\lambda$ 的微分变化. 在相差一个因子 $-\beta$ 时, $\ln Q_\lambda$ 是总势能为 $U_S + \lambda U_{AS}$ 的一个系统的亥姆霍兹自由能. 通过研究 $\ln Q_\lambda$ 相对于改变 λ 时的变化, 我们就能因此研究改变溶剂与溶质之间耦合的可逆功. 考虑到前面的公式, 有

$$\frac{\mathrm{d}\ln Q_\lambda}{\mathrm{d}\lambda} = \frac{\int \mathrm{d}r^{N_A} \int \mathrm{d}r^{N_S} (-\beta U_{AS}) \exp\left[-\beta U_S - \beta\lambda U_{AS}\right]}{\int \mathrm{d}r^{N_A} \int \mathrm{d}r^{N_S} \exp\left[-\beta U_S - \beta\lambda U_{AS}\right]},$$

其中, 为了符号的方便我们省略了势能函数中的宗量.

为进一步讨论, 我们需要对 $U_{AS}(r^{N_S}, r^{N_A})$ 作一些说明. 我们假设它有

对分解的形式,

$$U_{AS}(r^{N_S}, r^{N_A}) = \sum_{i=1}^{N_A} \sum_{j=1}^{N_S} u_{AS}(|\boldsymbol{r}_{iA} - \boldsymbol{r}_{jS}|),$$

其中 $\boldsymbol{r}_{iA}$ 是第 i 个溶质粒子的位矢, $\boldsymbol{r}_{jS}$ 是第 j 个溶剂粒子的位矢. 将此表达式代入 $\mathrm{d}\ln Q_\lambda / \mathrm{d}\lambda$ 的公式中, 并进行前面几节中已遇到过的相同计算, 可得

$$-k_{\mathrm{B}}T \frac{\mathrm{d}\ln Q_\lambda}{\mathrm{d}\lambda} = N_A \int \mathrm{d}\boldsymbol{r} u_{AS}(r) \rho_s g_{AS}(r; \lambda),$$

其中 $\rho_s = N_S/V$, 而 $g_{AS}(r; \lambda)$ 是当整个系统的总势能为 $U_S + \lambda U_{AS}$ 时一个溶剂–溶质对的径向分布函数.

练习 7.17 试导出这个结果.

现在我们可以形式上对导数积分求出自由能

$$A(N_S, N_A, V, T) = A_{\mathrm{id}}(N_S, N_A, V, T) + \Delta A_S(N_S, V, T)$$
$$+ N_A \int_0^1 \mathrm{d}\lambda \int \mathrm{d}\boldsymbol{r} u_{AS} \rho_s g_{AS}(r; \lambda),$$

其中 A_{id} 是溶剂–溶质混合物的理想气体的亥姆霍兹自由能, ΔA_S 是纯溶剂的 (超出理想气体的) 过量亥姆霍兹自由能. 注意到 $\ln Q_0 = -\beta(A_{\mathrm{id}} + \Delta A_S)$ 可以导出上述方程. 最后, 为完成分析, 将 A 对 N_A 微分可得到无限稀释情况下的化学势为

$$\mu_A = \mu_A^{(\mathrm{id})} + \Delta\mu_A,$$

其中

$$\Delta\mu_A = \int_0^1 \mathrm{d}\lambda \int \mathrm{d}\boldsymbol{r} \rho_s g_{AS}(r; \lambda) u_{AS}(r),$$

$\mu_A^{(\mathrm{id})}$ 是理想气体中物质 A 的化学势. 在练习 7.32 中将发展一个稍微不同的方法导出 $\Delta\mu_A$ 的这个相同结果, 并且将会看出实验上通过确定理想溶液的亨利 (Henry) 定律常数来量度 $\Delta\mu_A$.

现在我们将注意力转到溶液中两种溶质彼此相遇的情况. 对这种相遇的统计分析将我们引导到溶液中的化学平衡和构象平衡的理论. 可以进行极为一般的分析, 建议学生尝试进行这种推广. 不过, 为简单起见, 我们限于讨论化学平衡

$$A + B \rightleftharpoons AB,$$

这种反应可以在气相溶剂中或者在液态溶剂中发生. 一个例子是, 在气态环境中或者在液态 CCl_4 (四氯化碳) 中 NO_2 (二氧化氮) 的二聚作用形成 N_2O_4 (四氧化二氮).

为将经典统计力学的规则用于这个过程, 我们必须对何时会形成物质 AB 有一个定义, 最好是一个位形的定义. 我们将关注 A 和 B 的中心之间的距离 r. 每当 $r < R$(这里 R 是我们必须指定的某一长度) 时, 就称形成了二聚物 AB. 我们将取 R 为共价键能 u_{AB} 的作用范围, 共价键能有利于二聚物的形成. 令

$$H_{AB}(r) = 1, \quad r < R,$$
$$= 0, \quad r \geqslant R,$$

则气相中二聚物 AB 和单聚物的经典分子间配分函数之比是 (忽略对 A 类物质和 B 类物质内部结构的任何考虑)

$$\frac{q_{AB}^{(\mathrm{id})}}{q_A^{(\mathrm{id})} q_B^{(\mathrm{id})}} = \frac{1}{\sigma_{AB}} \int \mathrm{d}\boldsymbol{r} H_{AB}(r) \mathrm{e}^{-\beta u_{AB}(r)},$$

其中 σ_{AB} 是二聚物的对称数 (当 $A \neq B$ 时为 1, 当 $A = B$ 时为 2), 上标 "id" 表示这个表示式适用于稀薄理想气体, 其中分子间的相互作用可以忽略. 相应地, 气相中的平衡常数

$$K = \frac{\rho_{AB}}{\rho_A \rho_B}$$

由下式给出

$$K^{(\mathrm{id})} = \frac{1}{\sigma_{AB}} \int \mathrm{d}\boldsymbol{r} H_{AB}(r) \mathrm{e}^{-\beta u_{AB}(r)}.$$

在凝聚相中, 液态溶剂在缔合过程 (association process) 的自由能量分布中起着一定的作用. 考虑开始时分隔一宏观距离, 而最后达到相互间隔为 r 的 A 和 B 对, 可逆地移动该 A 和 B 对通过溶剂以实现二聚作用. 除了要求溶剂保持在平衡态以外, 对于溶剂中溶质物质的浓度没有任何限制. 因为过程是可逆地进行的, 溶剂对亥姆霍兹自由能的变化的贡献为 $\Delta w_{AB}(r)$, 这是平均力的势中的非直接部分. 于是总的自由能为 $u_{AB}(r) + \Delta w_{AB}(r)$. 因此, 在液体中

$$K = \frac{1}{\sigma_{AB}} \int \mathrm{d}\boldsymbol{r} H_{AB}(r) \exp\left[-\beta u_{AB}(r) - \beta \Delta w_{AB}(r)\right]$$
$$= K^{(\mathrm{id})} \int \mathrm{d}\boldsymbol{r} s_{AB}^{(\mathrm{id})}(r) y_{AB}(r),$$

其中

$$s_{AB}^{(\mathrm{id})}(r) \propto H_{AB}(r) \mathrm{e}^{-\beta u_{AB}(r)}$$

是气相中二聚物 AB 的分子间分布函数, 且

$$y_{AB} = e^{-\beta \Delta w_{AB}(r)}$$

称为空穴分布函数 (cavity distribution function). 赋予该名字是因为 $y_{AB}(r)$ 是一对假想粒子 A 和 B 的径向分布函数, 该对粒子彼此间不直接相互作用, 而是无限稀释地溶解于溶剂中. 这些假想粒子因此类似于流体中的空穴.

练习 7.18　证明在液体中, 分子间分布 (intramolecular distribution) 由下式给出

$$s_{AB}(r) = \frac{s_{AB}^{(\mathrm{id})}(r) y_{AB}(r)}{\displaystyle\int \mathrm{d}\boldsymbol{r}\, s_{AB}^{(\mathrm{id})}(r) y_{AB}(r)}.$$

练习 7.19　令 $\Delta \mu_i$ 表示液态溶剂中物质 i 的 (超出气相所得到的) 过量化学势. 证明

$$\Delta \mu_{AB} = \Delta \mu_A + \Delta \mu_B - k_{\mathrm{B}} T \ln \int \mathrm{d}\boldsymbol{r}\, s_{AB}^{(\mathrm{id})}(r) y_{AB}(r).$$

练习 7.20　由液态水中饱和烷烃链的溶解度发现, 作为一个很好的近似, 在水中, $C_n H_{2n+2}$ (烷烃) 的正常异构体的 $\Delta \mu$ 线性依赖于 n. 解释该观测结果.[提示: 考虑用产生流体中 "空穴粒子" 的某种排列的可逆功来表示过量化学势; 也注意到, 对 n 的线性依赖性是一个很好的近似而不是精确的结果.] 对 $n > 10$, 测量 $\Delta \mu$ 变得非常困难, 因为烷烃在水中的溶解度减小. 此外, 如果可以测量 $\Delta \mu$, 你认为对很大的 n, 线性依赖性将会继续存在吗? 试解释之.

---

§7.7　分子液体

当对分子流体 (与原子流体相对) 进行散射实验时, 人们得到来自分子内部和分子之间的所有原子对分离的散射的叠加. 于是, 对单位体积分子数为 ρ 的流体, 实验探测下列两个量

$$\rho g_{\alpha\gamma}(r) = \text{已知另一个分子中的一个原子 } \alpha \text{ 位于原点,}$$
$$\text{位置 } \boldsymbol{r} \text{ 处的原子 } \gamma \text{ 的密度,}$$

以及

$$s_{\alpha\gamma}(r) = \text{已知同一分子中的另一个原子 } \alpha \text{ 位于原点,}$$

位置 r 处的原子 γ 的概率分布.

衍射实验确定了 (傅里叶变换空间中的) 线性组合

$$G_{\alpha\gamma} = s_{\alpha\gamma}(r) + \rho g_{\alpha\gamma}(r).$$

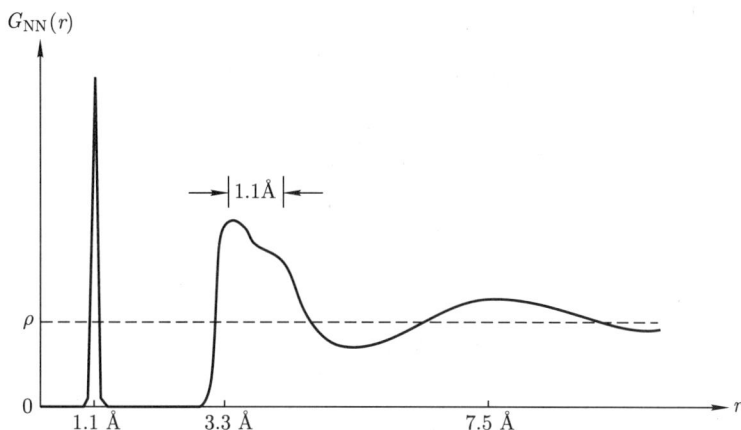

图 7.9 液氮的对分布函数

对液氮, 对分布示意地画于图 7.9 中. 在 1.1Å 处的尖峰归因于分子内部结构. 特别是, N_2 分子的 N–N 键长度为 $L = 1.1$Å. 其余的性质可以解释如下: 因为液体是稠密的, 分子更有可能与它们邻近的分子接触. 于是, 在 3.3Å 处的主峰表示氮原子的范德瓦尔斯直径大约为 $\sigma = 3.3$Å. 因为每一个原子通过化学键与另一个原子结合, 并且每一个原子与近邻分子中的原子接触, 则一个标记原子非常可能也将有位于 $\sigma + L$ 处的近邻原子. 这是在 $r \approx (3.3 + 1.1)$Å 处在 $G_{NN}(r)$ 中发现肩峰或辅助峰的原因.

对第一配位壳层进行积分给出[1]

$$n = 4\pi \int_{3\text{Å}}^{5.6\overset{\circ}{\text{A}}} G_{NN}(r) r^2 \,\mathrm{d}r \approx 12.$$

于是, 在第一配位壳层中每一个 N_2 分子大约有 12 个近邻. 这表示该壳层中的结构在对每一个粒子平均之后有些类似于简单原子流体中的结构. 确实, 第二配位壳层的位置 7.5Å $\approx 2(\sigma + L/2)$ 与该思想一致. 但是, 注意到 $G_{NN}(r)$ 的振荡在比球形粒子组成的液体中粒子之间的间隔更短的距离中

[1]因为每一个 N_2 分子有两个原子, 围绕中心原子的 N 原子的总密度为 $2\rho g_{NN}(r)$. 因此, 在第一配位壳层中的总原子数大约为 24.

就衰减掉了. 此外, 对双原子流体, 峰更低且更宽. 理由是, 由于存在两个长度标度 σ 和 L, 而不是仅仅范德瓦尔斯直径 σ. 第二个长度对局部分子间结构引入较大变化的可能性, 这种变化产生随机性, 它消减了对关联.

我们刚描述的液体区域的示意图示于图 7.10 中.

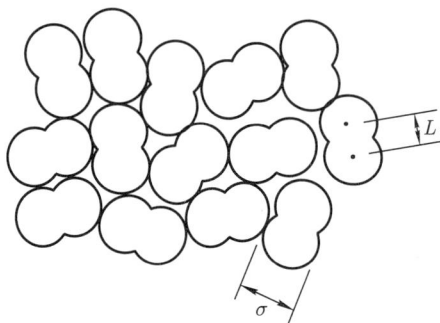

图 7.10 双原子分子的液体结构

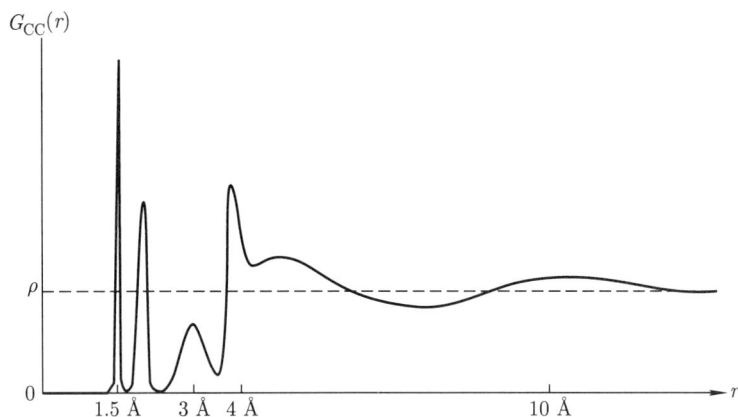

图 7.11 液态 n− 丁烷的对分布函数

练习 7.21 正丁烷 $CH_3CH_2CH_2CH_3$ 的碳−碳对分布函数草示于图 7.11 中, 解释由该曲线中所看出的定性特性. (必须注意到, 正丁烷有三个稳定的构象态: 反式 (trans) 构象态, 偏转 (gauche) 正构象态和偏转负构象态.)

液氮和丁烷是非缔合液体 (nonassociated liquid), 即它们的分子间结构可以用堆积来理解. 在这些系统中没有高度特殊的分子间吸引力. 或许缔合液体的最重要的实例是水. 这里, 线形氢键有助于产生局域的四面体有序性, 它不同于由仅考虑分子的大小和形状将预言的有序性. 线形氢键的强度在室温下大约 $10k_BT$. 这应该与非缔合液体中吸引相互作用的典型大小 (在三相点处为 $1k_BT$ 到 $2k_BT$) 相比较.

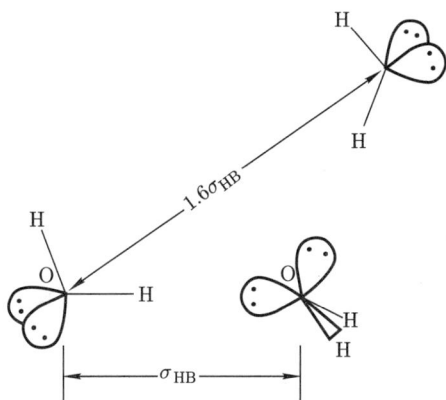

图 7.12 三个水分子和两个氢键

图 7.12 是三个水分子的示意图, 外侧的两个氢与位于中间的分子键合. 当一个质子与假想的未共享电子对波瓣 (或 "轨函数") 之一重叠或者靠近时, 一个线形氢键就形成了. 由所显示的三个水分子, 很容易理解为什么氢键有利于四面体有序化. 当然, 这种有序化只有在冰相中才会延续到很大的距离. 在液相时, 甚至在第一配位壳层就有足够的随机性使得四面体有序化在一到两个分子直径的范围内就迅速失去了. 实际上, 在室温下, 水的氧–氧对分布函数看上去如图 7.13 所示. 第一个峰大约位于 $2.8\text{Å} = \sigma_{HB}$ (即氢键的长度) 处, 第二个峰大概在 $4.5\text{Å} \approx 1.6 \times 2.8\text{Å}$ 处, 这正是从四面体结构所预期的. 进一步, 对第一配位壳层进行积分, 有

$$n = 4\pi\rho \int_0^{3.5\,\text{Å}} g_{OO}(r)r^2\,\mathrm{d}r \approx 4.$$

但是超出第二配位壳层, 对关联实质上已经消失. 取向关联在比平动关联甚至更短的距离内消失. 可以从示于图 7.14 的 OH 和 HH 的分子间分布函数的行为中得出上述事实. 显然, 这些曲线中的所有性质仅由于第一配位层壳层的结构而产生. 因此, 液态水的结构是高度畸变的氢键物质的随机网络.

将水的分布函数和非缔合流体的那些分布函数相比是非常有趣的. 回忆起对于简单流体, $g(r)$ 的第二个峰出现在两倍于第一个峰的位置处. 对于固体, 在 $\sqrt{2}\sigma$ 处没有第二近邻峰的痕迹. 进一步, 非缔合液体的有效堆积

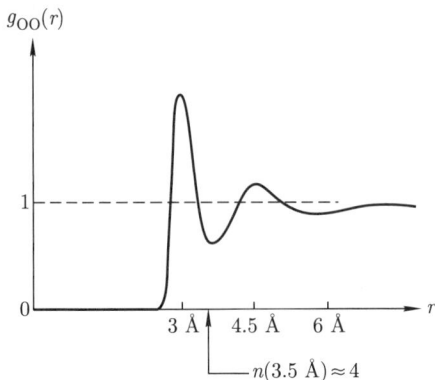

图 7.13　液态水中氧–氧径向分布函数

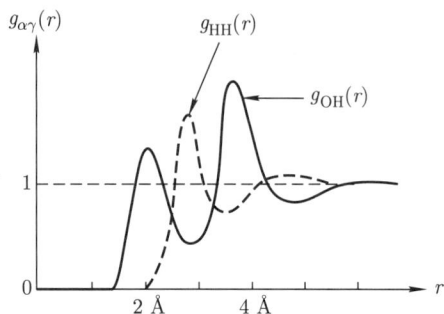

图 7.14　液态水中的 H–H 和 O–H 分布

倾向于使每个分子的第一配位壳层有 12 个近邻. 作为对比,水中的一个水分子大约有 4 个最近邻,且有明显的冰结构的痕迹,其中第二近邻出现在 $1.6\sigma_{HB}$ 处. 这种局部的水结构是非常脆弱的. 四面体有序性是填充空间的一种非有效的方式,因为大部分的空间仍然没有被占据. 产生这种局部结构需要大的氢键能,而就堆积而言,是不利于这种结构的形成的. 但是它刚好仅能与堆积对抗. 因此,结构是很脆弱的,如同由它的异常大的温度依赖性所表明的.

练习 7.22* 　水的一个反常行为是它的非常大的热容量 C_v. 对水, C_v(液相) $- C_v$(气相) $\approx 20R$, 而对大多数液体这个数值是 2 到 5R. 证明该行为是水结构相对大的温度依赖性的直接表现形式. [提示: 考虑将内能与对关联函数联系起来.]

因为四面体有序性在流体中留下了未占用的空间,很明显,等温加压 (它将减少每个粒子的体积) 将试图破坏局部结构. 于是,水的有序性将随压强的增加而降低. 在非缔合液体中,更高的压强将会导致更紧密的堆积,因而有更高的有序性. 增加压强或密度导致水中更低的有序性,这个事实是造成如在 4°C 和一个大气压下所发现的水密度最大的直接原因.

练习 7.23 　证明该表述.[提示: 注意 $(\partial s/\partial p)_T = -(\partial v/\partial T)_p.$]

---

§7.8　硬盘系统的蒙特卡罗模拟

在前面几节中,我们已经描述了液相对关联函数的许多一般性质. 进一步,我们已经表明,由关于作用在原子和分子之间的粒子间相互作用势的基本知识如何可以来预测这些函数的定性行为. 例如, 关注分子形状的堆积效应或者几何性质的讨论可以用来理解多数稠密流体的结构行为. 然而, 对于像水这样的缔合液体, 必须考虑与方向高度相关并且非常强的氢键的效应.

为了超出前面的定性图像, 并对这些相互作用势和液体结构之间的联系进行定量地处理, 需要进行以某种方式按多粒子分布

$$P(r^N) \propto \exp[-\beta U(r^N)],$$

精确地抽样这样的一些计算. 对于这个问题有几种解决的方法, 其中有的方法使用解析处理, 它们涉及各种不同类型的微扰理论以及平均场近似. 在这之中有几种技术在解释液态的性质方面是非常成功的. 然而, 尽管它们具有固有的计算上的简单性, 如果没有计算机模拟的同步进行, 解析方法将得不到适当的发展和检验. 模拟是数值实验, 可用来检验解析理论中所采用的近似的准确度. 进一步来说, 尽管会涉及很繁杂的数据, 但模拟方法在概念上远比解析方法要简单的多, 因为后者往往比前者需要更为复杂高深的数学.

在第六章中, 我们介绍了蒙特卡罗技术, 它作为这样一种方法用来研究离散晶格模型中的涨落. 在本节中, 我们将表明这种数值抽样方案如何能够扩展到自由度是连续的流体的. 我们讨论的特殊模型是一个二维硬盘流体. 这个模型可能是最简单的系统, 它显示很多最重要的结构现象, 而这些现象会出现在自然界中发现的许多稠密流体系统中.

练习 7.24 利用计算机模拟, 科学家已经观察到, 一个二维硬盘流体 (每个硬盘的直径为 σ) 似乎变得不稳定, 当该流体被压缩到其密度高于密堆积密度 ρ_{CP} 的 70% 时. 在高于这个密度时, 系统将凝结为一个周期晶体. ρ_{CP} 的值为多少? 关于硬盘固体的晶体结构又能作些什么预测?

从伊辛模型的米特罗波利斯蒙特卡罗方法到流体的米特罗波利斯蒙特卡罗方法的推广相对来说是比较直接的. 但是, 对于表征流体位形的连续变量来说, 数值算法将会变得更困难, 并且比伊辛模型需要更多的计算时间. 在计算伊辛模型时, 大多数算术运算可以约化为乘以 0 和 1 的运算.

这种附加的数值计算的复杂性可以与所需要增加的概念复杂性进行对比. 概念复杂性是在将第五章中给出的伊辛模型的微扰论和平均场处理方法推广为连续流体的类似理论时产生的.

练习 7.25* 尝试将 5.4 节中所用的分子平均场处理方法推广到对相互作用为 $u(r)$ 的连续流体的情况. 如果你成功地进行了推广, 则超越平均

场方程 $m = \tanh[\beta\mu H + \beta z J m]$ 对应的类似方程为

$$\langle \rho(\boldsymbol{r}) \rangle = c \exp\left[-\beta\phi(\boldsymbol{r}) - \beta \int \mathrm{d}\boldsymbol{r}' \langle \rho(\boldsymbol{r}') \rangle u(|\boldsymbol{r} - \boldsymbol{r}'|) \right],$$

其中 c 是比例常数, $\phi(\boldsymbol{r})$ 为外势能场. 值得注意的是, 这个关系是关于位置 $\boldsymbol{r}$ 处的平均密度 $\langle \rho(\boldsymbol{r}) \rangle$ 的积分方程. 提出一些方法 (数值的或者/以及解析的方法), 由此可以求解这个方程.

所谓流体的 "积分方程理论" 是建立在像这里所说明的平均场近似的基础之上的.

在一个硬盘流体中, 粒子对 ij 之间的势能是:

$$u(r_{ij}) = \infty, \quad r_{ij} < \sigma,$$
$$= 0, \quad r_{ij} > \sigma,$$

其中

$$r_{ij}^2 = (x_i - x_j)^2 + (y_i - y_j)^2.$$

在这里 (x_i, y_i) 是粒子 i 的笛卡儿坐标. 在下面所列出的程序中, $N = 20$ 硬盘被放置在边长为 L 的正方形晶胞中. 粒子密度 $\rho = N/L^2$ 由 L 的值决定, 盘的直径 σ 是长度单位. 这里我们应用周期性边界条件, 于是如果一个粒子在一步模拟中离开这个晶胞时, 另一个粒子从另一边进入这个晶胞. 例如, 如果粒子 i 的中心在一个蒙特卡罗步中从 (x_i, y_i) 变为 $(x_i + \delta, y_i)$, 并且如果 $x_i + \delta$ 是在晶胞之外的一个位置, 则粒子 i 的中心的新位置实际上取为 $(x_i + \delta - L, y_i)$. 注意, 通过仅考虑从一个晶胞到另一个晶胞周期重复的那些涨落, 这种类型的边界条件相应于模拟一个无限系统.

在确定了系统的初位形 $r^N = (x_1, y_1, \cdots, x_i, y_i, \cdots, x_N, y_N)$ 之后, 一个盘由它的位置 (x, y) 指定. 依次考虑每个盘. 所考虑的那个盘可能的新位置由两个随机数选定, 它们是区间 $[-\mathrm{del}, \mathrm{del}]$ 中的 Δx 和 Δy, 其中 "del" 是实验上可调的, 以给出大约 30% 的可能性接受新位置. (在附录中列出的程序中 "del" 取值在 $[0.05, 0.1]$ 范围内似乎运行得比较好.) 可能的新位置为 $(x + \Delta x, y + \Delta y)$. 在可能的新位形 r'^N 和老位形 r^N 之间的能量差 ΔU 或为 0, 如果盘不相互重叠; 或为 ∞, 如果任一盘重叠的话. 回忆起第六章中按照蒙特卡罗方法的米特罗波利斯算法, 如果

$$\exp(-\beta\Delta U) \geqslant x,$$

则新位形将被接受, 这里 x 是介于 0 和 1 之间的一个随机数. 否则, 该移动被拒绝. 在硬盘的情况, $\exp(-\beta U)$ 或者为 0 或者为 1. 故接受判据仅仅由

新位形是否引入粒子的重叠来确定. 轨迹按照上面的描述从一步移到另一步, 如果到位形 r'^N 的尝试移动引起两个盘的重叠, 则在第 $t+1$ 步的位形为

$$r^N(t+1) = r^N(t),$$

而如果没有重叠, 则位形为

$$r^N(t+1) = r'^N.$$

从上述这样一条轨迹中可以计算的一个性质是径向分布函数 $g(r)$. 特别地, 可以对两盘之间的特定间距的出现求平均. 为计算这个平均值, 考虑与某一标记粒子 j 相距 r 的球壳中的平均粒子数. 球壳的厚度取为 0.10. 这个长度增量将是我们在其上分辨 $g(r)$ 的最小长度. 令 $\langle n_j(r) \rangle$ 为距离 r 处的球壳中的平均粒子数, 则

$$\langle n_j(r) \rangle = \frac{1}{T} \sum_{i=1}^{T} n_{ji}(r),$$

其中 $n_{ji}(r)$ 是球壳内迭代 (pass)i 中的粒子数. 这里, T 是总的迭代数, 且每一个迭代对应于 N 步. 这个平均值与哪一个粒子是标记粒子无关. 令

$$\langle n(r) \rangle = \langle n_1(r) \rangle = \cdots = \langle n_N(r) \rangle,$$

或者

$$\langle n(r) \rangle = \frac{1}{N} \sum_{j=1}^{N} \langle n_j(r) \rangle = \frac{1}{NT} \sum_{j=1}^{N} \sum_{i=1}^{T} n_{ji}(r).$$

如果粒子之间无关联, 则在距离 r 处的球壳内的平均粒子数为

$$\langle n(r) \rangle_{\text{无关联}} = (\text{球壳的面积})\rho(N-1)/N,$$

其中 ρ 是液体的密度, 而 $(N-1)/N$ 是对标记粒子不能位于距离 r 处的球壳中的修正. 现在 $g(r)$ 可表示为

$$g(r) = \frac{\langle n(r) \rangle}{\langle n(r) \rangle_{\text{无关联}}}$$

$$= \frac{\sum_{j=1}^{N} \sum_{i=1}^{T} n_{ji}(r)}{(\text{球壳的面积})(N-1)T\rho}.$$

本章末附录中的程序使用了上述算法, 它是用 BASIC 语言编写的, 可在苹果公司的 Macintosh 系统中运行.

随着轨迹的延伸, $g(r)$ 的统计行为不断改进. 从 Macintosh 的显示中截取的图 7.15 说明了在密度 $\rho\sigma^2 = 0.7$ 时统计的演化情况.

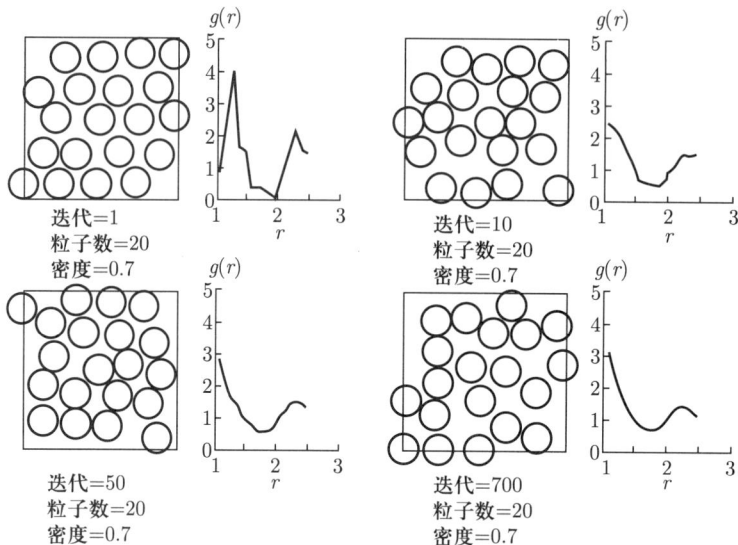

图 7.15 硬盘系统的蒙特卡罗模拟

练习 7.26 讨论 $g(r)$ 的统计累积如何依赖于球壳厚度的大小.

练习 7.27 改变 "del" 的大小并因此影响了可接受移动的百分比, 以此对蒙特卡罗轨迹的演化进行实验. 注意, 如果 "del" 太大, 几乎所有移动将被拒绝, 系统的位形将不能对位形空间进行有效的抽样. 类似地, 如果 "del" 太小, 则几乎所有移动将被接受, 但是步长如此之小, 抽样将仍然不是有效的. 这样似乎存在一个最佳的中间范围. 你能想出一个判据来确定最佳的步长选择吗?

附加练习

7.28. 考虑温度为 T 的稀薄氩原子气体, 计算作为 T 的函数的下列各平均值:

(a) $\langle v_x^2 \rangle$, (b) $\langle v_x^2 v_y^2 \rangle$, (c) $\langle v^2 \rangle$, (d) $\langle v_x \rangle$, (e) $\left\langle (v_x + bv_y)^2 \right\rangle$,

其中 v_x 和 v_y 是单个氩原子的速度 v 在笛卡儿坐标系中的分量. 讨论气体被等温压缩至液化点以及被继续压缩至凝固点时所得结果如何

变化.

7.29. 考虑一由 N 个可分辨的无相互作用的谐振子构成的系统, 其哈密顿量为

$$\mathscr{H} = \sum_{i=1}^{N} \frac{p_i^2}{2m} + \sum_{i=1}^{N} \frac{1}{2}k \left| \boldsymbol{r}_i - \boldsymbol{r}_i^{(0)} \right|^2,$$

其中 $\boldsymbol{r}_i^{(0)}$ 是第 i 个振子粒子的平衡位置.

    (a) 假设振子遵循薛定谔方程, 确定该系统的正则配分函数.

    (b) 假设振子遵循牛顿运动方程, 确定该系统的配分函数.

    (c) 证明 (a)(b) 中所得结果在高温极限下一致.

7.30. 考虑一有对可加势以及三体势的经典粒子系统, 证明第二位力系数与三体势无关.

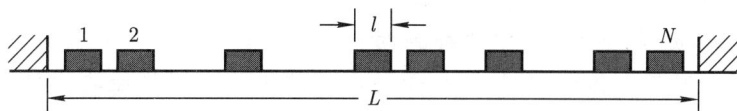

图 7.16　局限于固定长度的一条线上的硬杆经典流体

7.31. 在本问题中, 考虑如图 7.16 所示的平衡经典流体系统, 其中 N 个硬杆局限在长为 L 的一条直线上运动. 每个硬杆的长度为 l, $\rho_{\text{CP}} = l^{-1}$ 是密度 $\rho = N/L$ 的密堆积值. 系统的亥姆霍兹自由能为

$$-\beta A = \ln \left[(N!\lambda^N)^{-1} \int_0^L \mathrm{d}x_1 \cdots \int_0^L \mathrm{d}x_N \mathrm{e}^{-\beta U} \right],$$

其中 $\beta^{-1} = k_{\mathrm{B}}T$, U 是依赖于杆的位置 $x_1, \cdots, x_N$ 的总势能, λ 是德布罗意热波长. 压强由下式给出

$$\beta p = \frac{\partial(-\beta A)}{\partial L}.$$

对分布函数定义为

    $\rho g(x) = $ 已知另一杆在原点, 在位置 x 处杆的平均密度.

注意, x 可正可负, 并且为简单起见, 假设原点远离墙壁.

    (a) 在高密度 (但小于 ρ_{CP}) 情况下, 画出 $x > 0$ 的 $g(x)$ 的带标记的草图.

    (b) 在 $\rho \to 0$ 的情况下, 画出 $x > 0$ 的 $g(x)$ 的另一个带标记的草图.

(c) 定性地描述 $g(x)$ 如何随温度 T 变化.

(d) 当 $\rho \to \rho_{\mathrm{CP}}$, 计算下列积分的值

$$\int_0^{(3/2)l} \mathrm{d}x\, g(x).$$

(e) 以 N, ρ, T 为自变量, 计算 (i) 一个杆的平均速度, (ii) 一个杆的平均速率, (iii) 一个杆的平均动能, (iv) 整个 N 个粒子系统的内能.

(f) 用一点 (不太多的) 巧妙的计算, 可以证明该系统的压强与密度的关系由下式给出

$$\beta p = \frac{\rho}{1-b} \frac{\rho}{1-b\rho},$$

其中 b 与密度无关. (i) b 是否是温度的函数? (ii) 找出 b 与第二位力系数的关系, 并利用此关系计算 b, 用 β 和 l 表示.

(g) 进行上面 (f) 中所提到的巧妙计算.

7.32. (a) 考虑气态氩, 忽略氩原子的内部结构并且假设经典力学适用. 使用统计热力学计算方法, 证明在极低密度极限下, 气态氩的化学势由下式给出

$$\beta \mu = f(\beta) + \ln \rho,$$

其中 $f(\beta)$ 仅是 $\beta = 1/k_{\mathrm{B}}T$ 的函数, $\rho = N/V$ 是氩的密度.

(b) 现在考虑氩以低浓度溶解在液态水中, 证明该系统中氩的化学势为

$$\beta \mu = f(\beta) + \ln \rho + \beta \Delta \mu,$$

其中 $f(\beta)$ 与 (a) 中出现的量相同, ρ 是水中氩的密度, $\Delta \mu$ 是过量化学势, 它在氩与水分子不相互作用的假想极限下为零 (该过量化学势是热力学变量 β 和 ρ_{w} 的函数, 其中 ρ_{w} 是水的密度).

(c) 当稀薄的氩蒸汽与氩水溶液处于平衡时, 氩蒸汽的压强 p 遵循亨利定律

$$p = x k_{\mathrm{H}},$$

其中 x 是水中氩的摩尔分数, 即

$$x = \frac{\rho}{\rho + \rho_{\mathrm{w}}} \approx \frac{\rho}{\rho_{\mathrm{w}}},$$

k_{H} 是亨利定律常数. 证明

$$k_{\mathrm{H}} = \beta^{-1} \rho_{\mathrm{w}} \exp(\beta \Delta \mu).$$

(d) 水氩溶液的势能是非常复杂的, 它依赖于所有水分子的取向和位置, 以及每个水分子和每个氩原子之间的耦合. 假设耦合的形式是这样的, 使得

$$\sum_{i=1}^{N} u_{\mathrm{AW}}(|\boldsymbol{r} - \boldsymbol{r}_i|)$$

是与位置 $\boldsymbol{r}$ 处的氩原子相关联的势能. 这里, $\boldsymbol{r}_i$ 是第 i 个水分子中心的位置, N 是总的水分子数. 如果情况如此, 证明

$$\exp\left(-\beta\Delta\mu\right) = \left\langle \prod_{i=1}^{N} \exp\left[-\beta u_{\mathrm{AW}}(|\boldsymbol{r} - \boldsymbol{r}_i|)\right] \right\rangle_{\mathrm{W}},$$

其中 $\langle\cdots\rangle_{\mathrm{W}}$ 表示对所有水分子坐标的正则系综平均.(它由所有水分子的总势能的玻尔兹曼因子加权计算的.) [提示: 将 $\Delta\mu$ 想象为有溶质时和没有溶质时水的亥姆霍兹自由能之差.] 最后, 使用这个结果证明

$$\Delta\mu = \int_0^1 \mathrm{d}\lambda \int \mathrm{d}\boldsymbol{r} \rho_{\mathrm{W}} g_{\mathrm{AW}}(r;\lambda) u_{\mathrm{AW}}(r),$$

其中 $g_{\mathrm{AW}}(r;\lambda)$ 是氩–水径向分布函数, 它是对溶解于水中的一个氩原子的, 而这个氩原子通过对势 $\lambda u_{\mathrm{AW}}(r)$ 与水耦合.

7.33. * 考虑位力定理状态方程 (参见练习 7.11). 对于一个二维硬盘流体, 证明

$$\begin{aligned}
\frac{\beta p}{\rho} &= 1 - \frac{\beta\rho}{4}\int \mathrm{d}\boldsymbol{r} g(r) r \frac{\mathrm{d}u(r)}{\mathrm{d}r} \\
&= 1 - \frac{\beta\rho\pi}{2}\int_0^\infty \mathrm{d}r r^2 g(r) \frac{\mathrm{d}u(r)}{\mathrm{d}r} \\
&= 1 + \frac{\rho\sigma^2\pi}{2} g(\sigma^+),
\end{aligned}$$

其中 $g(\sigma^+)$ 是 $g(r)$ 的接触值 (contact value). [提示: 在最后一个等号中, 注意到 $-\beta g(r)\frac{\mathrm{d}u(r)}{\mathrm{d}r} = y(r)\frac{\mathrm{d}}{\mathrm{d}r}\exp[-\beta u(r)]$, 这里 $y(r) = \exp[-\beta\Delta w(r)]$ 是空穴分布函数. 此外, 注意到阶梯函数的导数是狄拉克 δ 函数.]

7.34. 使用硬盘的蒙特卡罗程序以及练习 7.33 的结果计算硬盘流体的压强. 注意, 为得到 $g(\sigma^+)$ 必须从大于 σ 的 r 值进行外推. 尝试一下线性外推. 将你的结果与下面给出的压强的估算值进行比较. 对误差来源 (例如, 有限的平均时间, 小的系统尺寸等等) 进行评析.

$(\rho_{\rm CP}/\rho)^a$	$(\beta p/\rho)^b$
30	1.063
5	1.498
2	3.424
1.6	5.496
1.4	8.306

[a]$\rho_{\rm CP}$ = 密堆积密度

[b]来源:J. J Erpenbeck and M. Luban, Phys. Rev., A32, 2920 (1985). 这些数字是由性能非常高的计算机计算所得,不确定度在小数点后第三位.

7.35. 考虑一个具有如下形式势能的经典流体:

$$U(r^N) = \sum_{i>j=1}^N u(|\boldsymbol{r}_i - \boldsymbol{r}_j|).$$

设想将对势分为两个部分:

$$u(r) = u_0(r) + u_1(r).$$

$u_0(r)$ 称为参考势能,定义参考系统是总势能为下式的系统

$$\sum_{i>j=1}^N u_0(|\boldsymbol{r}_i - \boldsymbol{r}_j|).$$

对势的余下部分 $u_1(r)$ 则是微扰对势.

(a) 证明完整系统的亥姆霍兹自由能由下式给出

$$\frac{A}{N} = \frac{A_0}{N} + \frac{1}{2}\rho \int_0^1 \mathrm{d}\lambda \int \mathrm{d}\boldsymbol{r}\, u_1(r) g_\lambda(r),$$

其中 A_0 是参考系统的自由能,$g_\lambda(r)$ 是假想系统的径向分布函数,该假想系统的对势能为 $u_0(r) + \lambda u_1(r)$. 参考系统和假想系统与完整系统有相同的密度 $\rho = \dfrac{N}{V}$,温度和粒子数 N. [提示:先计算 $\mathrm{d}A_\lambda/\mathrm{d}\lambda$,这里 A_λ 是假想系统的亥姆霍兹自由能,然后注意到

$$A - A_0 = \int_0^1 \mathrm{d}\lambda \frac{\mathrm{d}A_\lambda}{\mathrm{d}\lambda}.]$$

(b) 导出下列极限

$$\frac{A}{N} \leqslant \frac{A_0}{N} + \frac{1}{2}\rho \int \mathrm{d}\boldsymbol{r}\, g_0(r) u_1(r),$$

其中 $g_0(r)$ 是参考系统的径向分布函数.[提示: 回忆第五章讨论的吉布斯–博戈留波夫–费曼极限.]

这些关系构成了流体热力学微扰理论的基础. 这些理论以关于参考流体系统的性质 (例如, 由计算机模拟确定的硬球流体的性质) 的知识作为出发点, 然后通过计算从参考系统的势能变为所感兴趣的系统的势能时相关自由能的变化, 由此推演出其它流体的性质.

参考文献

关于本章主题的标准高等著作是

J. P. Hansen and I. R. McDonald, *Theory of Simple Liquids* (Academic Press, N. Y., 1976).

其它有用的教科书中的处理方法可以参考

D. McQuarrie, *Statistical Mechanics* (Harper & Row, N. Y., 1976).

H. L. Friedman, *A Course in Statistical Mechanics* (Prentice Hall, Englewood Cliffs, N. J., 1985).

下面的评论中讨论了液态水的结构

F. H. Stillinger, *Adv. Chem. Phys.* **31**, 1 (1975).

液态物理和化学的中心思想之一是, 对非缔合液体, 液体结构由分子的堆积效应或分子的形状确定. 这个观点通常称为液体的范德瓦尔斯图景 (van der Waals picture), 它为很多成功的理论奠定了基础. 本章中的许多定性讨论都是基于范德瓦尔斯的观点, 下文给出了一个完整的评述

D. Chandler, J. D. Weeks, and H. C. Anderson, *Science* **220**, 787 (1983).

附 录

硬盘的蒙特卡罗程序[1]

```
REM***MONTE CARLO
REM***an input file "data" is needed where the first n lines contain
REM***the coordinates of the disks, the next line contains the total
REM***number of passes, and the last mg lines the total number found
REM***in each g(r) shell. "data" is updated with each run.
REM***"del" is the maximum step size. "n" is the number of disks.
REM***"rho" is the density of disks. The screen is printed every "mcopy"
REM***times. "mg" is the number of divisions in G(r). "pas" is the number
REM*** of passes. "rgmax" is the maximum of the range G(r) is calculated
REM*** over. G(r=1) is found by linear extrapolation. ---John McCoy---
REM*** To stop program, type "command ." followed by "menu reset"
del=.05
n=20
mcopy=1000
mg=15
PRINT "Input number of passes."
INPUT pas
rgmax=2.5
dgr=(rgmax-1)/mg
pac = 100/n
PRINT " If you wish to start from previous run in file data, type 1;"
PRINT " If you wish to start new run, type 0."
INPUT istart
IF istart=0 THEN PRINT "Input a density between 0 and 0.85."
IF istart=0 THEN INPUT rho
IF istart=1 THEN PRINT "input 1 if you wish to keep old g(r) data, else input 0."
igr=1
IF istart=1 THEN INPUT igr
DIM f(15),fmn(15),r(15),ddr(15),g(15)
IF istart=1 THEN OPEN "data" FOR INPUT AS #1
IF istart=0 THEN OPEN "datazero" FOR INPUT AS #1
IF istart=1 THEN INPUT #1, rho
ppres =rho*3.141593/2
sig=(rho/n)^.5
rmax=4*sig
srgmax=rgmax*sig
rcir%=FIX(100*sig)
FOR i=1 TO mg
```

---

[1]该程序由 John D. McCoy 编写.

```
r(i)=1+(i-.5)*dgr
NEXT i
dd=3.14*(n-1)*rho
FOR i=1 TO mg
ddr(i)=dd*((1+(i)*dgr)^2-(1+(i-1)*dgr)^2)
NEXT i
t$="monte carlo"
IN:
CALL HIDECURSOR
LET today$=DATE$
MENU 1,0,1," Monte Carlo "
MENU 2,0,1," "
MENU 3,0,1,"Hard Disks "
MENU 4,0,1,"          "
MENU 5,0,1,today$
WINDOW 1,t$,(0,20)-(550,350),3
DIM x(20),y(20)
RANDOMIZE TIMER
FOR I=1 TO n
INPUT #1,x(I),y(I)
NEXT I
INPUT #1,pps
IF igr=0 THEN pps=0
FOR i=1 TO mg
INPUT #1,f(i)
IF igr=0 THEN f(i)=0
NEXT i
CLOSE #1
drw:
CALL MOVETO(240,25)
PRINT 5,
CALL MOVETO(240,65)
PRINT 4,
CALL MOVETO(240,105)
PRINT 3,
CALL MOVETO(240,145)
PRINT 2,
CALL MOVETO(240,185)
PRINT 1,
CALL MOVETO(240,225)
PRINT 0,
CALL MOVETO(240,125)
G$="g"
```

```
PRINT G$,
CALL MOVETO(259,240)
PRINT 1,
CALL MOVETO(339,240)
PRINT 2,
CALL MOVETO(419,240)
PRINT 3,
CALL MOVETO(359,255)
r$="r"
PRINT r$,
CALL MOVETO (20,20)
CALL LINE (0,200)
CALL LINE (200,0)
CALL LINE (0,-200)
CALL LINE (-200,0)
CALL MOVETO(270,20)
CALL LINE (0,200)
CALL LINE(160,0)
CALL MOVETO(270,20)
CALL LINE (-5,0)
CALL MOVETO(270,60)
CALL LINE (-5,0)
CALL MOVETO(270,100)
CALL LINE (-5,0)
CALL MOVETO(270,140)
CALL LINE (-5,0)
CALL MOVETO(270,180)
CALL LINE (-5,0)
CALL MOVETO(270,220)
CALL LINE (-5,0)
CALL MOVETO(270,220)
CALL LINE (0,5)
CALL MOVETO(310,220)
CALL LINE (0,5)
CALL MOVETO(350,220)
CALL LINE (0,5)
CALL MOVETO(390,220)
CALL LINE (0,5)
CALL MOVETO(430,220)
CALL LINE (0,5)
CALL MOVETO(40,250)
pas$="passes="
PRINT pas$,pps,
```

```
CALL MOVETO(40,265)
mov$="particles="
PRINT mov$,n,
CALL MOVETO(40,280)
den$="density="
PRINT den$,rho,
g1$ = "g(r=1) ="
pre$ ="P ~rho ="
ac$ = "%accept="
FOR i=1 TO n
xx=200*x(i)+20
yy=200*y(i)+20
CIRCLE (xx,yy),rcir%,33
NEXT i
FOR k=1 TO pas
acc% = 0
FOR j=1 TO n
r=1-2*RND(1)
xn=x(j)+del*r
r=1-2*RND(1)
yn=y(j)+del*r
xxo1=x(j)
yyo1=y(j)
xxo=200*xxo1+20
yyo=200*yyo1+20
FOR jj=1 TO mg
fmn(jj)=f(jj)
NEXT jj
FOR ij=1 TO n
IF ij=j THEN GOTO 10
rx= x(ij)-xn
ry= y(ij)-yn
IF rx>.5 THEN rx=rx-1 ELSE IF rx<-.5 THEN rx=rx+1
IF ry>.5 THEN ry=ry-1 ELSE IF ry<-.5 THEN ry=ry+1
r=(rx^2+ry^2 )^.5
IF r<sig THEN GOTO new1
IF r>srgmax  THEN GOTO 10
xxx=((r/sig)-1)/dgr
ii=FIX(xxx)+1
fmn(ii)=fmn(ii)+1
10 :
NEXT ij
acc% = acc% + 1
```

```
GOTO new2
NEW1:
xn =xxo1
yn=yyo1
FOR jj=1 TO mg
fmn(jj)=f(jj)
NEXT jj
FOR ij=1 TO n
IF ij=j THEN GOTO 20
rx= x(ij)-xn
ry= y(ij)-yn
IF rx>.5 THEN rx=rx-1 ELSE IF rx<-.5 THEN rx=rx+1
IF ry>.5 THEN ry=ry-1 ELSE IF ry<-.5 THEN ry=ry+1
r=(rx^2+ry^2 )^.5
IF r>srgmax  THEN GOTO 20
xxx=((r/sig)-1)/dgr
ii=FIX(xxx)+1
fmn(ii)=fmn(ii)+1
20 :
NEXT ij
NEW2:
FOR jj=1 TO mg
f(jj)=fmn(jj)
NEXT jj
x(j)=xn
y(j)=yn
IF x(j)<0 THEN x(j)=x(j)+1 ELSE IF x(j)>1 THEN x(j)=x(j)-1
IF y(j)<0 THEN y(j)=y(j)+1 ELSE IF y(j)>1 THEN y(j)=y(j)-1
xx=200*x(j)+20
yy=200*y(j)+20
CIRCLE (xxo,yyo),rcir%,30
CIRCLE (xx,yy),rcir%,33
NEXT j
CALL MOVETO (20,20)
CALL LINE (0,200)
CALL LINE (200,0)
CALL LINE (0,-200)
CALL LINE (-200,0)
pps=pps+1
FOR jj=1 TO mg
g(jj)=f(jj)/(ddr(jj)*pps)
NEXT jj
CALL MOVETO((270+(r(1)-1)*80),(220-g(1)*40))
```

```
rec%(0)=0
rec%(1)=271
rec%(2)=219
rec%(3)=550
CALL ERASERECT (VARPTR(rec%(0)))
FOR jj=1 TO mg-1
xg=(r(jj+1)-r(jj))*80
yg=(g(jj)-g(jj+1))*40
CALL LINE(xg,yg)
NEXT jj
gcont = 1.5*g(1) - .5*g(2)
pres = 1 + ppres*gcont
CALL MOVETO(240,280)
PRINT g1$,gcont,
CALL MOVETO(240,295)
PRINT pre$,pres,
pacc = acc%*pac
CALL MOVETO(40,295)
PRINT ac$,pacc,
CALL MOVETO(40,250)
PRINT pas$,pps,
pptest=mcopy*FIX(pps/mcopy)
IF pptest=FIX(pps) THEN LCOPY
NEXT k
 out:
OPEN "data" FOR OUTPUT AS #2
WRITE #2,rho
FOR I =1 TO n
xn=10000*x(i)
yn=10000*y(i)
xn=FIX(xn)/10000
yn=FIX(yn)/10000
WRITE #2,xn,yn
NEXT i
WRITE #2,pps
FOR i=1 TO mg
WRITE #2,f(i)
NEXT i
CLOSE #2
WINDOW CLOSE 1
MENU RESET
END
```

The following is an example of "data".

```
1066,.6547
1701,.3779
8325,.2036
5354,.653
3416,.5222
5394,.8737
8991,.8427
4555,.3365
0682,.061
6273,.4221
7359,.0271
8751,.6159
2997,.9926
5054,.1171
1676,.8473
7247,.7575
3633,.8048
993,.3025
8265,.3979
2705,.1882
```

第八章

非平衡系统的统计力学

到目前为止, 我们已经使用统计力学描述了可逆不含时的平衡性质. 现在我们进入一个新领域, 讨论不可逆含时的非平衡性质. 非平衡性质的一个例子是, 当一个系统被外力扰动时, 系统吸收能量的速率. 如果以单一频率进行扰动 (即单色扰动), 那么这个例子中的非平衡性质就是材料的吸收谱. 另一个非平衡性质的例子是一个系统由所制备的非平衡态到达平衡态的弛豫速率.

我们对于这些性质的讨论将被局限于近平衡的系统 (其精确的含义将在下文中讨论). 在这种区域中, 宏观系统的非平衡行为可以用线性响应理论 (linear response theory) 描述. 这一理论是本章的主题.

线性响应理论的基础是涨落–耗散定理 (fluctuations-dissipation theorem). 这一定理是将弛豫速率和吸收速率与平衡系统中不同时间自发产生的涨落之间的关联相连结的一个关系. 在本章所进行的讨论过程中, 我们先将这一定理作为一个假设进行描述, 并通过两个例子来说明如何运用它. 在一个例子中, 我们会分析同分异构反应中的化学弛豫速率. 在另一个例子中则考虑流体中粒子的扩散运动.

在这两个例子中, 我们注意到弛豫是由唯象参数表征的, 在第一个例子中是单分子速率常数, 在第二个例子中则为输运系数. 我们将看到, 借助于涨落–耗散定理, 这些唯象参数将能够与微观动力学以及涨落的性质联系起来.

在说明了这一定理的实用性后, 我们将在第 8.5 节中导出这一定理. 在第 8.6 节中当我们介绍响应函数 (response function) 概念时, 将对线性响应理论的一般结构给予描述. 利用响应函数这个概念, 我们然后将在第 8.7

节中描述耗散和吸收实验. 最后, 在第 8.8 节中我们描述了一个简单的微观模型系统, 它能够显现弛豫和耗散现象. 这一模型导致了称之为朗之万方程 (Langevin equation) 的对于动力学的随机描述, 并且在导出这一方程的过程中, 我们认识了有关摩擦以及它与涨落的联系.

上面列出了很多重要的专题. 但是讨论保持自成体系, 所用到的数学不难于前几章中已经遇到的.

§8.1　近平衡系统

开始讨论之前, 我们需要关于动力学的几个基本概念以及用来描述近平衡或微小偏离平衡的系统的一些定义. 这里所谓的 "微小偏离" 表示对平衡的偏离与引起系统偏离平衡的微扰之间满足线性关系. 例如, 考虑水电解溶液. 在平衡状态时, 不存在净的电荷流动, 平均电流 $\langle j \rangle$ 为零. 在某一时刻 $t = t_1$, 施加强度为 $\mathscr{E}$ 的电场, 带电离子开始流动. 在 $t = t_2$ 时刻, 关掉电场. 令 $\bar{j}(t)$ 表示观测到的电流, 它是时间的函数. 用短划线表示非平衡系综平均. 观测到的电流示于图 8.1 中. 如果 $\bar{j}(t)$ 正比于 $\mathscr{E}$, 则非平衡行为 $\bar{j}(t) \neq 0$ 是线性的, 即

$$\bar{j}(t; \lambda\mathscr{E}) = \lambda\bar{j}(t; \mathscr{E}).$$

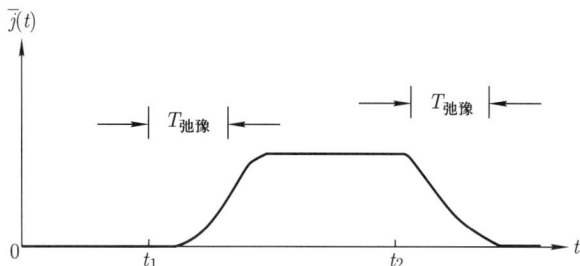

图 8.1　在 t_1 和 t_2 时刻之间施加电场产生的非平衡电流

讨论线性行为的一种不太一般的方式是关注热力学力或亲和力而不是外场. 例如, 我们知道化学势存在梯度是与质量流相关联的. 因此, 对于足够小的梯度 (也就是说足够小的对平衡的偏移), 流或质量流应该正比于该梯度:

$$\bar{j} \propto \nabla(\mu/T).$$

当梯度变得很大时, 这种正比关系必然会被破坏. 此时我们将需要二阶以及或许更高阶的项. 当然, 即使在线性区域中, $\bar{j}(t)$ 和梯度之间的正比关系

也不是精确地正确的, 这是因为 $\bar{j}(t)$ 将很可能在时间上滞后于梯度的行为. 时间滞后将是 $\tau_{弛豫}$ 的量级. 对于宏观非平衡性质, 时间滞后通常是可以忽略的.

我们需要对非平衡系综平均的含义做一些评论. 注意到, 一旦初始条件被确定, 力学的决定论就确定了系统所有未来时间的行为. 当我们根据与观察系统对应的分布对初始条件求平均时, 统计平均或系综平均就出现了. 为了说明这个思想, 设 A 表示某一动力学变量 (或者量子力学算符). 对经典系统, 由于系统中的坐标和动量依赖于时间, A 也是时间的函数,

$$A(t) = A[r^N(t), p^N(t)].$$

但是, 相空间点 $[r^N(t), p^N(t)]$ 是由对牛顿定律从零时刻开始积分而确定的. 在零时刻, 相空间点是 $[r^N(0), p^N(0)] = (r^N, p^N)$. 于是, 我们有

$$A(t) = A(t; \underbrace{r^N, p^N}_{\text{初始条件}}).$$

统计物理的基本思想之一就是我们不直接观察 $A(t)$. 相反地, 我们观察对 $A(t)$ 的所有实验可能值的平均值. 这各种可能值可以来自对初始条件的一种分布的抽样. 令 $F(r^N, p^N)$ 表示这个分布, 则有

$$\bar{A}(t) = \int \mathrm{d}r^N \mathrm{d}p^N F(r^N, p^N) A(t; r^N, p^N).$$

相应的量子力学表述可以按下列方式得到: 注意到系统在时刻 t 的状态 $|\psi, t\rangle$ 可以由在零时刻的状态 $|\psi\rangle$ 所唯一地确定, 只要对下列薛定谔方程进行积分

$$\mathrm{i}\hbar \frac{\partial}{\partial t} |\psi, t\rangle = \mathscr{H} |\psi, t\rangle .$$

但是各个初态有统计权重, 因此

$$\bar{A}(t) = \sum_\psi w_\psi \langle \psi, t | A | \psi, t\rangle,$$

其中 w_ψ 是初态 $|\psi\rangle$ 的权重.

定态系统 (stationary system) 是这样的系统, 对所有可能的 A, $\langle A(t)\rangle$ 是与 t 无关的. 平衡系统是定态系统, 即有

$$\langle A(t)\rangle = \langle A\rangle.$$

§8.2 昂萨格回归假设和时间关联函数

当不受扰动时, 一个非平衡系统将弛豫到它的热力学平衡的终态. 简要地说, 我们可以将非平衡实验的制备和弛豫视为如图 8.2 所示的那样. 当系统偏离平衡不远时, 弛豫过程将服从一条原理, 这个原理是昂萨格 (Lars Onsager) 于 1930 年在他的著名的回归假设 (regression hypothesis) 中第一次阐述的: 宏观非平衡扰动的弛豫和平衡系统中自发微观涨落的回归服从相同的定律. 这条意义深刻而又著名的原理是几乎所有关于时间相关的统计和热物理现代研究工作的基石. 昂萨格凭借此获得了 1968 年的诺贝尔化学奖. 如今的研究人员认识到这条回归假设是一个意义深远的力学定理的重要推论, 这个定理是 1951 年由卡伦 (Callen) 和维尔顿 (Welton) 证明的涨落-耗散定理[1]. 实际上, 如果不叙述这条定理, 想要写出回归假设的确切含义是很困难的. 尽管昂萨格从未明确地用涨落-耗散定理表达过他的思想, 人们怀疑他早在其他人发现普适的证明的 20 多年之前就已经知道这条定理和它的导出过程.

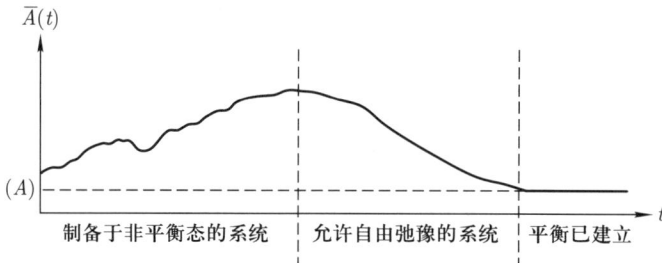

图 8.2 制备与弛豫

为了描述这条假设的定量含义, 我们需要谈论自发涨落的关联问题. 这是用时间关联函数的语言来表述的. 令 $\delta A(t)$ 表示 $A(t)$ 对时间无关的平衡平均 $\langle A \rangle$ 的自发偏离或涨落, 也即

$$\delta A(t) = A(t) - \langle A \rangle.$$

它随时间的演化行为由微观定律决定. 对于经典系统,

$$\delta A(t) = \delta A(t; r^N, p^N) = \delta A[r^N(t), p^N(t)].$$

除非 A 是运动常数 (例如能量), 否则 $A(t)$ 即使是在平衡系统中看上去也将是混乱的. 这样的行为示于图 8.3 中. 尽管对 $\delta A(t)$ 的平衡平均是 "不令

---

[1]H. B. Callen and T.A. Welton, Irreversibility and Generalized Noise, Phys. Rev. 83, (1951)34. ——译注

人感兴趣的"(即 $\langle \delta A \rangle = 0$), 我们可以通过考虑在不同时刻发生的涨落之间的平衡关联获得非混乱的信息. $\delta A(t)$ 和零时刻的瞬时或自发涨落之间的关联为

$$C(t) = \langle \delta A(0) \delta A(t) \rangle = \langle A(0)A(t) \rangle - \langle A \rangle^2.$$

再一次注意到, 求平均是对初始条件进行的. 因此, 对于一个经典系统

$$C(t) = \int \mathrm{d}r^N \mathrm{d}p^N f(r^N, p^N) \delta A(0; r^N, p^N) \delta A(t; r^N, p^N),$$

其中 $f(r^N, p^N)$ 是平衡相空间分布函数.

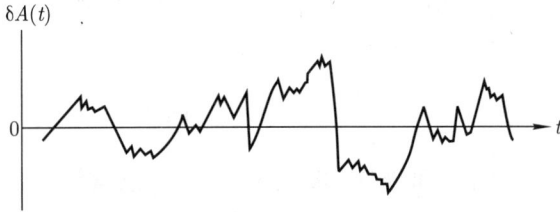

图 8.3　平衡系统中 $A(t)$ 的自发涨落

在平衡系统中, 不同时刻的动力学变量之间的关联应该仅依赖于这些时间之间的间隔而不是时间的绝对值. 因此,

$$C(t) = \langle \delta A(t') \delta A(t'') \rangle, \quad \text{对} \ t = t'' - t'.$$

作为一个特殊情况, 有

$$C(t) = \langle \delta A(0) \delta A(t) \rangle = \langle \delta A(-t) \delta A(0) \rangle.$$

现在交换两个求平均量的顺序, 可得

$$C(t) = \langle \delta A(0) \delta A(-t) \rangle = C(-t).$$

[注意: 最后一步运算中假定 $A(0)$ 和 $A(-t)$ 可交换. 这在经典系统中是正确的, 但在量子力学中则未必正确.]

在小的时间间隔中,

$$C(0) = \langle \delta A(0) \delta A(0) \rangle = \langle (\delta A)^2 \rangle.$$

在大的时间间隔中, $\delta A(t)$ 将变为与 $\delta A(0)$ 无关联的, 因此

$$C(t) \to \langle \delta A(0) \rangle \langle \delta A(t) \rangle, \quad \text{当} \ t \to \infty \ \text{时}.$$

又因为 $\langle \delta A \rangle = 0$, 则有

$$C(t) \to 0, \quad \text{当 } t \to \infty \text{ 时}.$$

这个随时间增加而发生的关联衰减就是昂萨格假设中所提到的 "自发涨落的回归".

借助于各态遍历原理, 有另外一种表示平均的方式, 它隐含在关联函数的尖括号表示中. 特别地, 设想在一段长轨迹中 A 作为时间函数的行为, 长轨迹的一部分在图 8.3 中示出. 记住这个图形, 考虑在 t' 和 t'' 两个时刻 δA 的值之间的关联, 这里 $t = t'' - t'$. 有无数这样的时间对, 我们可以对它们取平均. 根据各态遍历原理, 这个时间平均将和对短轨迹 (每个持续时间 t) 初始条件的系综平均相同. 换句话说,

$$\langle \delta A(0) \delta A(t) \rangle = \lim_{\tau \to \infty} \frac{1}{\tau} \int_0^{\tau} \mathrm{d}\bar{t} \, \delta A(\bar{t} + t') \delta A(\bar{t} + t''), \quad t = t'' - t'.$$

这里, τ 表示长轨迹的时间周期. 极限 $\tau \to \infty$ 用以强调必须观测系统足够长的时间, 使得用单一一条轨迹可以对相空间的所有点进行合适的抽样.

作为一个时间关联函数究竟具有什么形式的例子, 考虑简单原子流体的速度自关联函数:

$$C(t) = \langle v_x(0) v_x(t) \rangle = \frac{1}{3} \langle \boldsymbol{v}(0) \cdot \boldsymbol{v}(t) \rangle,$$

其中 $v_x(t)$ 是流体中某个标记粒子的速度的 x 分量. 图 8.4 示出了液体密度下 $C(t)$ 的定性图像. 另一个例子是取向关联函数

$$C(t) = \langle u_z(0) u_z(t) \rangle = \frac{1}{3} \langle \boldsymbol{u}(0) \cdot \boldsymbol{u}(t) \rangle,$$

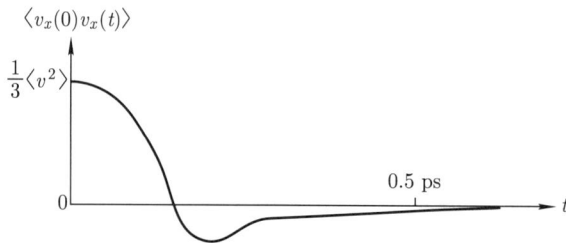

图 8.4　液体的速度关联函数

其中 $\boldsymbol{u}(t)$ 是沿着标记分子主轴的单位矢量, $u_z(t)$ 是它在实验室固定参考系中 z 轴上的投影. 图 8.5 示出了 CO 气体关联函数的形态. 对液相, 关联函数大致像图 8.6 中所示的函数形式.

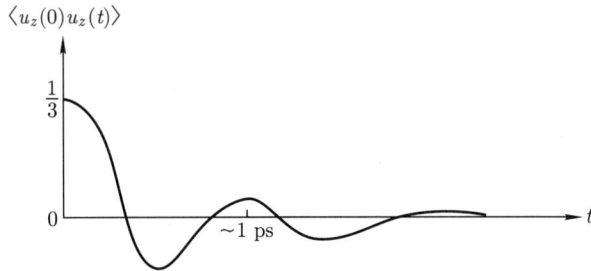

图 8.5　气体的取向关联函数

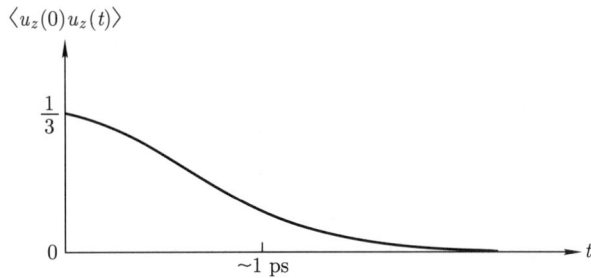

图 8.6　液体的取向关联函数

练习 8.1　讨论气相和液相关联函数 $\langle u_z(0)u_z(t)\rangle$ 的行为之间差异的物理原因.

练习 8.2　画出 CO 在固相的关联函数 $\langle u_z(0)u_z(t)\rangle$ 的图形, 讨论作图的物理根据.

利用时间关联函数的概念, 我们可以写出昂萨格回归假设的数学含义. 设想在 $t = 0$ 时刻, 已制备于某非平衡态的系统允许向平衡态弛豫. 昂萨格原理指出, 在线性区域, 弛豫过程满足关系

$$\frac{\Delta\overline{A}(t)}{\Delta\overline{A}(0)} = \frac{C(t)}{C(0)},$$

其中

$$\Delta\overline{A}(t) = \overline{A}(t) - \langle A\rangle = \overline{\delta A}(t),$$

以及

$$C(t) = \langle \delta A(0)\delta A(t)\rangle.$$

后面在第 8.5 节中我们将导出这些方程. 下面是一个非常近乎正确并且非

常接近于数学推导精神的物理推理: 在平衡系统中, $A(t)$ 与 $A(0)$ 的关联与给定在 $t = 0$ 时刻出现某一特定涨落的 $A(t)$ 的平均值相同. 这一特定的涨落与初始相空间点的一个非平衡分布相对应. 换言之, 在近平衡系统中, 自发涨落与由外界制备的对平衡的偏离之间是无法区分的. 正因为不能区分, $\langle \delta A(0) \delta A(t) \rangle$ 的弛豫确实应该与 $\Delta \overline{A}(t)$ 向平衡的衰减是一致的.

练习 8.3 证明

$$C(t) = \langle A \rangle \Delta \overline{A}(t),$$

其中该情况下的非平衡分布 $F(r^N, p^N)$ 为

$$F(r^N, p^N) = \langle A \rangle^{-1} f(r^N, p^N) A(r^N, p^N).$$

这里, $f(r^N, p^N)$ 是平衡相空间分布函数, 亦即

$$f(r^N, p^N) \propto \exp[-\beta \mathscr{H}(r^N, p^N)].$$

在考虑昂萨格原理的系统推导之前, 我们先将其视为一个假设并转到这个原理的两个说明性的应用.

§8.3 应用: 化学动力学

考虑化学反应

$$A \rightleftharpoons B,$$

其中物质 A 和 B 以非常低的浓度存在于系统中. 用 $c_A(t)$ 和 $c_B(t)$ 分别表示物质 A 和 B 的观测到的浓度. 这个反应的合理的唯象速率方程为

$$\frac{dc_A}{dt} = -k_{BA} c_A(t) + k_{AB} c_B(t),$$

以及

$$\frac{dc_B}{dt} = k_{BA} c_A(t) - k_{AB} c_B(t),$$

其中 k_{BA} 和 k_{AB} 分别表示正反应和逆反应速率常数. 注意 $c_A(t) + c_B(t)$ 在这个模型中是一个常数. 同时也注意到平衡浓度 $\langle c_A \rangle$ 和 $\langle c_B \rangle$ 必须满足细致平衡条件:

$$0 = -k_{BA} \langle c_A \rangle + k_{AB} \langle c_B \rangle,$$

即

$$K_{\text{平衡}} = \frac{\langle c_B \rangle}{\langle c_A \rangle} = \frac{k_{BA}}{k_{AB}}.$$

由上述速率方程可解得

$$\Delta c_A(t) = c_A(t) - \langle c_A \rangle = \Delta c_A(0) \exp(-t/\tau_{\mathrm{rxn}}),$$

其中

$$\tau_{\mathrm{rxn}}^{-1} = k_{AB} + k_{BA}.$$

练习 8.4 证明这个结果.

假设 n_A 是动力学变量, 并有

$$\overline{n_A}(t) \propto c_A(t),$$

则根据涨落-耗散理论或回归假设, 有

$$\frac{\Delta c_A(t)}{\Delta c_A(0)} = \frac{\langle \delta n_A(0) \delta n_A(t) \rangle}{\langle (\delta n_A)^2 \rangle}.$$

因而

$$\exp(-t/\tau_{\mathrm{rxn}}) = \frac{\langle \delta n_A(0) \delta n_A(t) \rangle}{\langle (\delta n_A)^2 \rangle}.$$

这确实是一个著名的结果. 等式左边包含了唯象速率常数 τ_{rxn}^{-1}, 而右边则完全由微观力学和系综平均所定义. 因此, 回归假设提供了一个可以由微观定律计算速率常数的方法.

当然, 这里也有两个困难. 首先, 我们必须确定动力学变量 n_A. 第二, 除非是最简单的模型, 否则想要对运动方程和平均进行精确的积分以得到 $\langle \delta n_A(0) \delta n_A(t) \rangle$ 是特别困难的工作.

为了确定 n_A, 我们必须对分子物质 A 给出一个微观定义. 如果反应能够被单一的反应坐标[1] (reaction coordinate) q 所描述, 这个任务是特别简单的.

图 8.7 给出了一张反应势能 "曲面" 的简图. 位于 $q = q^*$ 处的活性态为分隔物质 A 和 B 提供了一个方便的分界面. 也就是说, $q < q^*$ 对应于物质 A, 而 $q > q^*$ 对应于物质 B. (在最一般情况下, 必须采用一个规则, 它指明某一物质或物质的复合对应于相空间中的一个区域. 这个被采纳的特

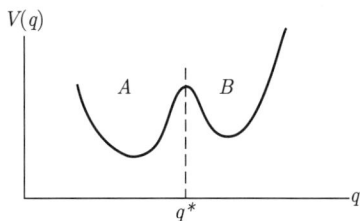

图 8.7 反应坐标的势能曲面

[1]所谓反应坐标是指可以用来度量化学反应进行过程的参数, 可以是几何参数 (例如键长、键角), 也可以是非几何参数 (例如键级, 即一对原子之间的键数.). ——译注

定规则必须取决于用来区分化学物质的实验判据.) 于是, 令

$$n_A(t) = H_A[q(t)],$$

其中

$$H_A[z] = 1, \quad z < q^*,$$
$$= 0, \quad z > q^*.$$

注意

$$\langle H_A \rangle = x_A = \frac{\langle c_A \rangle}{\langle c_A \rangle + \langle c_B \rangle},$$

以及

$$\langle H_A^2 \rangle = \langle H_A \rangle = x_A.$$

因此

$$\left\langle (\delta H_A)^2 \right\rangle = x_A (1 - x_A) \equiv x_A x_B.$$

练习 8.5 证明这些结果.

按照涨落-耗散定理, 现在有

$$\exp(-t/\tau_{\mathrm{rxn}}) = (x_A x_B)^{-1} \left[\langle H_A(0) H_A(t) \rangle - x_A^2 \right].$$

为分析这个关系的一些结果, 我们求其对时间的导数, 可得

$$\tau_{\mathrm{rxn}}^{-1} \exp(-t/\tau_{\mathrm{rxn}}) = -(x_A x_B)^{-1} \langle H_A(0) \dot{H}_A(t) \rangle,$$

其中点表示时间导数. 由于 $\langle A(t)A(t') \rangle = \langle A(0)A(t'-t) \rangle = \langle A(t-t')A(0) \rangle$, 我们有

$$-\langle H_A(0)\dot{H}_A(t) \rangle = \langle \dot{H}_A(0) H_A(t) \rangle.$$

练习 8.6 导出这个结果.

此外,

$$\dot{H}_A[q] = \dot{q} \frac{\mathrm{d}}{\mathrm{d}q} H_A[q] = -\dot{q}\delta(q - q^*).$$

因此

$$-\langle H_A(0)\dot{H}_A(t) \rangle = -\langle \dot{q}(0)\delta[q(0) - q^*]H_A[q(t)] \rangle = \langle \dot{q}(0)\delta[q(0) - q^*]H_B[q(t)] \rangle,$$

其中第二个等式由下式

$$H_B[z] = 1 - H_A[z] = 1, \quad z > q^*,$$
$$= 0, \quad z < q^*,$$

以及事实

$$\langle \dot{q}(0)\delta[q(0) - q^*]\rangle = 0$$

所得到. 这最后一个结果是正确的, 因为速度是一个奇矢量函数, 速度的平衡系综分布是偶函数并与位形无关. 结合这些方程, 有

$$\tau_{\text{rxn}}^{-1} \exp(-t/\tau_{\text{rxn}}) = (x_A x_B)^{-1}\langle v(0)\delta[q(0) - q^*]H_B[q(t)]\rangle,$$

其中 $v(0) = \dot{q}(0)$.

但是这个等式不是所有时刻均是正确的. 左边是简单的指数形式. 右边是穿过 $q = q^*$ 处 "曲面" 的平均通量, 如果已知轨迹终结于态 B. 对于较短的时间, 我们预期暂态行为应该并不对应于指数型的宏观衰减. 这不意味着回归假设是错误的. 相反, 我们已采用的唯象速率定律仅在时间粗粒化后才是正确的. 换句话说, 唯象学理论仅在不能分辨短时间暂态弛豫这一时间标度上是正确的. 在这个时间标度上, 令 Δt 是一个微小的时间, 即

$$\Delta t \ll \tau_{\text{rxn}},$$

但是与此同时, 有

$$\Delta t \gg \tau_{\text{mol}},$$

其中 τ_{mol} 是暂态行为弛豫的时间. 对这样的时间, 有 $\exp(-\Delta t/\tau_{\text{rxn}}) \approx 1$, 因此我们得到

$$\tau_{\text{rxn}}^{-1} = (x_A x_B)^{-1}\langle v(0)\delta[q(0) - q^*]H_B[q(\Delta t)]\rangle,$$

或者

$$k_{BA} = x_A^{-1}\langle v(0)\delta[q(0) - q^*]H_B[q(\Delta t)]\rangle.$$

为了说明我们已经描述过的暂态行为, 令

$$k_{BA}(t) = x_A^{-1}\langle v(0)\delta[q(0) - q^*]H_B[q(t)]\rangle.$$

练习 8.7 证明

$$k_{BA}(0) = \frac{1}{2x_A}\langle |v| \rangle \langle \delta(q - q^*)\rangle,$$

并证明该初始速率正是过渡态理论 (transition state theory, TST) 近似中的速率,

$$k_{BA}^{(\mathrm{TST})} = \frac{1}{x_A} \langle v(0)\delta[q(0) - q^*] H_B^{(\mathrm{TST})}[q(t)]\rangle,$$

其中

$$H_B^{(\mathrm{TST})}[q(t)] = 1, \quad v(0) > 0,$$
$$= 0, \quad v(0) < 0.$$

换言之, 过渡态理论假定初始时从过渡态朝向区域 B 方向行进的所有轨迹对于一个很长的时间将确实终结于区域 B. 类似地, 那些 $q(0) = q^*$ 并且 $\dot{q}^{(0)} < 0$ 的轨迹将不会进入到区域 B. 如果在短时间之后没有轨迹再重新穿越过渡态, 那么这个假设就将是正确的.

则 $k_{BA}(t)$ 就表现为图 8.8 所示的形式.

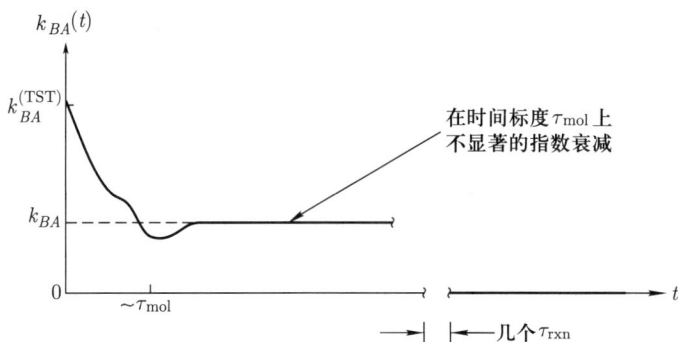

图 8.8 反应通量关联函数

当所有时刻均拘泥于唯象模型的字面意义, 则它表现为如同反应是瞬时发生的一样. 但是, 只要过程一开始, 反应确实会在有限的时间周期中发生, 将时间调节到与反应发生的时间一样短, 在这个时间内的观测可以看到对唯象学结果的偏离, 特别是可看到在图 8.8 中所描绘的暂态弛豫现象.

在结束本节的讨论时, 我们注意到, 如果在任何时间标度中, $k_{BA}(t)$ 并不呈现平台, 则 k_{BA} 是常数的速率定律不再有效地描述化学动力学.

练习 8.8* 证明 $k_{BA}^{(\mathrm{TST})} \geqslant k_{BA}(t)$. [提示: 考虑再次穿越 $q = q^*$ 曲面的轨迹对 $k_{BA}(t)$ 的贡献. 参见练习 8.7.]

§8.4　另一个应用: 自扩散

考虑一种存在于流体溶剂中的极低浓度的溶质. (这种溶质甚至可以是少数几个标记溶剂分子.) 我们用 $n(\boldsymbol{r}, t)$ 表示在位置 $\boldsymbol{r}$ 处和时刻 t 溶质的非平衡密度, 即

$$n(\boldsymbol{r}, t) = \overline{\rho}(\boldsymbol{r}, t),$$

这里 $\rho(\boldsymbol{r}, t)$ 表示在位置 $\boldsymbol{r}$ 处的瞬时密度.

> **练习 8.9***　证明
>
> $$\rho(\boldsymbol{r}, t) = \sum_{j=1}^{N} \delta[\boldsymbol{r} - \boldsymbol{r}_j(t)],$$
>
> 其中 $\boldsymbol{r}_j(t)$ 表示时刻 t 第 j 个溶质分子的位置, 而 $\delta[\boldsymbol{r} - \boldsymbol{r}_j(t)]$ 是三维狄拉克 δ 函数, 除了当 $\boldsymbol{r} = \boldsymbol{r}_j(t)$ 时外, 该函数值为 0.

在一个流体区域中, 由于粒子流进或流出该区域, 密度随时间变化. 然而, 如果不考虑化学反应, 分子不能产生或消灭. 换言之, 整个系统中的溶质分子总数是恒定的. 这种守恒导致连续性方程 (equation of continuity):

$$\frac{\partial}{\partial t} n(\boldsymbol{r}, t) = -\nabla \cdot \boldsymbol{j}(\boldsymbol{r}, t),$$

其中 $\boldsymbol{j}(\boldsymbol{r}, t)$ 是时刻 t 位置 $\boldsymbol{r}$ 处溶质粒子的非平衡平均通量.

为了导出这个连续性方程, 考虑系统中的任意体积 Ω. 参见图 8.9. 在该体积中的溶质粒子总数为

$$\overline{N}_\Omega(t) = \int_\Omega \mathrm{d}\boldsymbol{r}\, n(\boldsymbol{r}, t).$$

因为质量流动是改变 $N_\Omega(t)$ 的唯一机制, 我们有

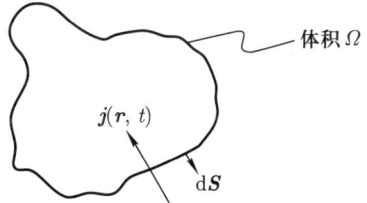

图 8.9　进入体积中的通量

$$\frac{\mathrm{d}\overline{N}_\Omega}{\mathrm{d}t} = -\int_S \mathrm{d}\boldsymbol{S} \cdot \boldsymbol{j}(\boldsymbol{r}, t) = -\int_\Omega \mathrm{d}\boldsymbol{r}\, \nabla \cdot \boldsymbol{j}(\boldsymbol{r}, t),$$

其中第一个积分是对包围体积的表面 S 的, 前面的负号是因为当溶质分子流出系统时 $\boldsymbol{j} \cdot \mathrm{d}\boldsymbol{S}$ 是正的. 当然, 我们也有

$$\frac{\mathrm{d}\overline{N}_\Omega}{\mathrm{d}t} = \int_\Omega \mathrm{d}\boldsymbol{r}\, \frac{\partial n(\boldsymbol{r}, t)}{\partial t}.$$

因此

$$0 = \int_\Omega \mathrm{d}\boldsymbol{r} \left[\frac{\partial n(\boldsymbol{r}, t)}{\partial t} + \nabla \cdot \boldsymbol{j}(\boldsymbol{r}, t) \right].$$

这个方程对任意体积 Ω 必须成立. 因此, 被积函数对于所有 r 都必须为零. 令被积函数为零, 我们得到连续性方程.

练习 8.10* 确定一个动力学变量, 它的非平衡平均值为 $j(r,t)$. 证明连续性方程可以直接从 $\rho(r,t)$ 的 δ 函数中导出. 讨论连续性方程和在考察活化过程 (activated process) 中遇到的方程 $\dot{H}_A[q] = -\dot{q}\delta(q-q^*)$ 两者之间的关系.

质量流动的宏观热力学机制是化学势梯度, 或者对于稀溶液来说, 等价的是溶质浓度梯度. 因此, 合理的唯象学关系为

$$j(r,t) = -D\nabla n(r,t),$$

其中 D 称为自扩散常数 (self-diffusion constant). 这个关系称为菲克 (Fick) 定律. 将它和连续性方程联立, 得到

$$\frac{\partial n(r,t)}{\partial t} = D\nabla^2 n(r,t),$$

这个关系也称为菲克定律.

这个偏微分方程的解描述了浓度梯度如何按照一个参数 (即扩散常数) 进行弛豫的. 为了看清这个输运系数是如何与微观动力学相联系的, 我们现在考虑关联函数

$$C(r,t) = \langle \delta\rho(r,t)\delta\rho(0,0)\rangle.$$

根据昂萨格回归假设, $C(r,t)$ 和 $n(r,t)$ 遵循同样的方程, 即

$$\frac{\partial C(r,t)}{\partial t} = D\nabla^2 C(r,t).$$

但是注意到 $\langle \delta\rho(r,t)\delta\rho(0,0)\rangle$ 与 $P(r,t)$ 成正比,

$P(r,t) =$ 已知一个溶质粒子在时刻 0 时位于原点, 该粒子在时刻 t 时位于 r 处的条件概率分布.

练习 8.11* 解释上述正比性.

因此,

$$\frac{\partial P(r,t)}{\partial t} = D\nabla^2 P(r,t).$$

因为 $P(\boldsymbol{r}, t)$ 或者 $C(\boldsymbol{r}, t)$ 在分子层次上是很好定义的, 这些微分方程提供了自扩散系数 D 和微观动力学之间的必要联系. 当然, 像 $\partial C/\partial t = D\nabla^2 C$ 这样的方程不可能对所有时间或空间变化均是正确的. 方程的误差来源于菲克定律的不完全性.

为继续进行分析, 我们考虑

$$\Delta R^2(t) = \left\langle |\boldsymbol{r}_1(t) - \boldsymbol{r}_1(0)|^2 \right\rangle,$$

即标记溶质分子在时刻 t 的方均位移. 显然

$$\Delta R^2(t) = \int \mathrm{d}\boldsymbol{r} r^2 P(\boldsymbol{r}, t).$$

因而

$$\begin{aligned}
\frac{\mathrm{d}}{\mathrm{d}t}\Delta R^2(t) &= \int \mathrm{d}\boldsymbol{r} r^2 \frac{\partial P(\boldsymbol{r}, t)}{\partial t} \\
&= \int \mathrm{d}\boldsymbol{r} r^2 D\nabla^2 P(\boldsymbol{r}, t) \\
&= 6 \int \mathrm{d}\boldsymbol{r} D P(\boldsymbol{r}, t),
\end{aligned}$$

其中最后一个等号由两次分部积分得到.

练习 8.12   证明此结果.[提示: 注意到笛卡儿坐标下, $r^2 = x^2 + y^2 + z^2$, 并且忽略掉边界项 (为什么可以这样?).]

由于 $P(\boldsymbol{r}, t)$ 在所有时刻是归一化的, 我们有

$$\frac{\mathrm{d}}{\mathrm{d}t}\Delta R^2(t) = 6D,$$

或者

$$\Delta R^2(t) = 6Dt.$$

这个公式 (最先由爱因斯坦导出) 阐释了扩散常数的物理意义. 但是, 它只在初始的暂态时间以后才成立 [类似于 $k_{AB}(t)$ 弛豫到其平台值时所需的时间].

注意到扩散运动与惯性运动之间的差别. 对于前者, $\Delta R^2(t) \propto t$, 而对于惯性运动有 $\Delta R(t) = (速度) \cdot (t)$ 或者

$$[\Delta R(t)]_{\text{惯性}} \propto t.$$

换句话说, 对于较长的时间, 当一个粒子作惯性运动时, 它在单位时间内运动得比它作扩散运动时会更远. 其原因在于, 扩散运动更像粒子的无规行

走, 该粒子受到来自环境的随机涨落力的冲击. (这个事实在第 8.8 节或许将变得更清晰, 在那里我们将描述在这样的涨落力作用下粒子运动的一个模型.) 然而, 在惯性运动区域, 一个粒子不与其近邻发生碰撞, 自由无阻地从初始运动方向开始运动. 要改变粒子的初始速度, 则需要一个力作用于其上有限时间 (即速度对时间的导数正比于力, "$F = ma$"). 因此, 对于足够短的时间, 流体中粒子的关联运动是惯性运动. 而惯性运动状态的弛豫时间就是扩散运动状态增大到占主导地位所需的时间. 我们刚刚描述的行为示于图 8.10 中.

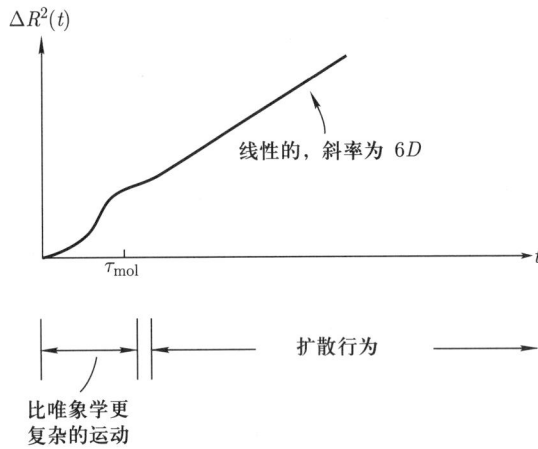

图 8.10　扩散粒子的方均位移

为了完成分析, 注意到

$$\boldsymbol{r}_1(t) - \boldsymbol{r}_1(0) = \int_0^t \mathrm{d}t' \boldsymbol{v}(t'),$$

其中 $\boldsymbol{v}(t)$ 是标记溶质的速度, 即 $\mathrm{d}\boldsymbol{r}_1/\mathrm{d}t = \boldsymbol{v}$. 于是,

$$\Delta R^2(t) = \int_0^t \mathrm{d}t' \int_0^t \mathrm{d}t'' \langle \boldsymbol{v}(t') \cdot \boldsymbol{v}(t'') \rangle.$$

所以,

$$
\begin{aligned}
\frac{\mathrm{d}}{\mathrm{d}t}\Delta R^2(t) &= 2\langle \boldsymbol{v}(t) \cdot [\boldsymbol{r}_1(t) - \boldsymbol{r}_1(0)] \rangle \\
&= 2\langle \boldsymbol{v}(0) \cdot [\boldsymbol{r}_1(0) - \boldsymbol{r}_1(-t)] \rangle \\
&= 2\int_{-t}^0 \langle \boldsymbol{v}(0) \cdot \boldsymbol{v}(t') \rangle \mathrm{d}t',
\end{aligned}
$$

其中在第二个等式中, 我们改变了时间的原点. [回顾对于一个定态系统, 有 $\langle A(t)B(t')\rangle = \langle A(t+t'')B(t'+t'')\rangle$.] 此外, 因为 $\langle A(t)A(t')\rangle = C(t-t') = C(t'-t)$, 最后一个等式也可以表示为

$$\frac{\mathrm{d}}{\mathrm{d}t}\Delta R^2(t) = 2\int_0^t \mathrm{d}t' \langle \boldsymbol{v}(0) \cdot \boldsymbol{v}(t')\rangle.$$

因为等式的左边在 t 很大的极限下趋于 $6D$, 则我们有恒等式

$$D = \frac{1}{3}\int_0^\infty \mathrm{d}t \langle \boldsymbol{v}(0) \cdot \boldsymbol{v}(t)\rangle.$$

这个方程将输运系数与自关联函数的积分联系了起来. 这样的关系称为格林–久保 (Green-Kubo) 公式.

最后一个评述关注速度弛豫时间 $\tau_\text{弛豫}$, 我们可以将它定义为

$$\tau_\text{弛豫} = \int_0^\infty \mathrm{d}t \frac{\langle \boldsymbol{v}(0) \cdot \boldsymbol{v}(t)\rangle}{\langle v^2\rangle}.$$

显然,

$$\tau_\text{弛豫} = \beta m D.$$

它的物理意义是, 扩散运动变为支配地位的运动所需要的时间, 这也是由非平衡速度分布弛豫到平衡速度分布的时间. 换句话说, $\beta m D$ 就在图 8.10 中确定为 τ_mol 的那个时间.

练习 8.13 速度关联函数的一个简单近似是假定它按指数形式弛豫,

$$\langle \boldsymbol{v}(0) \cdot \boldsymbol{v}(t)\rangle \approx \langle v^2\rangle \mathrm{e}^{-t/\tau}.$$

用这个近似去计算 $\Delta R^2(t)$. [提示: 先计算 $\mathrm{d}\Delta R^2(t)/\mathrm{d}t$ 将会有所帮助的.] 以你的结果作图并证明 $\Delta R^2(t)$ 在量级 τ 的时间之后从非扩散的行为变为扩散行为. 最后, 有这样一个实验事实, 对于大多数液体, 自发扩散常数大约为 $10^{-5}\,\mathrm{cm}^2/\mathrm{s}$. 利用这个值估算 τ 的大小. (你需要指定一个温度以及一个分子的典型质量.)

§8.5 涨落–耗散定理

现在让我们来看看怎样有可能从统计力学的原理导出昂萨格回归假设. 我们将注意力局限于经典系统, 尽管对于量子系统的情况作类似的处理并不困难. 下面我们进行的分析是线性响应理论的一个简化的版本. 线

性响应理论是关于小幅偏离平衡态的系统的理论. 我们主要的结果是关于 $\bar{A}(t)$ 的关联函数的一个表示式, 它是涨落–耗散定理的一种形式.

无外界扰动时, 系统的哈密顿函数是 $\mathscr{H}$, 动力学变量 $A(r^N, p^N)$ 的平衡平均值将为

$$\langle A \rangle = \frac{\displaystyle\int \mathrm{d}r^N \mathrm{d}p^N \mathrm{e}^{-\beta\mathscr{H}(r^N, p^N)} A(r^N, p^N)}{\displaystyle\int \mathrm{d}r^N \mathrm{d}p^N \mathrm{e}^{-\beta\mathscr{H}}} = \frac{\mathrm{Tr}\, \mathrm{e}^{-\beta\mathscr{H}} A}{\mathrm{Tr}\, \mathrm{e}^{-\beta\mathscr{H}}},$$

这里在第二个等号中引入了 "经典迹", 它仅是对相空间变量 r^N, p^N 的积分的一个缩写. 然而, 在 $t=0$ 时刻系统不处于平衡态, 我们想看到的是, 如果系统不受扰动并允许它向平衡态弛豫, 那么非平衡的 $\bar{A}(t)$ 是怎样弛豫到 $\langle A \rangle$ 的. 要用一般的方式来表征这个弛豫过程是非常困难的. 但是, 如果相对于平衡态的偏离不大, 则分析就很简单.

首先, 很方便的是设想通过对系统施加微扰

$$\Delta\mathscr{H} = -fA,$$

将其制备于非平衡态, 这里 f 是与 A 耦合的一个外加场.[例如, f 可以是一个电场, 它与系统中分子的瞬时偶极矩相耦合, 在这种情况下, A 是系统的总电偶极矩或者极化强度.] 我们将要考虑这样的情况, 其中这个微扰是在遥远的过去施加的, 一直维持到 $t = 0$ 时刻, 然后关闭这个微扰. 相应地, 按照这种方式一直制备系统, 使得在 $t = 0$ 时刻的相空间的初始非平衡分布就是有外场存在时的平衡分布, 也就是

$$F(r^N, p^N) \propto \mathrm{e}^{-\beta(\mathscr{H}+\Delta\mathscr{H})}.$$

因此, $\bar{A}(t)$ 的初始值为

$$\bar{A}(0) = \frac{\mathrm{Tr}\, \mathrm{e}^{-\beta(\mathscr{H}+\Delta\mathscr{H})} A}{\mathrm{Tr}\, \mathrm{e}^{-\beta(\mathscr{H}+\Delta\mathscr{H})}}.$$

随着时间的变化, $\bar{A}(t)$ 根据公式 $\bar{A}(t) = \mathrm{Tr}\, F A(t)$ 变化, 即

$$\bar{A}(t) = \frac{\mathrm{Tr}\, \mathrm{e}^{-\beta(\mathscr{H}+\Delta\mathscr{H})} A}{\mathrm{Tr}\, \mathrm{e}^{-\beta(\mathscr{H}+\Delta\mathscr{H})}},$$

这里 $A(t) = A(t; r^N, p^N)$ 是 A 在时刻 t 的值, 如果给定初始相空间点 r^N, p^N, 决定从 $A(0)$ 变到 $A(t)$ 的动力学的哈密顿函数是 $\mathscr{H}$(不是 $\mathscr{H} + \Delta\mathscr{H}$, 因为 $\Delta\mathscr{H}$ 在 $t = 0$ 时刻已经被关闭).

由于 $A(t)$ 对 $\langle A \rangle$ 的偏离是由 $\Delta \mathscr{H}$ 引起的, 而且我们一开始就规定将假设这些偏离非常小, 我们将对 $\bar{A}(t)$ 按 $\Delta \mathscr{H}$ 进行级数展开, 展开式是

$$\bar{A}(t) = \mathrm{Tr}\,[\mathrm{e}^{-\beta \mathscr{H}}(1 - \beta \Delta \mathscr{H} + \cdots)A(t)] / \mathrm{Tr}\,[\mathrm{e}^{-\beta \mathscr{H}}(1 - \beta \Delta \mathscr{H} + \cdots)].$$

(在这个阶段, 用量子力学分析将会有所不同, 因为 $\mathscr{H}$ 和 $\Delta \mathscr{H}$ 将是算符, 在通常情况下, 它们并不对易, 因而 $\exp[-\beta(\mathscr{H} + \Delta \mathscr{H})]$ 的展开变得有点复杂. 这个留给读者作为练习.) 将展开式中的项乘出来, 整理到 $\Delta \mathscr{H}$ 的线性项, 我们得到

$$\begin{aligned}
\bar{A}(t) = {} & \mathrm{Tr}\,\{\mathrm{e}^{-\beta \mathscr{H}}[A(t) - (\beta \Delta \mathscr{H})A(t) + A(t)\mathrm{Tr}\,\mathrm{e}^{-\beta \mathscr{H}}(\beta \Delta \mathscr{H})/\mathrm{Tr}\,\mathrm{e}^{-\beta \mathscr{H}}]\}/ \\
& \mathrm{Tr}\,\mathrm{e}^{-\beta \mathscr{H}} + O((\beta \Delta \mathscr{H})^2) \\
= {} & \langle A \rangle - \beta[\langle \Delta \mathscr{H} A(t) \rangle - \langle A \rangle \langle \Delta \mathscr{H} \rangle] + O((\beta \Delta \mathscr{H})^2),
\end{aligned}$$

这里第二个等式是这样得到的, 注意到由于平衡系综的稳定性, 一个变量在任一时刻的平均值是与时间无关的 (即 $\langle A(t) \rangle = \langle A \rangle$). 注意到, 在导出这个展开式的过程中, 对于 $A(t) = A(t; r^N, p^N)$ 如何从它在初始相空间点 r^N, p^N 的值开始随时间演化并没有作什么特定的假设. 然而, 我们确实假定它的平均值 (即它的观测值) 作为时间的函数, 是相空间点的初始分布的一个有良好行为的函数, 只要这个分布接近于平衡分布.

最后, 我们代入 $\Delta \mathscr{H}$ 的表达式就可以结束分析, 这给出结果

$$\boxed{\Delta \bar{A}(t) = \beta f \langle \delta A(0) \delta A(t) \rangle + O(f^2),}$$

其中 $\Delta \bar{A}(t) = \bar{A}(t) - \langle A \rangle$, $\delta A(t)$ 是时刻 t 的自发瞬时涨落 $A(t) - \langle A \rangle$. 注意到, 因为到线性项有

$$\Delta \bar{A}(0) = \beta f \langle (\delta A)^2 \rangle,$$

上面带框的方程精确地就是第 8.2 节给出的关于回归假设的表述.

我们也可以考虑更普遍形式的 $\Delta \mathscr{H}$,

$$\Delta \mathscr{H} = -\sum_i f_i A_i.$$

一个很重要的例子就是与空间有关的外势场 $\Phi_{\text{外}}(\boldsymbol{r})$, 它与 $\boldsymbol{r}$ 处的粒子密度 $\rho(\boldsymbol{r})$ 耦合, 即

$$\Delta \mathscr{H} = \int \mathrm{d}\boldsymbol{r}\, \Phi_{\text{外}}(\boldsymbol{r}) \rho(\boldsymbol{r}).$$

在这个例子中, 下标 i 表示空间中的点, 即我们可以进行关联 $f_i \leftrightarrow -\Phi_{外}(\boldsymbol{r})$ 和 $A_i \leftrightarrow \rho(\boldsymbol{r})$. 对这种情况的分析给出

$$\Delta \bar{A}_j(t) = \beta \sum_i f_i \langle \delta A_i(0) \delta A_j(t) \rangle + O(f^2).$$

练习 8.14 导出这个结果.

练习 8.15 使用这个结果证明将菲克定律用于分析密度–密度关联函数是合理的.

在本节结束之际, 值得注意的是, 一些科学家对与上面带框的方程等价的但表达形式略有不同的关系仍然使用术语 "涨落–耗散定理". 确实, 到现阶段为止我们仅仅论证了 $\Delta \bar{A}(t)$ 的弛豫是与出现在不同时刻的自发涨落之间的关联相联系的. 还需要证明这个弛豫是与宏观系统中的能量耗散速率相联系的. 为完成这个证明, 需要更多一点的分析, 我们将在以下两节中予以介绍.

§8.6 响应函数

涨落–耗散定理将从制备的非平衡态的弛豫过程与平衡系统中的自发微观动力学相联系起来. 正如推导过程所揭示的那样, 这个定理只在线性区域中成立——这就是说, 仅对偏离平衡不远的位移成立. 在这个适用区域中, 涨落–耗散定理的结果可以比从具体推导中所显见的方式进行更为一般地应用. 这一点可以通过引入响应函数的概念来理解.

设想一个含时扰动, 其中外加扰动 $f(t)$ 与动力学变量 A 耦合. 在线性区域, $\Delta \bar{A}(t; f)$ 满足关系

$$\Delta \bar{A}(t; \lambda f) = \lambda \Delta \bar{A}(t; f),$$

并且与这个条件一致的最普遍的形式为

$$\Delta \bar{A}(t) = \int_{-\infty}^{+\infty} \mathrm{d}t' \chi(t, t') f(t') + O(f^2).$$

这里 $\chi(t, t')$ 是响应函数, 有时也称为广义磁化率 (generalized susceptibility). 这是不存在 $f(t)$ 时平衡系统的特性. 或许, 通过考虑 $\Delta \bar{A}(t)$ 和作为泰勒级数中的第一项的 $f(t')$ 之间的联系可以最好地来理解这个事实. 特别地, $\Delta \bar{A}(t)$ 依赖于函数 $f(t)$, 即 $\Delta \bar{A}(t)$ 称为 $f(t)$ 的一个泛函. 也可以将在每个时间点的 $f(t)$ 作为另一个变量. 当所有的 $f(t)$ 为零时, $\Delta \bar{A}(t) = 0$, 因为此时

系统处于平衡态. 因此, 在 $\Delta\bar{A}(t)$ 的以 $f(t)$ 的幂次排序的泰勒级数中第一个非零项为

$$\sum_i \left(\frac{\partial\Delta\bar{A}(t)}{\partial f(t_i)}\right)_0 f(t_i),$$

其中下标 0 表示是对 $f(t) = 0$ 所求的导数值, 并且求和是对时间点 t_i 进行的. 当然, 这些点形成一个连续统, 求和严格地就是一个积分. 在这个连续极限下, 式中的偏导数就变为我们所说的泛函导数或 (变分) 导数, 表示为 $\delta\Delta\bar{A}(t)/\delta f(t')$. 它是时间点 t' 处 $f(t')$ 的改变而引起的 $\Delta\bar{A}(t)$ 的变化率. 因此, 当系统在 t' 时刻受到外部扰动时, $\chi(t,t')$ 就是 $\Delta\bar{A}(t)$ 的变化率.

另一种看待这一思想的方式是考虑一个脉冲扰动. 也就是仅在 $t = t_0$ 这一时刻施加 $f(t)$,

$$f(t) = f_0\delta(t - t_0).$$

将这个形式代入 $\Delta\bar{A}(t)$ 中, 得到

$$\Delta\bar{A}(t) = f_0\chi(t,t_0) + O(f_0^2).$$

因此, 当扰动是一个脉冲时, 响应函数就是 $\Delta\bar{A}(t)$. 所有其它形式的响应函数都可以解释为这一特殊情况的线性组合.

从物理角度考虑, 可以得到 $\chi(t,t')$ 的两个性质. 第一, 由于 $\chi(t,t')$ 是关于一个未受扰动的平衡系统的函数, 则有

$$\chi(t,t') = \chi(t - t').$$

这就是说, 响应函数只依赖于从开始施加扰动计算的时间位移, 而不是绝对时间. 第二, 仅在施加扰动后, 系统才开始响应, 也即是说,

$$\chi(t - t') = 0, \quad t - t' \leqslant 0.$$

这个性质称为因果性 (causality). 图 8.11 示意地示出了我们所描述的行为.

现在, 让我们用系统的内禀动力学来表示 $\chi(t-t')$. 因为 $\chi(t-t')$ 与 $f(t)$ 无关, 我们可以自由选择 $f(t)$ 的形式以使得分析更加方便. 我们的选择是

$$f(t) = f, \quad t < 0,$$
$$= 0, \quad t \geqslant 0.$$

也就是说, 将系统制备在平衡态, 哈密顿函数为 $\mathcal{H} - fA$, 然后在零时刻关闭 $f(t)$, 则系统将弛豫到哈密顿函数为 $\mathcal{H}$ 的平衡态. 这恰恰就是在前节中所考虑过的实验. 在那里, 我们发现

$$\Delta\bar{A}(t) = \beta f\langle\delta A(0)\delta A(t)\rangle + O(f^2).$$

下面我们考虑用 $\chi(t - t')$ 表示时的结果.

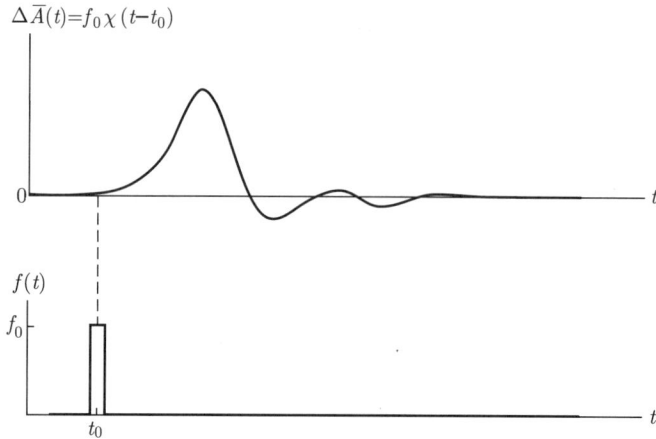

$$\Delta\overline{A}(t) = f_0\chi(t - t_0)$$

$$f(t)$$

$$f_0$$

$$t_0$$

图 8.11　对脉冲的响应

由于当 $t' > 0$ 时, $f(t') = 0$, 我们有

$$\Delta\overline{A}(t) = f\int_{-\infty}^{0} \mathrm{d}t'\chi(t - t').$$

将积分变量换为 $t - t'$, 则有

$$\Delta\overline{A}(t) = f\int_{t}^{\infty} \mathrm{d}t'\chi(t').$$

通过与由涨落–耗散定理得出的结果比较, 并注意到 $t < t'$ 时 $\chi(t - t') = 0$, 我们得到

$$\boxed{\begin{aligned}\chi(t) &= -\beta\frac{\mathrm{d}}{\mathrm{d}t}\langle\delta A(0)\delta A(t)\rangle, \quad t > 0\\ &= 0, \quad t < 0.\end{aligned}}$$

这一公式将线性区域中非平衡系统的一般行为与出现在平衡系统中不同时刻发生的自发涨落之间的关联联系了起来.

练习 8.16 考虑如下形式的一个脉冲实验

$$\begin{aligned}f(t) &= 0, \quad t < t_1,\\ &= f, \quad t_1 < t < t_2,\\ &= 0, \quad t > t_2,\end{aligned}$$

并且假设

$$\langle \delta A(0) \delta A(t) \rangle = \langle (\delta A)^2 \rangle \exp(-t/\tau).$$

计算并画出作为时间函数的 $\Delta \overline{A}(t)$ 的图像. 分别考虑 $\tau \ll t_2 - t_1$ 和 $\tau \gg t_2 - t_1$ 时的情形. 也计算吸收的能量, 亦即计算

$$-\int_{-\infty}^{\infty} \mathrm{d}f \dot{f}(t) \overline{A}(t).$$

§8.7 吸收

有一类重要的实验就是探测系统被单色扰动所干扰时的能量吸收. 一个很明显的例子是标准光谱 (例如, 红外吸收), 这里 $f(t)$ 对应于振荡电场, 动力学变量 A 是所考察材料的总偶极矩或极化强度.

对能量的含时扰动是 $-f(t)A$, 它的变化率是 $-(\mathrm{d}f/\mathrm{d}t)A$. 因此, 在一次观测过程中, 单位时间内系统吸收的总能量是

$$\mathrm{abs} = -\frac{1}{T} \int_0^T \mathrm{d}t \dot{f}(t) \overline{A}(t),$$

其中 T 是观测持续的时间. 用另一种方法也可以得到这一结果, 注意到如果外场对 $\mathscr{H}$ 的贡献是 $-f(t)A$, 则由于 $\overline{A}$ 变化导致的对系统所做的微分功为 $f \mathrm{d}\overline{A}$. 每单位时间, 这个功就为 $f \mathrm{d}\overline{A}/\mathrm{d}t$. 因此

$$\mathrm{abs} = \frac{1}{T} \int_0^T \mathrm{d}t f(t) \frac{\mathrm{d}\overline{A}}{\mathrm{d}t} = -\frac{1}{T} \int_0^T \mathrm{d}t \dot{f}(t) \overline{A}(t),$$

其中在第二个等式中, 我们进行了分部积分并忽略了边界项 (当 T 足够大时这个边界项是可忽略的).

对于一个频率为 ω 的单色扰动, 我们有

$$f(t) = \mathrm{Re} f_\omega \mathrm{e}^{-\mathrm{i}\omega t}.$$

因此,

$$\begin{aligned}
\mathrm{abs} &= \frac{1}{T} \int_0^T \mathrm{d}t \left[\mathrm{i}\omega \left(f_\omega \mathrm{e}^{-\mathrm{i}\omega t} - f_\omega^* \mathrm{e}^{\mathrm{i}\omega t} \right)/2 \right] \overline{A}(t) \\
&= \frac{1}{T} \int_0^T \mathrm{d}t \left[\frac{\mathrm{i}\omega}{2} \left(f_\omega \mathrm{e}^{-\mathrm{i}\omega t} - f_\omega^* \mathrm{e}^{\mathrm{i}\omega t} \right) \right] \\
&\quad \times \left\{ \langle A \rangle + \int_{-\infty}^{\infty} \mathrm{d}t' \chi(t') f(t - t') + O(f^2) \right\},
\end{aligned}$$

其中在第二个等式中, 我们利用了 $A(t)$ 的线性响应表达式, 并注意到

$$\int_{-\infty}^{\infty} \mathrm{d}t' \chi(t-t')f(t') = \int_{-\infty}^{\infty} \mathrm{d}t' \chi(t')f(t-t').$$

接下来, 我们考虑观测时间远大于 $f(t)$ 的振荡周期的情形, 即有 $T \gg \dfrac{2\pi}{\omega}$. 对于这样大的时间, 有

$$\frac{1}{T}\int_0^T \mathrm{d}t e^{in\omega t} = 1, \quad n = 0,$$
$$= 0, \quad n \neq 0.$$

练习 8.17 证明 $\omega T \to \infty$ 时, 上述公式确实是正确的.

在将 $\mathrm{abs}(\omega)$ 的公式中的 $f(t-t')$ 用 $\exp[\pm i\omega(t-t')]$ 表示之后, 将积分中的所有项乘出来, 再使用上述结果, 我们得到

$$\mathrm{abs}(\omega) = \frac{1}{2}\omega\,|f_\omega|^2 \int_{-\infty}^{\infty} \mathrm{d}t\chi(t)\sin(\omega t),$$

其中我们忽略了 f 的高于 f^2 阶的项.

练习 8.18 证明这个结果.

这个方程表明, 吸收是与响应函数的正弦傅里叶变换成正比的. 涨落－耗散定理将 $\chi(t)$ 与 $C(t) = \langle \delta A(0)\delta A(t)\rangle$ 的导数联系起来. 这个联系使我们可以写下

$$\int_{-\infty}^{\infty} \mathrm{d}t\chi(t)\sin(\omega t) = -\beta \int_0^{\infty} \mathrm{d}t\,[\mathrm{d}C(t)/\mathrm{d}t]\sin(\omega t)$$
$$= \beta\omega \int_0^{\infty} \mathrm{d}tC(t)\cos(\omega t),$$

其中我们进行了分部积分. 因此,

$$\mathrm{abs}(\omega) = \frac{1}{2}\beta\omega^2\,|f_\omega|^2 \int_0^{\infty} \mathrm{d}t\langle \delta A(0)\delta A(t)\rangle \cos(\omega t).$$

因此, 吸收谱与平衡系统的 $\delta A(t)$ 的自关联函数的傅里叶变换成正比. 这一结果为光谱学提供了一个重要的解释, 因为它表明了谱是如何与系统的自发动力学相联系的.

作为一个例子, 假设 $A(t)$ 遵循简谐振子的动力学, 即

$$\frac{\mathrm{d}^2 A(t)}{\mathrm{d}t^2} = -{\omega_0}^2 A(t),$$

其中 ω_0 是振子的 (角) 频率. 可以很容易求出这个线性方程的用初始条件 $A(0)$ 和 $\dot{A}(0)$ 表示的解, 从这个结果可以导出

$$\langle \delta A(0) \delta A(t) \rangle = \langle (\delta A)^2 \rangle \cos(\omega_0 t).$$

练习 8.19 证明这个结果. [提示: 你需要注意到, 在经典统计力学中, $\langle A\dot{A} \rangle = 0$.]

进行傅里叶变换可以得到两个 δ 函数——一个在 ω_0 处, 另一个在 $-\omega_0$ 处, 亦即,

$$\mathrm{abs}(\omega) \propto \delta(\omega - \omega_0), \quad \omega > 0.$$

更一般地来说, 如果 A 有这样的动力学行为, 如同 A 是一个耦合谐振子系统中的一个成员时, 则 $\mathrm{abs}(\omega)$ 将与系统中频率为 ω 的态密度或简正模的密度成正比.

这个例子说明, 当单色扰动的频率调整到与系统的本征频率一致时就会发生吸收. 日常生活中有很多关于这个现象的例子. 例如推动秋千上的小孩, 或摇晃困在雪堆中的汽车. 在这两种情况中, 人们都尝试着使动作的频率与系统的本征频率 (在第一个例子中是秋千摆动的频率, 在第二个例子中是车辆支承弹簧的频率) 相匹配. 当成功达到匹配时, 你就能有效地将能量传递给系统.

在结束本节之前, 我们作最后一个评述: 我们导出的所有公式对经典动力系统是正确的. 对量子系统的分析将更为复杂一点, 公式也会和上文中示出的多少有些不同. 然而, 基本的逻辑发展过程以及在经典处理过程中我们得出的所有一般定性结论在量子力学情况下仍然是正确的.

§8.8 摩擦力和朗之万方程

非平衡行为以及耗散最常见的例子之一就是摩擦现象. 特别地, 一个速度为 v 的粒子在通过介质时受到的摩擦阻力是与其速度成正比的,

$$f_{\text{摩擦}} = -\gamma v,$$

其中 γ 是摩擦系数. 这里存在依赖于速度的力暗示了在拖拉粒子通过流体时流体将吸收能量. 换句话说, 由于摩擦导致能量发生耗散, 介质将变热. 在本节中我们将描述摩擦耗散的一个模型.

这个特定的模型对应于与浴耦合的一个振子或者振动自由度. 图 8.12 给出了该系统的示意图. 我们想要的哈密顿函数是

$$\mathscr{H} = \mathscr{H}_0(x) - xf + \mathscr{H}_b(y_1, \cdots, y_N),$$

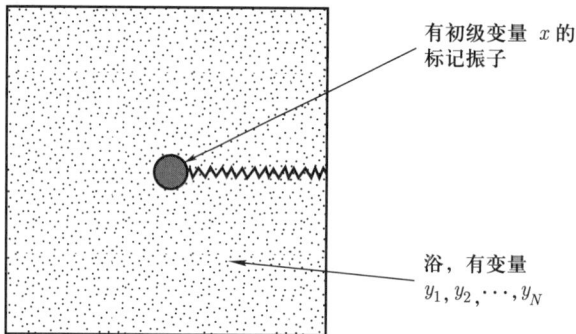

图 8.12 与浴耦合的振动粒子

其中 $\mathscr{H}_0$ 和 $\mathscr{H}_b$ 分别是振子和浴的哈密顿函数, 同时振子变量 x 通过力 f 与许多浴变量 $y_1, y_2, y_3, \cdots, y_N$ 发生耦合, 力 f 线性依赖于浴变量,

$$f = \sum_i c_i y_i,$$

其中 c_i 为常数.

振子和它的坐标 x 是我们重点关注的对象, 即 x 是初级自由度, 浴变量是次级自由度. 我们不对 $\mathscr{H}_0(x)$ 作特别的假设, 除了说振子是经典的外, 并且如果让它听其自然, 则它将使能量守恒, 也即

$$\mathscr{H}_0 = \frac{1}{2} m \dot{x}^2 + V(x),$$

因此 $\mathrm{d}\mathscr{H}_0/\mathrm{d}t = 0$ 意味着 $m\ddot{x} = -\mathrm{d}V(x)/\mathrm{d}x$.

然而, 我们对浴确实作一些特别的假设. 尤其是, 在我们采用的模型中, $\mathscr{H}_b$ 是许多谐振子的一个集合的哈密顿函数. 我们采用这个模型导出的重要结果可能比简化的图像所可能提供的结果更具普遍性. 然而, 我们不必担心普遍性, 因为即使没有这个普遍性, 线性耦合于初级自由度的一个简谐浴这个模型已经注意到在考虑耗散系统时遇到的许多物理现象. 正是由于这个原因, 这个模型在物理科学中是非常通用的一个模型. 但是, 往往正确的是, 在用一个简谐浴精确地近似自然的非线性系统时必须特别小心.

这里使用的术语 "非线性" 是为了表明, 通常情况下系统的势能给出的力是坐标的非线性函数. 然而, 简谐系统是线性的. 也就是说, 一个简谐系统在任何位移下的回复力是正比于该位移的回复力. 因此, 稳定的简谐系统仅显示对任意大小扰动的线性响应. 换句话说, 如果我们仅仅考虑简谐浴自身, 在前几节中分析的线性响应理论就变为一个精确的理论, 而不是仅仅局限于非常微弱的扰动的理论. 从第 8.6 节我们知道, 浴的这种响应是用如同下面的关联函数所表征的,

$$C_b(t) = \langle \delta f(0)\delta f(t)\rangle_b = \sum_{i,j} c_i c_j \langle \delta y_i(0)\delta y_j(t)\rangle_b,$$

其中下标 "b" 用来表示 (与振子没有耦合的) 纯浴的性质. 既然我们对于坐标 $\{y_i\}$ 的选择是任意的, 我们可以使用那些简正模的坐标. 那样的话, 最后一个等式中的 $i \neq j$ 项为零, 并且 $\langle \delta f(0)\delta f(t)\rangle_b$ 可以用涉及浴的简正模频谱的积分来表示出来. 在下文中我们不需要利用这个表示. 但是, 我们确实利用简谐浴无非线性响应这个事实.

已知这个事实, 我们考虑 $f(t)$ 的时间演化. 一旦我们知道 $f(t)$, 令 $x(t)$ 表示尚待自洽确定的 x 对时间的依赖关系. 这个函数 $x(t)$ 改变了 $f(t)$ 由在纯浴中所取值 (记为 $f_b(t)$) 的演化. 这个改变由下面的线性响应公式决定,

$$f(t) = f_b(t) + \int_{-\infty}^{\infty} \mathrm{d}t' \chi_b(t-t')x(t'),$$

其中 $\chi_b(t-t')$ 表示纯浴的响应函数,

$$\chi_b(t-t') = -\beta\frac{\mathrm{d}C_b(t-t')}{\mathrm{d}(t-t')}, \qquad t > t',$$
$$= 0, \quad t < t'.$$

在这里, 我们仅仅引用在第 8.5 和 8.6 节由涨落–耗散定理所得到的结果.

现在我们将注意力转移到初级变量 x 上. 根据牛顿定律,

$$m\ddot{x} = 力.$$

对力有两方面的贡献. 一个来自振子势 $V(x)$, 另一个来自于浴. 结合两者的贡献, 得到

$$m\ddot{x} = f_0[x(t)] + f_b(t) + \int_{-\infty}^{\infty} \mathrm{d}t' \chi_b(t-t')x(t'),$$

其中

$$f_0[x(t)] = -\frac{\mathrm{d}V}{\mathrm{d}x}.$$

注意, $x(t)$ 的这个运动方程中有随机或涨落力 $f_b(t)$, 它是由浴引起的, 而且还有时间上非局域的项. 后者的出现是由于 $x(t)$ 影响浴的行为, 并且这

种影响持续到稍后的时刻. 这种影响的程度由浴中关联回归的时间长度确定.

通过利用涨落–耗散定理并进行分部积分 (仔细注意, 边界项不为零), 非局域项可以用 $C_b(t) = \langle \delta f(0) \delta f(t) \rangle_b$ 重新表示出来, 结果是

$$m\ddot{x} = \overline{f}[x(t)] + \delta f(t) - \beta \int_0^t \mathrm{d}t' C_b(t-t')\dot{x}(t'),$$

其中

$$\overline{f}[x(t)] = -\frac{\mathrm{d}\overline{V}}{\mathrm{d}x},$$

而

$$\overline{V}(x) = V(x) - \frac{1}{2}\beta C_b(0)x^2,$$

并且

$$\delta f(t) = f_b(x) - \beta C_b(t)x(0).$$

随机涨落力 $f_b(t)$ 的统计是高斯型的, 有平均值 $\beta C_b(t)x(0)$ 以及方差 $C_b(t-t')$. 函数 $\overline{V}(x)$ 是平均力的势. 这就是说, $\overline{f}[x]$ 是浴对初级坐标的平均力.

练习 8.20* 由前面的讨论证明这些公式.

在导出这些公式时, 我们考虑这种情况, 其中初始条件对应于系统在 $t=0$ 时刻的状态. 然而, 因为浴的坐标和动量没有被明确地表征, 我们对浴的 $t=0$ 的状态求平均. 这样仅有初级变量 $x(t)$ 保留下来. 在一个暂态周期之后, 时刻 t 浴就与初始状态没有关联, $f_b(t)$ 变为 $\delta f(t)$, 即平均值为 0 的高斯涨落力.

$x(t)$ 的这个运动方程是广义朗之万方程, 它是由罗伯特·茨万齐希 (Robert Zwanzig) 导出的. 注意, 时间非局域项给出了一个依赖于速度的力, 该力的大小由与浴耦合相联系的涨落力的大小确定. 因此, 我们清楚地看到摩擦力是涨落力的一种表现. 摩擦耗散力和涨落力自关联函数之间的这种关系有时称为第二涨落–耗散定理, 这是久保亮五 (Ryogo Kubo) 引进的术语.

在历史上, 朗之万方程用于分析标记宏观粒子穿越热平衡分子介质的无规运动. 这种现象称为布朗运动 (以罗伯特·布朗 (Robert Brown) 的名字命名, 他观测了浸在流体中的花粉颗粒做永恒无规则的运动). 在这种情况下, 粒子间没有平均作用力, 即 $\overline{f} = 0$. 更进一步, 浴中涨落力的弛豫时间与观测所谓布朗粒子的时间和距离标度相比是可忽略不计的短, 即

$$\int_0^t \mathrm{d}t' C_b(t')\dot{x}(t-t') \approx \dot{x}(t) \int_0^\infty \mathrm{d}t' C_b(t').$$

这个近似将记忆效应 (时间的非局域性) 从运动方程中除去了, 常称之为马尔科夫近似 (Markovian approximation). 在此时间局域性以及 $f_0 = 0$ 的这些条件下, 标记粒子坐标的运动方程变为传统的朗之万方程

$$m\ddot{x}(t) \approx f_b(t) - \gamma v(t),$$

其中 $v(t) = \dot{x}(t)$, 且有

$$\gamma = \beta \int_0^\infty \mathrm{d}t \, \langle \delta f(t) \delta f(0) \rangle_b.$$

由这个简化的方程, 我们可以得出粒子动力学的下列图像: 系统中的粒子经受随机力的作用, 它们从各处撞击粒子. 这些源自于浴的力使粒子的能量增加, 但是动能的过度增加又由摩擦耗散 (依赖于速度的力) 而消耗. 为进一步阐述这个解释, 我们可以计算标记粒子的速度关联函数. 通过用 $v(0)$ 乘以朗之万方程并取平均可以做到这一点. 注意到因为 $f_b(t)$ 与初级变量无关, 则有

$$\langle v(0) f_b(t) \rangle = \langle v \rangle \langle f_b \rangle = 0.$$

因此

$$m \langle v(0) \dot{v}(t) \rangle = -\gamma \langle v(0) v(t) \rangle,$$

或者

$$\frac{\mathrm{d}}{\mathrm{d}t} \langle v(0) v(t) \rangle = -\frac{\gamma}{m} \langle v(0) v(t) \rangle.$$

该微分方程的解为

$$\langle v(0) v(t) \rangle = \langle v^2 \rangle \, \mathrm{e}^{-(\gamma/m)t}.$$

因此, 练习 8.13 中所考虑的速度关联中的指数弛豫是来自于马尔科夫近似下的朗之万方程.

朗之万方程的一般形式在计算物理与化学中起着重要的作用, 它是作为进行随机分子动力学模拟的理论基础. 你可以使用这些信息以及前面有关朗之万方程的讨论作为线索, 猜想一下这样的模拟到底会涉及什么. 但就本书而言, 我已经将所计划讲授的一切内容和盘托出. 寄予希望的是, 此间明确写出的或者在练习中所暗示的那些内容为迅速研读一些高等著作提供了基础以及动力, 这些著作是关于随机动力学以及内容丰富且不断变化的领域即统计力学中许多其它方面的.

练习 8.21[*] 这里我们用朗之万方程讨论凝聚相中简谐振子的振动谱. 也就是, 假设 $V(x) = \frac{1}{2} m\omega_0^2 x^2$, 同时假定 x 正比于一偶极子, 它可以与电场

耦合并因此吸收能量. 证明朗之万方程给出

$$\frac{\mathrm{d}^2}{\mathrm{d}t^2}\langle x(0)x(t)\rangle = -\overline{\omega}^2\langle x(0)x(t)\rangle$$
$$-\frac{\beta}{m}\int_0^t \mathrm{d}t'\, C_b(t-t')\frac{\mathrm{d}}{\mathrm{d}t'}\langle x(0)x(t')\rangle,$$

其中 $\overline{\omega}$ 是振子的平均频率. 该频率由浴按照下列公式从 ω_0 移动得到

$$\overline{\omega}^2 = \omega_0^2 - \frac{\beta}{m}C_b(0).$$

使用拉普拉斯变换方法可以紧凑地求解上述线性微分–积分方程组. 令 $\widetilde{C}(s)$ 表示 $\langle x(0)x(t)\rangle$ 的拉普拉斯变换, 证明

$$\widetilde{C}(s) = \frac{s+(\beta/m)\widetilde{C}_b(s)}{s^2+\overline{\omega}^2+s(\beta/m)\widetilde{C}_b(s)}\langle x^2\rangle,$$

其中 $\widetilde{C}_b(s)$ 是 $C_b(t)$ 的拉普拉斯变换. 假设浴的涨落关联是指数型的, 即

$$C_b(t) = C_b(0)\mathrm{e}^{-t/\tau},$$

因而有

$$\widetilde{C}_b(s) = \frac{C_b(0)}{s+\tau^{-1}}.$$

利用这个公式, 通过证明

$$\int_0^\infty \mathrm{d}t \cos(\omega t)\langle x(0)x(t)\rangle = \operatorname{Re}\widetilde{C}(\mathrm{i}\omega),$$

计算 $\langle x(0)x(t)\rangle$ 的余弦傅里叶变换. 根据上述结果, 利用参数 ω_0, τ^{-1} 和 $C_b(0)$ 描述标记振子的吸收谱. 对谱线的形状怎样依赖于浴的频谱进行评析.

附加练习

8.22. 描绘出下列自关联函数的带标记的图形并讨论它们的定性特征:

(a) $\langle \boldsymbol{v}(0)\cdot\boldsymbol{v}(t)\rangle$, 其中 $\boldsymbol{v}(t)$ 是一个氩原子在气相中的速度;

(b) $\langle \boldsymbol{v}(0)\cdot\boldsymbol{v}(t)\rangle$, 固相中的一个氩原子;

(c) $\langle v^2(0)v^2(t)\rangle$, 固相中的一个氩原子;

(d) $\langle \boldsymbol{u}(0)\cdot\boldsymbol{u}(t)\rangle$, 其中 $\boldsymbol{u}(t)$ 是在固体晶格中标记 CO 分子的沿主轴方向的单位矢量.

对这些函数中每一个讨论不同时间标度的大小.

8.23. 考虑一离子稀溶液, 其上施加的一个电场产生了电荷的净流动. 在电场被关掉之后, 流将耗散. 估算这种弛豫到出现平衡所需要的时间, 用自扩散常数和离子的质量来表示.

8.24. 根据斯托克斯 (Stokes) 定律 (即将流体看做一种黏性连续介质), 一个直径为 σ 的球形粒子的自扩散常数为

$$D = (2\text{或}3)^{-1}\frac{1}{\pi\beta\sigma\eta},$$

其中 η 为切变黏性系数, 因子是 2 或 3 分别取决于溶剂是滑过扩散的溶质还是黏附于扩散的溶质. 根据这个公式, 郎之万方程中的摩擦常数是与 η 成正比的. 对一个直径为 5 Å 的溶于 $\eta \approx 10^{-2}$ 泊[1] (也是大多数普通流体和水的标准值) 的流体中的分子, 利用这个方程去估算该分子的 D 的典型大小.

8.25. 考虑 D 为 $10^{-5}\mathrm{cm}^2/\sec$ 的流体中的粒子, 试确定在 5 ps (皮秒, 10^{-12}s) 内从初始位置移动了超过 5 Å 的粒子的百分比.

8.26. 考虑一反应坐标 q, 它在一个一维双稳势 $V(q)$ 中移动. 将这个自由度的相空间分成如图 8.13 所示的三个区域. 在三个区域中处于非平衡态的物质的浓度分别为 $c_1(t)$、$c_2(t)$ 和 $c_3(t)$. 关于动力学的速率定律的一个合理描述是

$$\frac{\mathrm{d}c_1}{\mathrm{d}t} = -k_{31}c_1(t) + k_{13}c_3(t),$$
$$\frac{\mathrm{d}c_2}{\mathrm{d}t} = -k_{32}c_2(t) + k_{23}c_3(t),$$

且有

$$c = 常数 = c_1(t) + c_2(t) + c_3(t).$$

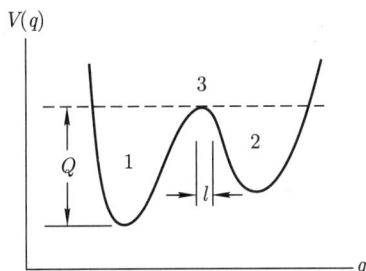

图 8.13　双稳势和三个区域

---

[1]1 泊 $= 0.1$ Pa $\cdot$ s ——译注

这里, k_{ij} 是从 j 区域运动到 i 区域的速率. 根据细致平衡条件我们有

$$k_{13} \text{ 以及 } k_{23} \gg k_{31} \text{ 和 } k_{32},$$

因为

$$\left(\frac{k_{31}}{k_{13}}\right) = \frac{\langle c_3 \rangle}{\langle c_1 \rangle} \approx e^{-\beta Q},$$

同时我们假设势垒高度 Q 与 $k_{\mathrm{B}}T$ 相比足够大.

(a) 利用简单的动力学模型来计算

$$\Delta c_1(t) = c_1(t) - \langle c_1 \rangle$$

对时间的依赖关系.

(b) 证明如果 $\exp(-\beta Q) \ll 1$, 则弛豫过程完全由单一弛豫时间 τ_{rxn} 所支配, 且有

$$\tau_{\mathrm{rxn}}^{-1} \approx k_{31} \text{ 或 } k_{32}.$$

(c) 讨论 $\Delta c(t)$ 或者它对时间的导数的暂态行为, 并且证明这种行为在 k_{13}^{-1} 或者 k_{23}^{-1} 量级的时间内消失.

(d) 试在文中所描述的反应通量 $k_{BA}(t)$ 的背景下讨论该模型的行为.

(e) 假设从第 3 区域运动到第 2 区域或者第 1 区域所需要的平均时间是由反应坐标扩散距离 l 所需的时间决定的. 证明

$$\bar{k}_{21} \propto \left(\frac{1}{\eta}\right) e^{-\beta Q},$$

其中 η 是反应坐标所受到的黏滞系数或摩擦常数, $\bar{k}_{21}$ 是从第 1 区域运动到第 2 区域的有效速率常数 (即观察到的速率常数).

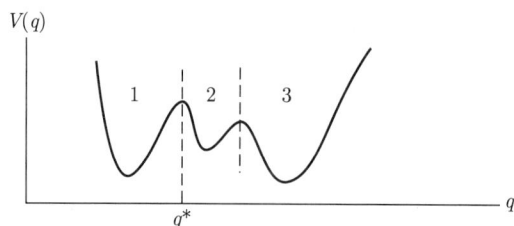

图 8.14   三稳势

8.27. 考虑反应坐标 q 的一个三稳势 (见图 8.14). 导出速率常数 k_{21} 的微观表示式, 速率常数由下列唯象速率方程定义,

$$\frac{\mathrm{d}c_1}{\mathrm{d}t} = -k_{21}c_1(t) + k_{12}c_2(t),$$

$$\frac{\mathrm{d}c_2}{\mathrm{d}t} = k_{21}c_1(t) - k_{12}c_2(t) + k_{23}c_3(t) - k_{32}c_2(t),$$

以及

$$c_3(t) = c - c_1(t) - c_2(t).$$

8.28. 考虑一个低浓度氩的水溶液. 在室温下 (300K), 水的黏滞系数是 $\eta = 0.01$ 泊, 氩原子的自扩散系数是 $1 \times 10^{-5} \mathrm{cm}^2/\mathrm{s}$. 氩原子的质量是 $40\,\mathrm{amu}$, 水分子的质量是 $18\,\mathrm{amu}$.

 (a) 在与溶液达到平衡的蒸汽中一个氩原子的方均根速度是多少?

 (b) 溶液中一个氩原子的方均根速度是多少?

 (c) 估算一个氩原子在蒸汽中从零时刻的位置移动 10Å 所花的时间.

 (d) 估算一个氩原子在溶液中从初始位置移动 10Å 所花的时间.

 (e) 对溶液中的一个氩原子, 估算其从初始制备的非平衡速度分布弛豫到平衡分布所花的时间.

 (f) 通过使用高压设备, 水可达到 $T = 300\mathrm{K}$, $\eta = 0.02$ 泊的热力学状态. 对这个状态, 在 (b) 和 (d) 部分提出的问题的答案又是什么? [提示: 参见练习 8.24.]

参考文献

Forster 的非正式撰写的著作, 对线性响应理论作了完整的介绍, 书中也包括关联函数的形式性质, 测量和关联函数之间的联系以及朗之万方程等内容:

D. Forster, *Hydrodynamic Fluctuations, Broken Symmetry and Correlation Function* (Benjamin Cummings, Reading, Mass., 1975).

McQuarrie 和 Friedman 的著作, 是从化学家的视角撰写的, 其中包括讨论时间关联函数的章节:

D. McQuqrrie, *Statistical Mechanics* (Harper & Row, New York, 1976).

H. L, Friedman, *A Course in Statistical Mechanics* (Prentice-Hall, Englewood Cliffs, N. J., 1985).

久保亮五 (Ryogo Kubo) 是线性响应理论, 特别是该理论对分子弛豫理论 (这里几乎没有涉及而仅在练习 8.21 中提到的一个课题) 的一些推论的开拓者之一. 久保亮五以及合作者所写的著作对这个专题有许多讨论:

R. Kubo (久保亮五), M. Toda (户田盛和), and N. Hashitsume (桥爪夏树), *Statistical Physics II: Nonequilibrium Statistical Mechanics* (Springer-Verlag, New York, 1985).

关于关联函数与如 8.4 节中的扩散方程之类的弛豫方程之间的关系的一般讨论在下列著作的第 11 章中给出:

B. J. Berne and R. Pecorra, *Dynamic Light Scattering* (John Wiley, New York, 1976).

索 引

符号

X 射线散射, 191–192

A

爱因斯坦 (Einstein) 模型, 84

B

半导体, 105
变换
    卡丹诺夫 (Kadanoff) 变换, 126, 130,
    135
    拉普拉斯 (Laplace) 变换, 58, 247
    勒让德 (Legendre) 变换, 13–16, 61
表面张力, 40
冰, 200
波茨 (Potts) 模型, 113
玻恩–奥本海默 (Born-Oppenheimer) 近
       似, 96–98, 138
玻恩–奥本海默面, 96
玻恩–奥本海默能量, 96
玻尔兹曼 (Boltzmann) 常量, 53
玻色 (Bose) 凝聚, 85
玻色–爱因斯坦统计, 80
玻色子, 80, 84–85
玻意尔 (Boyle) 温度, 190
不动点, 129, 133
不恰当微分, 3
不稳定不动点, 133

C

布朗 (Brown) 运动, 244

长程关联, 109
长程序, 109, 113–119, 185
弛豫, 218–250
    弛豫时间, 52, 244, 248
    速度弛豫时间, 233
磁化率, 44, 73, 116, 117
磁化强度
    独立自旋的 ∼, 72–73
    热力学功, 44
    涨落, 73, 116–117, 157
    自发 ∼, 108–122, 154–157, 163
重正化群, 125–135

D

德拜频率, 84
德拜 (Debye) 模型, 84
德布罗意 (de Broglie) 波长, 104, 179
第二位力系数, 190
狄拉克 (Dirac) δ 函数, 53, 72, 154, 207,
    229
缔合液体, 198, 201
定态系统, 219, 233
动能, 87, 175–178, 206, 245
对分布函数, 182, 205

郑重声明

高等教育出版社依法对本书享有专有出版权。任何未经许可的复制、销售行为均违反《中华人民共和国著作权法》，其行为人将承担相应的民事责任和行政责任；构成犯罪的，将被依法追究刑事责任。为了维护市场秩序，保护读者的合法权益，避免读者误用盗版书造成不良后果，我社将配合行政执法部门和司法机关对违法犯罪的单位和个人进行严厉打击。社会各界人士如发现上述侵权行为，希望及时举报，本社将奖励举报有功人员。

反盗版举报电话　（010）58581897　58582371　58581879
反盗版举报传真　（010）82086060
反盗版举报邮箱　dd@hep.com.cn
通信地址　北京市西城区德外大街 4 号　高等教育出版社法务部
邮政编码　100120